# 中国建筑与园林文化

居阅时
著

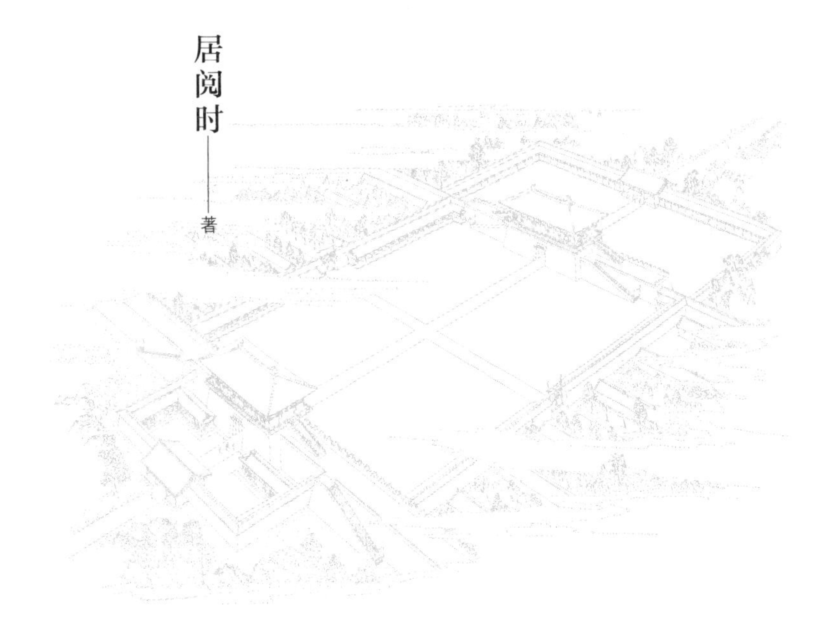

上海人民出版社

# 修订版前言

《中国建筑与园林文化》前身是《弦外之音——中国建筑园林文化象征》，2005年由四川人民出版社出版，于今已近十年了。2005年5月初版时受到读者厚爱，马上售罄，当年10月出版社接着添印，但至今已一书难求，孔夫子书店二手书价超过原价，市场甚至出现复印本。由于这本书还担负大学教学任务，年复一年用书，又恰逢中国大建设，建筑类著作特别受欢迎，所以出现供不应求情况。

当年此书是作为中国象征文化丛书之一，内容紧扣建筑园林文化象征，随着研究不断深入和扩大，深感中国建筑园林文化联系的广泛性，既然已把建筑园林文化象征交代了，何不在此基础上再把相联系的其他建筑要素一起说清楚，把建筑园林象征文化置于建筑文化大框架之中，有助于读者更全面地认识建筑本质。基于这样考虑，本书修订时尽量补充建筑总体问题的阐述，加强了关于中国历代建筑的文化要素解读，在建筑哲学层面概括建筑的一般性问题，提供给读者一个宏观的、反映本质的建筑架构图，为此，书名调整为《中国建筑与园林文化》，并增加四章新内容，具体是：第一章“建筑的构成”，主要从建筑发生角度寻找建筑的起源和发展路径，回答为什么有建筑和建筑为什么是这样的问题，同时用解构办法找出构成建筑的三大要素——功能、文化、体验，展现建筑总体架构，揭示建筑架构中人的文化、思维心理作用，提供认识建筑本质的新视角，帮助我们更快地把握建筑总貌；第二章“中国传统建筑的基本特征”，根据我对中国传统文化的研究，再与构成建筑的功能、文化、体验三大要素对应，概括出中国传统建筑的三大基本特征：功能实用第一、观念架构建筑、建筑形式象征，帮助我们更快读懂传统建筑园林；第六章镶嵌性文化的传统建筑，性是人类主要本能之一，性文化必定存留在建筑上，没有性文化的建筑便不完整；第十二章“民国时期传统建筑园林的嬗变”，主要揭示西方文化和科技进步对中国传统建筑园林的影响，体现在不同的文化观念、审美观、园林传统和新型材料带来的变化，独特的民国风格给中国几千年以来传承的经典建筑园林带来一股清风，中西结合的第三种建筑园林风格显示出极大的魅力和发展前景。

其他几章内容，除了个别章节内容作了微调，基本保持原样，希望上述三章新内容的加入，有助于对原书内容的理解，对可能引起的学术争论，更是翘首以待，以便下次修改，使之完善。

居阅时

2013 年写于华东理工大学看云楼

# 目 录

修订版前言 ... 1
引言 ... 1

第一章　建筑的构成 ... 16

一、建筑的发生与发展 ... 17
建筑的发生 ... 18
建筑的发展及其路径 ... 20
二、建筑构成三要素 ... 21
建筑功能 ... 23
建筑文化 ... 23
建筑体验 ... 26
三、艺术精神对建筑的影响 ... 27

第二章　中国传统建筑的基本特征 ... 34

一、功能实用第一 ... 34
实用：人类早期生存的选择 ... 34
实用的原始建筑 ... 35
建筑走向实用主义 ... 36
二、观念架构建筑 ... 39
象天法地：基于人与世界关系思考的建筑观念 ... 40
祈福禳灾：文化观念架构建筑 ... 41
三、建筑形式象征 ... 42
建筑象征：第二层意义的表达 ... 42
敬畏与向往：建筑宇宙图案化 ... 48
中国式复活：陵墓风水术 ... 51

第三章　宇宙图案化的古代都城 ... 58

一、吴国都城苏州：象天法地 ... 60
选址 ... 61
建造阖闾城 ... 63
二、明清都城北京：祈神禳灾 ... 69
城市风水宝地 ... 69
布局 ... 73
城门题名 ... 75

第四章　挟神统治的皇家建筑 ... 80

一、明堂：天数构建 ... 80
秩序示范 ... 80
引导遵从 ... 81
二、皇宫：君权神授 ... 82
借神显贵 ... 83　规模和体量 ... 86　式样和装修 ... 86
颜色 ... 88　方位 ... 89　数字 ... 89　陈设 ... 92
三、天坛：通神特权 ... 94
祭天祈佑 ... 95
天数通神 ... 96
四、陵墓：人神合一 ... 99
帝陵风水 ... 99
帝陵布置 ... 100

第五章　寄托愿望的民宅建筑 ... 106

一、阳宅：风水求吉 ... 106
风水术流行 ... 106
阳宅风水术象征手法 ... 109
二、家族村落：兴旺发达 ... 121
走向群居 ... 122
客家土楼 ... 123
村落建筑符号 ... 125

**三、四合院：平安之家** ... 129
形制 ... 129
庭院植物 ... 133
**四、江南民居：祈福愿景** ... 136
建房风俗 ... 136
建筑寓意 ... 139

## 第六章　镶嵌性文化的传统建筑 ... 146

**一、建筑遗存中的性文化表现** ... 146
人类性文化与建筑表现 ... 146
中国性文化与建筑表现 ... 147
**二、公共性文化建筑** ... 148
性建筑起源 ... 148
古代青楼 ... 148
**三、建筑的私密空间** ... 153
浴室 ... 153
卧室 ... 155
卫生间 ... 156
**四、贞节牌坊** ... 156
安徽歙县贞节牌坊 ... 157
四川隆昌贞节牌坊 ... 159

## 第七章　集体意识的公共建筑 ... 160

**一、华表：从“意见簿”到皇家建筑标志** ... 160
民谏君 ... 160
天安门华表 ... 160
**二、桥：巫术与宗教信仰的实践** ... 161
走桥习俗 ... 161
宗教解释 ... 162
上海立交桥龙柱 ... 167
**三、中山陵：革命没有远离传统** ... 167
警世钟 ... 168
风水术眼光 ... 170

第八章　涵义晦涩的装修及附件 ... 173

**一、象征防火** ... 173

脊饰 ... 173　悬鱼 ... 173　藻井 ... 174　金属构件 ... 174

**二、象征驱邪** ... 174

山墙 ... 174　兽环 ... 174　石敢当 ... 175　门神 ... 176

影壁 ... 178　阿弥陀佛止煞 ... 179　兽牌 ... 179　镜 ... 180

瓦将军 ... 180　姜太公 ... 181　镇宅平安符 ... 181　吉竿 ... 182

**三、象征吉祥** ... 182

脊饰 ... 182　瓦当 ... 184　铺地 ... 186　雕刻 ... 187

窗和洞门 ... 188

第九章　园林：观念形式、精神家园 ... 189

**一、文化观念下的园林发生** ... 189

样式与观念 ... 189

影响园林的主要观念 ... 192

**二、精神家园** ... 192

自慰 ... 193　情调 ... 196　回家 ... 197　解脱 ... 197

第十章　国家观念的皇家园林 ... 201

**一、上林苑：秦汉王朝形象** ... 201

帝国象征 ... 201　求仙通神 ... 204

**二、承德避暑山庄：象征大一统** ... 206

象征维护国家统一和满族的最高统治地位 ... 207

象征积极吸收汉族文化 ... 213

**三、颐和园：国家式微** ... 215

慈禧营园 ... 215

拜神求寿 ... 216

第十一章　精神家园的私家园林 ... 221

**一、私家园林的文化内涵：文人的精神困境** ... 221

象征性隐居 ... 221

意境 ... 228
二、辋川别业：王维开创解脱之道 ... 234
禅的意味 ... 235
诗情画意 ... 238
三、江南园林艺术气质及其表现 ... 243
江南园林的艺术气质 ... 243
文人气质 ... 243
士大夫情调 ... 246
无可奈何花落去 ... 247
江南园林艺术的表现 ... 248
四、狮子林：佛俗一家 ... 253
寺庙园林 ... 253
作为寺庙园林的狮子林 ... 256
转为文人园林 ... 260
五、拙政园：彷徨与逃逸 ... 264
隐居 ... 265
标榜自励 ... 267
生命关怀 ... 273
六、留园：无奈与皈依 ... 278
出世 ... 279
附比慰藉 ... 280
问佛问道 ... 283
七、耦园：文化沙盘 ... 288
易学造园 ... 288
象征世界 ... 289

第十二章　民国时期传统建筑园林的嬗变 ... 298

一、新型材料使装饰色调轻松明快 ... 299
二、室内装饰更具人情味和尊贵 ... 301
三、室外装饰愉悦可亲 ... 302
四、植物象征由西方式的理性代替东方式的感性 ... 303

主要参考文献 ... 307
后记 ... 312

# 引　言

中国建筑园林是传统文化体系中的一个组成部分，要透彻理解建筑园林文化，必须弄明白与建筑园林文化相关的其他文化因素，那些文化因素决定着建筑园林文化的深层涵义。建筑园林是文化的载体，是一部非文字的历史书，所以，建筑的体量、方位、尺寸、颜色、布局、装修和园林中的山石、水池、植物、布局等建筑因素本身传达着某种文化涵义。建筑物除了表层传达的意义外，往往另有涵义，它是藏在建筑表层意义背后的另一层意思。我们把表层意思背后间接表达的另一层意思叫做象征。由于中国传统文化积淀相当厚重，在表层意思背后可能还包涵多层意思，“另一层意思”指的可能是第二层的，也可能是第三层甚至更多层的。研究表明，中国文化表达含蓄，表层意思大多言不由衷，往往表层背后的“另一层意思”才是要表达的本义，所以，象征义反映了文化本义。本书的主旨就是撩开建筑表层意义背后的另一层神秘面纱，揭示象征义，追寻文化本义，还原建筑园林文化的原来面目。这样的做法会使我们发觉到，象征世界外面的理解是肤浅甚至是错误的。事实上，由于我们对象征理解的忽视，遭受文化困惑久矣。

可以这么说，一切建筑都具有象征义，这是由人类的象征思维决定的。那么，中国人是怎么构建建筑文化象征世界的?《易经·系辞传》:

> 古者，包羲氏之王天下也。仰则观象于天，俯则观法于地。观鸟兽之文，与地之宜，近取诸身，远取诸物。于是始作八卦，以通神明之德，

以类万物之情。

这种广泛的附会就是象征的最初开始。早在远古的人类，最先感知的无非是天上的日月星辰，地上的山水物种，以及水中自己的映像和同类亲属，这决定人类文化最早的内容只能是天、地、人。任何文化体系第一部分内容必然是人对外部世界的朴素看法。在探求世界本源时，从古希腊泰勒斯（Thales）的“水”、赫拉克利特（Herakleitos）的“火”、阿那克萨哥拉（Anaxagoras）的“种子”、德谟克利特（Demokritos）的“原子”等本源说到古印度的“风、火、水、土”世界四要素，再到中国的“金、木、水、火、土”五行说，无不如此。中国人在对天、地、人细心的观察中，总结出天文历法、地理知识和医学知识及其相互之间的关系。由于认识与解释能力低下，古人往往通过类比及其他象征形式解释事物现象，因而古人构造的天、地、人相互关联的文化体系，实际上是一个象征内容非常丰富的文化体系。下面让我们一起了解具有丰富象征义的传统文化体系，借此导入建筑文化象征世界。

天文图中衍生出无数的文化象征义

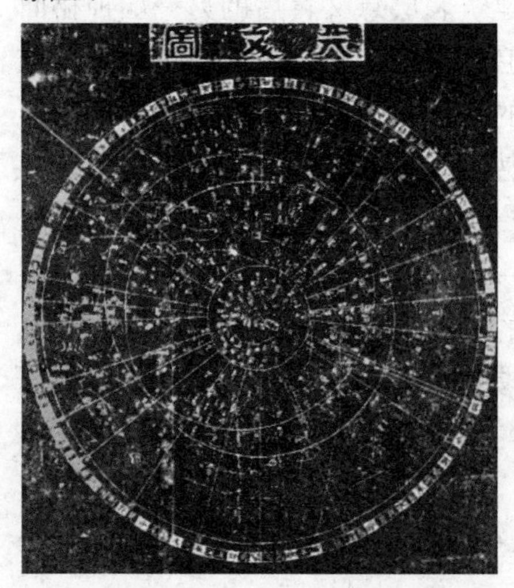

中国古代人非常喜欢观察天象，并发挥想象力把星象与周围的事物作联系，然后引入日常生活，把现实生活归为宇宙的一部分，自觉接受宇宙支配。古人发明农业后，又自觉不自觉地发现，天象与农业之间存在某些规律。进一步探求的必然结果是要解决时空坐标问题，才能用精确的定量方法掌握星象变化与季节的关系，

固定不动及其指向功能使北斗星成为吉祥的象征

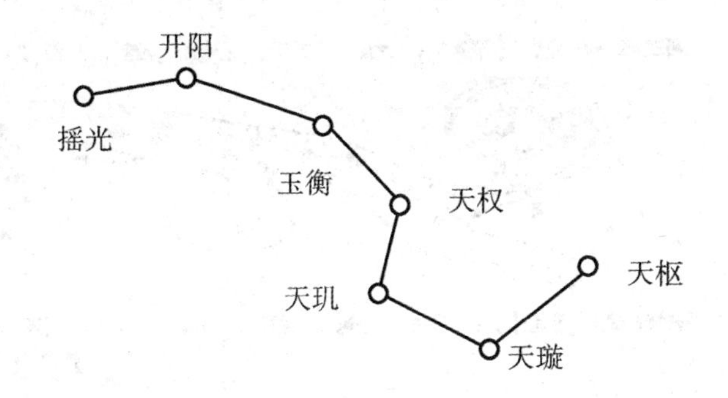


实行春播秋收。可以推断，发展农业是先民观察天象的最初动机之一，有关天象观察的认识则成为文化体系中最早的内容。

为了准确把握变化的天象，古人把繁花似的天空分成若干个区，便于分辨。再找若干恒定不动的星作参照，使天象变化更容易被察觉。被选作天空坐标的是认为不动的北极星，在北极星下方，有 7 颗亮星在北方排列成斗形，古人在黄昏时候以斗柄确定季节，斗柄所指东南西北，分别是季节春夏秋冬。北斗星还用来指明方向和确定月份。

天空二十八星宿分布

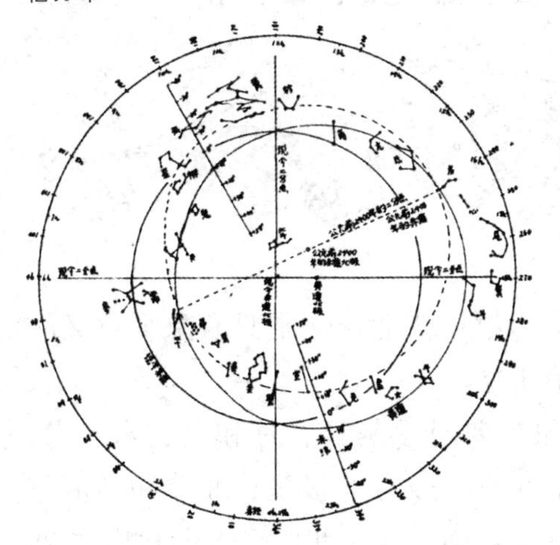

古人又把环绕北极和头顶上空相对稳定的恒星群分成三个区，北斗南面叫太微垣，北斗北面叫紫微垣，紫微垣东南叫天市垣，并以人类社会组织分别命名：太微垣像行政区，20 颗星冠以官职名，如三公、九卿、五诸侯等。紫微垣在黄河流域一带常见不没，被认为是天帝居所，像人间的皇宫区，其中 37 颗星名多冠以皇宫内侍官职务。天市垣像国家、城市和商业区，其中共有 19 颗星，星名被冠以国名、城市名甚至商业单位名，如市楼、车肆、

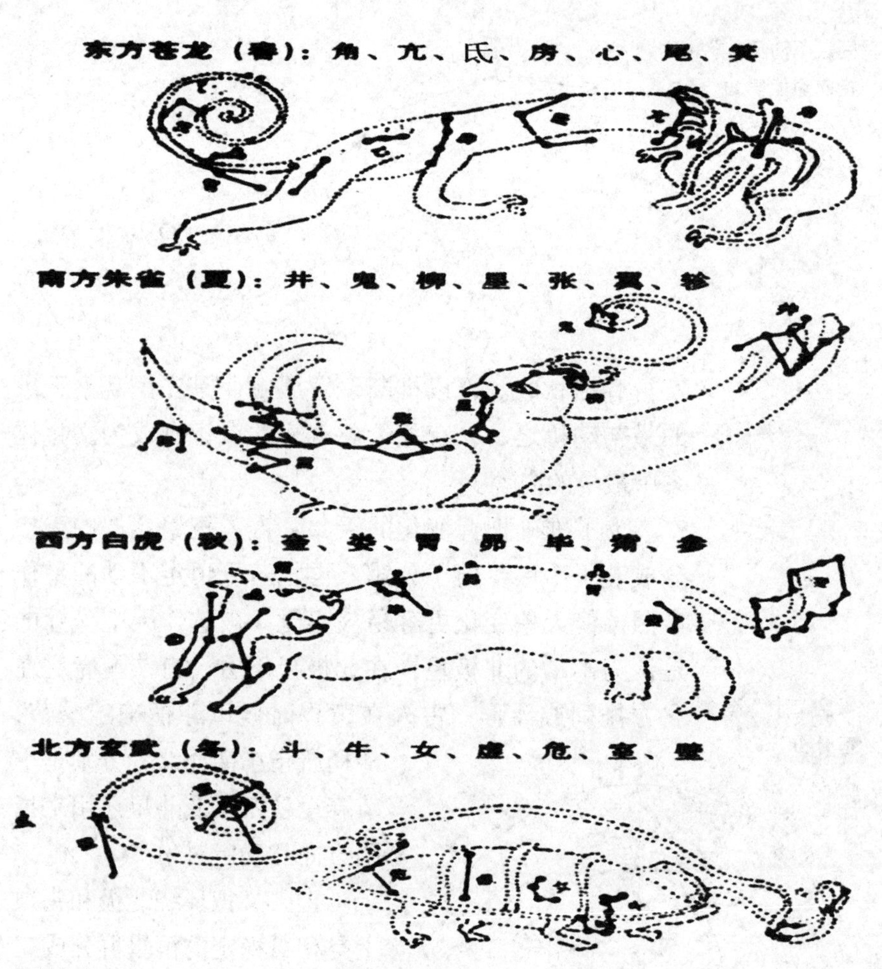
东方苍龙（春）：角、亢、氐、房、心、尾、箕
南方朱雀（夏）：井、鬼、柳、星、张、翼、轸
西方白虎（秋）：奎、娄、胃、昴、毕、觜、参
北方玄武（冬）：斗、牛、女、虚、危、室、壁

根据地上四方氏族图腾配二十八星宿创造的四方神

屠肆等。这样，天人感应观念影响下具有象征意义的天地对应关系开始建立。

古人观察天象主要对象是日、月和金、木、水、火、土五星的运行情况，仅靠北极星、北斗和三垣作参照还不够，又在东、南、西、北四个方向找出共 28 个恒星群，恒星停留不动如房舍，故称为二十八宿。

古人又用假想线分别把它们串连成崇拜的四方神像，殷代前后，人们把春天黄昏时出现在南方天空的井、鬼、柳、星、张、翼、轸等 7 颗星想象为鸟；把东方天空的角、亢、氐、房、心、尾、箕等7颗星想象为龙；把西方天空的奎、娄、胃、昴、毕、觜、参等7颗星想象为虎；把北方天空的斗、牛、女、虚、危、室、壁等7颗星想象为龟蛇。四象的想象蓝本就是地上四方的图腾形象，即南蛮族和少昊族崇拜的鸟、东夷族崇拜的龙、西羌族崇拜的虎、北方夏氏族崇拜的蛇。这样做进一步扩大了天地对应内容。

同时，时间系统也开始建立。先以沿地平圈十二年运行一周的木星为准（自西向东），后为了与太阳起落方向一致，计时方便，假想太岁星，自东向西，也是沿地平圈十二年运行一周。这样，把地平圈自东向西分作十二等分，每一个等分区代表一年和一个时辰。一个时辰相当于两个小时，地球一昼夜共十二个时辰，二十四小时。十二等分区分别命名为子、丑、寅、卯、辰、巳、午、未、申、酉、戌、亥，称十二地支。神话传说，天上有十个太阳，古人用十日为一个循环记

**天、地位置和时空关系表**

| 二十八宿 | 角、亢 | 氐、房、心 | 尾、箕 | 斗、牛 | 女、虚、危 | 室、壁 | 奎、娄 | 胃、昴、毕 | 觜、参 | 井、鬼 | 柳、星、张 | 翼、轸 |
|---|---|---|---|---|---|---|---|---|---|---|---|---|
| 十二辰 | 辰 | 卯 | 寅 | 丑 | 子 | 亥 | 戌 | 酉 | 申 | 未 | 午 | 己 |
| | | | | | | | | | | | | |
| 二十八宿 | 角、氐、亢 | 房、心 | 尾、箕 | 斗、牛、女 | 虚、危 | 室、壁 | 奎、娄、胃 | 昴、毕 | 觜、参 | 井、鬼 | 柳、星、张 | 翼、轸 |
| 分野 | 郑 | 宋 | 燕 | 吴越 | 齐 | 卫 | 鲁 | 赵 | 魏 | 秦 | 周 | 楚 |
| 分野 | 兖州 | 豫州 | 幽州 | 扬州 | 青州 | 并州 | 徐州 | 冀州 | 益州 | 雍州 | 三河 | 荆州 |

日方式。十日分别命名为甲、乙、丙、丁、戊、己、庚、辛、壬、癸，称十天干。二十八宿分布在十二个等分区内。

至此，古人已把上天分成三大区十二个时段的时空坐标系，接着与地理位置对应（行政区划和诸侯国，叫分野），便于以日、月和金、木、水、火、土五星所在位置判断人间何时何地将发生的事。这标志天、地、人相互作用的体系形成，天人感应、天人合一观念开始发挥作用。这种文化内容潜移默化转为民间风俗，成为中国文化最基本的部分，根深蒂固，陈陈相因。因而，解读中国传统文化必须认真弄清这些原始内容。

农业与天象关系的探索揭示出某些规律，指导和促进了农业发展。这种成功引发了天象与各种事件之间的广泛联系，大到王朝兴衰、帝王问事，小到闾巷百姓出行买卖等等，当然包括建造房屋。这些无不通过象征性的联系，预卜吉凶。《周礼·春官宗伯》写道："掌天星以志星辰日月之变动，观天下之迁，辨其吉凶。以星土辨九州之地，所封之域，皆有分星，以观妖祥。"这段话表明，占星术在周朝已大行其道。

天、地、人关系的象征性，使星象涵义变得非常复杂，占星术终于成为一项专门职业，由占星家解释星象的象征义，预测未来。人们相信占星术的原因可以有以下四个方面：第一，天、地、人对应关系中某些现象很有规律，可预测性强。如天象与农业生产中的季节关系，年复一年，春华秋实，与天区位置变化完全吻合，从不出差错。第二，从概率角度看，预测成功总会占有一定比例。占星问卜在颛顼时代前已经是一项很普遍的活动，长时间内出现一定次数的成功预测是必然结果。书籍反复记载成功例子，造成人们对占星术的错觉。如《左传》中记载一则占星术成功例子：昭公三十二年，

相生相克图反映古人的辨证观，揭示事物的复杂性

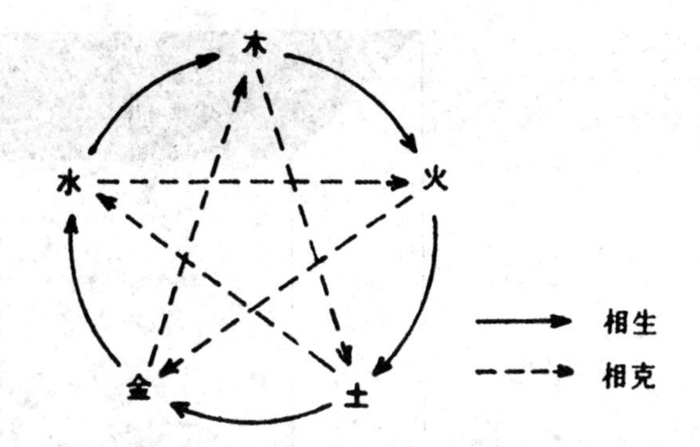


吴国攻打越国，占星家史墨预言道：不出四十年，越国就会反过来灭掉吴国，因为岁星正运行在越国上空。三十六年后，越果然灭吴，应验了史墨的预言。此例曾无数次被转载引用，很容易使人相信占星术。第三，经验总结。有些特异天象出现时，总伴随某些吉凶福祸事件发生，这些经验载入历史记录，被方士利用，容易获得成功。由于某些经验总结被重复证明是正确的，人们乐意接受。第四，天命观。前三者使人相信天主宰一切，包括人的命运，导致古人天命观的形成。天命观反过来进一步推动对占星术迷信的发展。

《左传》、《国语》、《尚书·洪范》等书中的五行说，是中国古代思想家企图用日常生活中常见的木、火、土、金、水五种物质说明世界万物起源及相互关系。五行说认为：五种物质既相互融合促进又相互克制排斥。相互融合促进时，表现为木生火、火生土、土生金、金生水、水生木。相互克制排斥时，表现为水克火、火克金、金克木、木克土、土克水。五种物质之间的相生相克关系反映了世界本质，依此可以解释万事万物。

五行说引起古人对世界看法的调整，人们运用五行说重新把星空分成东、南、西、北、中五大区，用二十八宿构成的四象拱卫北极星附近的星群。[1] 再配

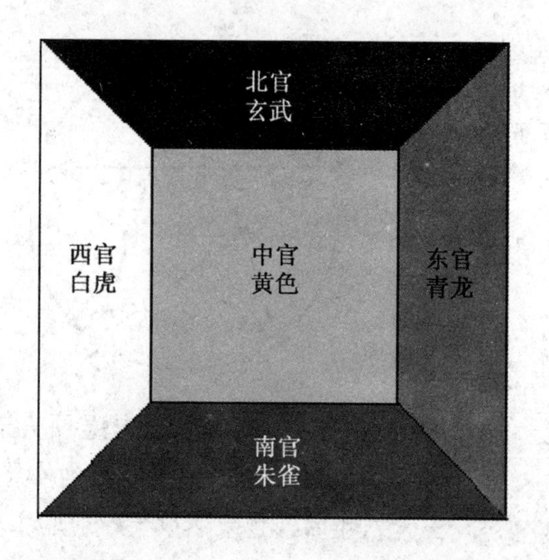


五行方位配色图使颜色有了象征义

以动物及颜色，东官叫青龙，南官叫朱雀，西官叫白虎，北官叫玄武，中官配黄色居中。五行相生相克原理对古代文化发展具有奠基石的作用，许多传统文化内容都是从五行说衍生而成的。

五种颜色不是随意为之，而是有着极其深厚的文化象征义，它对生活习俗发生重大影响，建筑更不例外。建筑颜色的使用反映了古代的等级制度。

红色，象征生命力。考古发现，七千年前的尼安德特人用红褐色装饰尸体；旧石器时代的克罗马努人用红色涂抹尸体和墓室。远古人认为，血液是生命的源泉，血液的红色象征生命力。尸体和墓室涂抹红色表示希望死者复生和生命延续。我国殷商墓葬中同样发现用红颜色文身和涂抹墓葬品的现象。中国商朝定都“殷”也与红色象征有关，“殷”字具有红色含义，血流出时间长久，血色就变成红黑色，红黑色就是“殷”。商朝盘庚之前，都城屡迁不定，最后从山东曲阜的“奄”迁到河南安阳的“殷”，就是认为“殷”字蕴含着生命力，可以选作都城之址，使商王朝绵延长存。商都迁殷后再也没有搬迁过。商朝巫师卜问时，还把卜问者的血液涂在甲骨上，然后埋入土中以召唤祖先灵魂的保佑。

周代崇拜炎帝和祝融，崇尚红色。远古中国人崇拜太阳和火神，传说炎帝为南方天帝，祝融为帝喾时的火官，被周代人当作太阳和火神崇拜。每逢夏季，天子亲率三公九卿大夫，披服红色，往南部举行迎夏仪式，这种习俗一直到汉代仍被保留。

红色辟邪。民间早就有用牲畜血驱除邪魔的做法。行人外出携带桃枝，头戴红巾以辟邪。

周代宫殿主红色，甚至军队兵服也用红色，上述三重象征涵义是其原因。

黑色，周代诸侯房屋的柱子为黑色，仅次于皇宫的红色，位列第二等。黑色在先秦贵为第二等与古代崇拜有关。其一，中国远古的鸟图腾民族把自己祖先看做玄乌，崇拜黑色的燕子。契是殷商部族始祖，据传是他母亲吞食一只黑鸟衔来的五色卵后怀孕而生，玄鸟即为部族奉为祖先神，这是崇拜黑色的源头。其二，“夏后氏尚黑”。夏后氏是部落名称，禹是首领，后来夏后氏建立第一个奴隶制国家夏朝。第一任君主夏启的母亲是崇拜黑蛇的涂山氏后代，从而带动全国对黑色的崇拜。[2]其三，崇拜北方之帝颛顼。古代宇宙观认为：北极白天看不见，只有在黑夜才显露出来，所以把北方之帝颛顼所住的北极叫做玄宫，黑色因此成为天帝的色彩而具有神圣意义。其四，神话说昼夜交替是由太阳鸟白天载着太阳从东到西，然后由乌龟每天夜晚再背负着太阳从西到东渡过地下黑暗的世界，黑色的乌龟（玄武）被视作北方神。其五，传说商祖先契的六世孙叫“玄冥”，当水官时以身殉职，死后被祀为水神。“玄冥”有黑色意思。黑色在秦代取代红色，位列第一等。

西王母与青鸟都是生命的象征

根据五行说秦朝为水德，水的对应颜色是黑色，故崇尚黑色，《史记》写道：秦朝百姓以黑色为首选颜色，以至兵服旗帜一律黑色。黑色在中国文化中还具有死亡冥府鬼魂一类的象征涵义，但在建筑中这类不吉利的象征涵义完全被抛弃。

青色，周代大夫房屋柱子的规定颜色，在先秦位列第三等。青色也带有神圣的涵义。古代祭祀的天帝共有五位，居住在东方的是“苍帝”，“苍”即“青”。还有一种流传很早的神鸟叫青鸟，侍奉在西王母左右。据说青鸟能救人性命，使人死而复活，是生命神灵的象征。赋予青色以象征意义还有一则传说：先帝太皞手下有一神叫句芒，是主木之官，他手里拿圆规，掌管春天，带来青色，青色象征春天和生命。

黄色，在先秦位列第四等，周代士的房屋柱子为黄色。传说居住在中央的是黄帝，“黄”本义为“光”，黄帝就是太阳光明的意思。古人蜡祭时穿黄衣，古代大夫的外衣“狐裘黄衣以裼之。”[3] 五行说流行后，中方配以黄色，自此黄色象征统领四方的中心，黄色代替红色位居第一等。汉初奉行黄老无为思想，宫廷流行传说中黄帝所穿戴的黄衣服和黄帽子。唐朝黄色成为帝王专用色，宋《野客丛书》写道：“唐高祖武德初，用隋制，天子常服黄袍，遂续士庶不得跟，而服黄有禁自此始。”唐天子的服装是黄袍，居所的是黄宫，权杖是黄钺，车盖是黄屋，文告是黄榜，连宫廷的酒封也用黄颜色的布。此后，中国建筑的柱子颜色等级排列与先秦时期有所不同，先秦是红色>黑色>青色>黄色，汉以后是黄色>红色>黑色。

颜色用于屋顶，等级象征要复杂些。皇宫用黄色琉璃瓦作顶始于宋代。明清规定，只有宫殿、陵墓及奉旨兴建的坛庙才可用黄色琉璃瓦顶，擅用者处极刑。孔庙、关帝庙是例外，二者都受过帝王敕封。绿色琉璃瓦顶在故宫中是第二等级，为太子居住的房屋所用。蓝色，天坛采用，蓝色琉璃瓦象征天空，便于天子祭天时与天交流，等级高于黑色。黑色，五行中象征水，藏书楼不能失火，故宫文渊阁及寺观藏经楼顶都用黑色，寓意“水压火”。黑色作屋顶，等级最低，民居普遍采用。

白色，西方之色，西方的对应物质是金属，对应季节是秋季，秋季为收获季节，用金属工具割取收获物时发出白光。又认为太白金星位于西方，传说太白神坐骑为白虎。白色有不吉之意，传说黄昏时出现在西方天空的太白星主杀伐，所以，白色又象征杀伐，被看做与死亡相联系的凶丧之色，办丧事家人要穿戴白色衣帽和鞋。白色有贬斥之意，如白色恐怖、白旗，

**二十八宿象征义对照表**

| 东方七宿 | 对 应 | 象 征 | 意 义 |
|---|---|---|---|
| 角 | 龙角 | 天门 | 战争、王道 |
| 亢 | 龙须 | 庙宇 | 疾病、政令 |
| 氐 | 龙胸 | 行宫 | 疫情、徭役 |
| 房 | 龙腹 | 明堂 | 民情 |
| 心 | 龙心 | 帝王 | 君王 |
| 尾 | 龙尾 | 后宫 | 雨水、大臣、王后 |
| 箕 | 龙粪 | 国库 | 风、外邦、五谷 |
| 南方七宿 | | | |
| 井 | 鸟首 | 天池 | 内政 |
| 鬼 | 鸟目 | 天庙 | 死丧、神示 |
| 柳 | 鸟嘴 | 天府 | 祭祀、草木 |
| 星 | 鸟颈 | 天库 | 服装、兵事 |
| 张 | 鸟嗉 | 天厨 | 酒食、后代 |
| 翼 | 鸟翼 | 天乐府 | 远客、乐律 |
| 轸 | 鸟尾 | 天员府 | 生死、车事 |
| 西方七宿 | | | |
| 奎 | 虎尾 | 武库 | 兵事 |
| 娄 | 虎身 | 宗庙 | 聚众、郊祀 |
| 胃 | 虎身 | 粮仓 | 收藏 |
| 昴 | 虎身 | 牢狱 | 刑事 |
| 毕 | 虎身 | 边境 | 外邦 |
| 觜 | 虎头 | 宝货 | 军需 |
| 参 | 虎前肢 | 天市 | 斩罚 |
| 北方七宿 | | | |
| 斗 | 蛇身 | 天关 | 天子寿命 |
| 牛 | 蛇身 | 天鼓 | 牺牲、牛 |
| 女 | 龟、蛇身 | 天女 | 婚嫁 |
| 虚 | 龟身 | 庙堂 | 丧事、哭泣 |
| 危 | 龟身 | 庙堂 | 盖房 |
| 室 | 龟身 | 天宫 | 动土 |
| 壁 | 龟身 | 天梁 | 动土 |

戏曲中唱反面人物的白脸等等。帝王贵族都回避白色，建筑中只有庶民的房屋以白色涂墙。

有方位性的二十八宿必须有象征义，才能体现五行之间相生相克作用，并说明二十八宿星象变化将要给对应人间的时间、地点、事件带来什么影响。《唐开元占经》载有二十八宿象征义，表明天上星群的些微变化对人间生活都有具体的指导意义。[4]

以五行说为核心的对应内容随着人类生活内容丰富而不断扩大，最终把天上的日月星辰、地上的山水物种、人类的身体结构及季节、月份、星期、天、时辰等时间概念全部网罗进对应有序的系统中，从而形成一个人与宇宙密不可分、息息相关、因果相联的共生系统，各种因素互为表里，相互感应。[5]

**五行图式表**

| 五行 | 木 | 火 | 土 | 金 | 水 |
|---|---|---|---|---|---|
| 八卦 | 震巽 | 离 | 坤 | 兑乾 | 坎 |
| | （东）<br>（东南） | （南） | （西南、<br>东北） | （西）<br>（西北） | （北） |
| 方位 | 东 | 南 | 中 | 西 | 北 |
| 数 | 三<br>八 | 二<br>七 | 五<br>十 | 四<br>九 | 一<br>六 |
| 季 | 春 | 夏 | 长夏 | 秋 | 冬 |
| 气 | 风 | 暑 | 湿 | 燥 | 寒 |
| 时 | 平旦 | 日中 | 日西 | 日入 | 夜半 |
| 干 | 甲乙 | 丙丁 | 戊己 | 庚辛 | 壬癸 |
| 支 | 寅卯辰 | 巳午未 | 辰戌丑未 | 申酉戌 | 亥子丑 |
| 卦 | 震巽 | 离 | 坤艮 | 兑乾 | 坎 |
| 宫 | 青龙 | 朱雀 | 拱极 | 白虎 | 玄武 |
| 星 | 岁星 | 荧惑 | 填星 | 太白 | 辰星 |
| 岳 | 泰山 | 衡山 | 嵩山 | 华山 | 恒山 |

续表

| 庶征 | 雨 | 奥 | 风 | 炀 | 寒 |
|---|---|---|---|---|---|
| 应 | 生 | 长 | 化 | 收 | 藏 |
| 谷 | 麦 | 菽 | 稷 | 麻 | 黍 |
| 畜 | 鸡 | 羊 | 牛 | 马 | 猪 |
| 虫 | 鳞 | 羽 | 倮 | 毛 | 介 |
| 音 | 角 | 徵 | 宫 | 商 | 羽 |
| 色 | 青 | 赤 | 黄 | 白 | 黑 |
| 臭 | 膻 | 焦 | 香 | 腥 | 朽 |
| 味 | 酸 | 苦 | 甘 | 辛 | 咸 |
| 官 | 目 | 舌 | 口 | 鼻 | 耳 |
| 脏 | 肝 | 心 | 脾 | 肺 | 肾 |
| 腑 | 胆 | 小肠 | 胃 | 大肠 | 膀胱 |
| 脉 | 弦 | 洪 | 濡 | 浮 | 沉 |
| 体 | 筋 | 脉 | 肉 | 皮毛 | 骨 |
| 事 | 貌 | 视 | 心（思） | 言 | 听 |
| 志 | 怒 | 喜 | 忧 | 悲 | 恐 |
| 常 | 仁 | 义 | 礼 | 智 | 信 |
| 帝 | 太皞 | 炎帝 | 黄帝 | 少皞 | 颛顼 |
| 神 | 句芒 | 祝融 | 后土 | 蓐收 | 玄冥 |

建立天、地、人共生的文化系统，说到底是为人服务，其中占主导地位的是人的生命意义。人对自己始终表现出极大的终极关怀和现实关怀热情，这是导源于人与生俱来的本能。在本能主导下，人类追求安全、健康、长寿、富足和子嗣昌盛。在对生命的观察和思考中，天、地、人系统中的文化类比进一步加强，即加强天、地各种文化因素为人的生命关怀服务，人类愈来愈多地祈求神秘力量保佑国家、家庭和个人。祈求内容的增多，方法和理论随之庞杂，形成专门学问，叫“术数”。

术数是中国文化体系中最令人迷惑的部分，充满了神秘和迷信。所谓术就是方法、技术。数，是指宇宙及人事生灭规则。术数通过一套方法和自然现象推测人和国家的命运。术数形成有两个阶段，第一阶段时占卜术尚未形成系统，只是简单解读龟象、天象、地象和人象。周易、阴阳五行、八卦理论形成后，数字参与增多并固定角色，术数进入量化定型阶段。《汉书·艺文志》把术数图书分为六种：天文、历谱、五行、蓍龟、杂占、形法。记载书籍 190 种，2520 卷。清《四库全书》将天文历法分离出去，这时术数包括数学、占候、相宅相墓、占卜、命书、相阴阳五行、杂技书七类，成为专门以阴阳五行八卦推测人事变化的方术依据。

就是古人对周围世界的观察中，联想、类比、附会等等象征思维方式使人类文化世界充满了象征性，象征思维对建筑的体量、方位、尺寸、颜色、布局、装修产生直接而深刻的影响。传统文化中的迷信成分和某些晦涩的象征则加重了中国传统建筑的神秘性。今天，我们解读建筑文化象征时，都是通过上述文化内容进行的。

**注释**

[1]《史记·天官书》。

[2] 陈久金：《华夏族群的图腾崇拜与四象概念的形成》，《自然科学史研究》1992 年第 11 卷第 1 期。

[3]《礼记·玉藻》。

[4] 俞晓群：《术数探秘》，三联书店 1994 年版，第 71—72 页。

[5] 金良年主编：《中国神秘文化百科知识》，上海文化出版社 1994 年版，第 30—32 页。

# 第一章
# 建筑的构成

结构主义指出，结构由各自因素及其相关因素组成，结构决定体系存在的形式。如果我们仅仅限于分析建筑范畴的因素，就犯了盲人摸象的错误，因为建筑由人设计建造，必然有人类文化和人类思维参与，建筑结构中包含了许多建筑学范畴外的因素，我们要正确认识建筑，必须把建筑结构中的文化因素和心理因素分解出来，分别进行深入分析，才能完整认识建筑。

作为建筑，现代人一般都把它看做建筑师的空间设计结果，它只是空间的。其实人类早期经历过一个巫术时代，那时建筑必定充满了各种奇怪的想法，所以，早期建筑尽管简单却是文化的，各种观念无疑支配了建筑架构。

人类穴居时代，已在洞穴岩壁上留下文化观念痕迹，说明建筑一开始就与人类文化观念相伴相生

说到底，建筑是人的创造物，建筑构成必定与环境以及人的需求、思维、心理、观念、传承、信仰、审美、习俗等等联系在一起，这决定了建筑是一个极其复杂的系统。如果我们认真追问“为什么会有建筑”、“建筑是如何产生的”、“建筑为什么各不相同”，要回答这些问题绝非易事，我们必须梳理清楚它们之间的关系，找到其源头。本能是人类现有一切的万源之源，建筑包含那么多的相关要素，溯其源头也是人的本能，我们必须首先基于人的本能及需求的演变，从人类学视角对建筑进行研究，才能找到建筑发展的最直接源动力，回答“为什么会有建筑”的问题。其次，基于发生学视角对建筑发生的环境进行研究，了解建筑的开始，揭示建筑发展的因果关系，回答“建筑是如何产生的”问题。再次，基于历史学、文化学、人类学视角，将建筑的发展演化与文化发展、历史变迁结合起来，研究建筑发展的文化原点，提供解释不同民族、国家、地区建筑的个性依据，回答“建筑为什么各不相同”的问题。

为了准确回答以上三个问题，下面首先讨论建筑是如何发生的以及建筑发展的路径，接着讨论构成建筑的基本要素，唯有如此，建筑的本质才会清楚地展露在我们追问的视野中，便于我们梳理清建筑的要素及其关系，最终看清建筑的构成。

## 一、建筑的发生与发展

人类学会创造之前与其他动物一样，利用自然条件为生存服务，就栖身问题而言，钻山洞是必然选择，现成方便又安全。只是山洞固定不动限制人的活动，迫使人类开始走上建筑之路。建筑的发展比建筑的发生要复杂，因为涉及作为建筑决定因素的环境物产和种族文化，全世界建筑分属于不同的环境和种族，建筑材料、样式、表达的差异五花八门。科学改变人类建筑，水泥的发明使建筑摆脱对所在环境建筑材料的依赖，钢筋混凝土建筑在世界各地横空出世，建筑材料和建筑技术革命使建筑走向大同世界。尽管如此，建筑仍然具有复杂的文化意味，因为建筑是具有文化记忆的人所建造，建筑无法抹杀如影相随的文化。

现代香港中银大厦的形态，因文化观念引起邻居的严重不安

**建筑的发生**　建筑是如何发生的？除了本能还有古天文学和思维心理，建筑是三个方面共同作用的结果。本能是人类一切的原点，人类本能有很多种，概括起来有三大方面，即安全、食物和性。英国威廉·麦独孤（William McDougall，1871—1938）、法国夏尔·傅立叶（Charles Fourier，1772—1837）等都有

这方面的研究。本能研究揭示了人类行为的原因，确定了人类文化的源头，具有重要理论意义。“本能说”解释了建筑最初发生的原因，清楚回答了“为什么会有建筑”的问题。

人类为了生存和便于农耕，离开洞穴开始建筑

同时，古天文学是人类文化发生的原点之一，也是建筑文化的原点。比如基于求吉避害原因，人类会考虑建筑动工的时间、位置、体量、装饰、风水等因素，研究表明，这些因素都源于古天文学。英国著名科学家李约瑟的“中国建筑宇宙图案化”论断说明中国建筑从天上来，这是“建筑是如何产生的”最好答案。

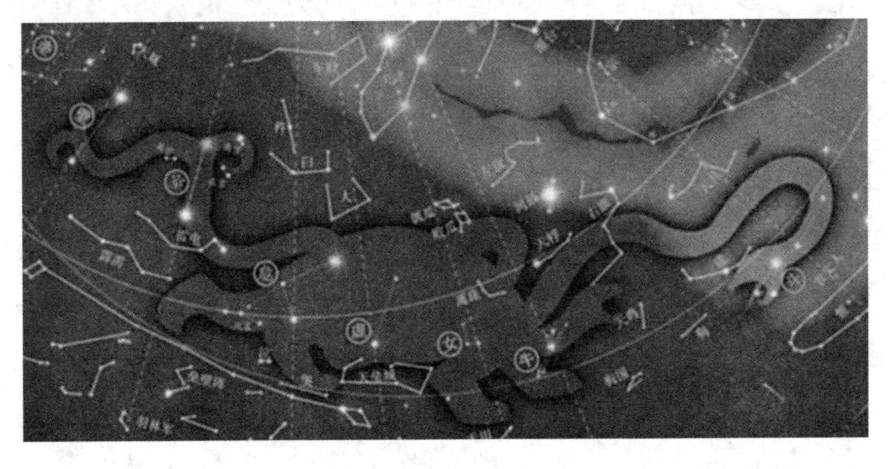

人类首先发现星象与农业的关系，继而创造神话和神系统，中国人的建筑象天法地，走向“宇宙图案化”，古天文学成为中国建筑文化的渊薮

任何一所建筑都必定符合人的心理体验，因不受欢迎而闲置的被看做不吉利的“鬼屋”

思维心理个性体验也是建筑意味的原点之一。可以推想，在本能引导下，人类一开始就出于安全、可居和尽可能的舒适来考虑选择洞穴。到人类离开洞穴自己动手建造建筑时，仍然以适合心理需求为原则，如建筑物的体量、色彩；空间的疏密、层次；布局的对称、均衡；装修符号寄托的愿望等。建筑意味因地理环境、物产、种族文化等因素不同而不同，个性鲜明，这是“建筑为什么各不相同”的答案。

**建筑的发展及其路径** 基于上述本能、古天文学、思维心理等建筑发生的原点，发展成今天五彩缤纷的世界建筑。建筑发展过程中基本循着生存——应对、观念——体验两条路径前行。中国建筑发展路径是这样的：从本能需求出发，寻找或建造简陋的栖身之所用以遮风挡雨避寒取暖，应对严酷的生存环境。由本能引导（生物沿物体边活动获得安全），在山脚建造城市和村庄，逐步总结出背山面水、坐北向南的安居建筑经验，由生存应对走向实用主义。同时，日益丰富的天文神话、巫术宗教、国家政治、哲学思想、心理思维不断影响建筑的色彩、尺寸、方向、体量、形制、布置、材料、风水、样式、装饰，最终，功能实用、文化观念和心理需求结合为建筑形式。由于文明之河于今而言已经漫长，其间观念与解释逐日丰富、更新变化、叠加或遗失，以致我们今天有时难以解释清楚传统建筑形式的真正涵义，遂使建筑具有神秘主义倾向。

关于建筑的发展及其路径关系请参看下图：

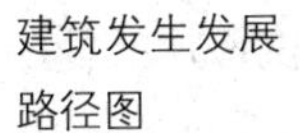
建筑发生发展路径图

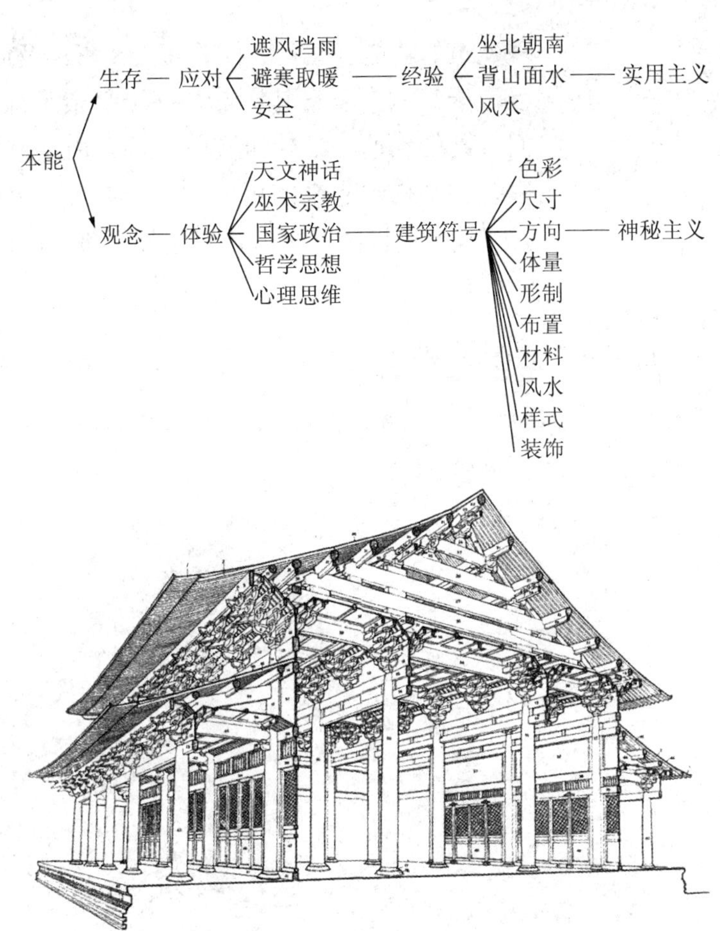


中国任何一座传统建筑都经历了漫长而复杂的文化之旅

## 二、建筑构成三要素

建筑绝非简单的由设计图纸、材料、空间组合完成，设计者在考虑建筑功能的同时，还自觉不自觉地在建筑中渗入文化观念、民族思维心理和生活习俗。虽然建筑实用功能是先期考虑的问题，但是早期的神话、宗教、古天文学衍生出的许多文化观念，还有动态变化的心理需求和审美需求不断影响建筑，所以，建筑除了实用功能要素还有文化要素和人的体验要素参与，三者共同作用于建筑。通过解构建筑，我们发现建筑的功能、文化、体验三大要素涉及面十分广泛，以至于每一个要素其实都是一个复杂系统，这样，我们看到的任何一处建筑实际上都是由这三项复杂要素系统共同构建起来的更大的复杂系统，每一处建筑都是实用的，同时又是包含文化观念和建筑意味的。

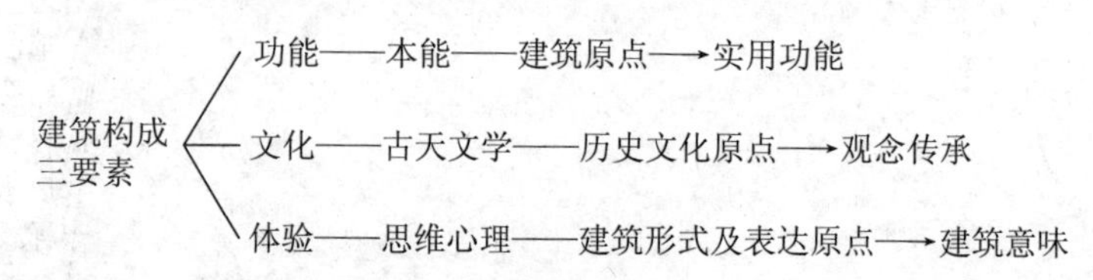
建筑构成三要素
功能——本能——建筑原点→实用功能
文化——古天文学——历史文化原点→观念传承
体验——思维心理——建筑形式及表达原点→建筑意味

建筑构成三因素系统图

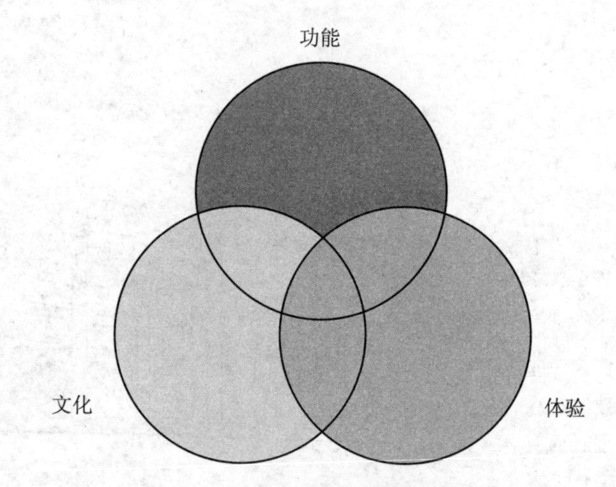
功能
文化
体验

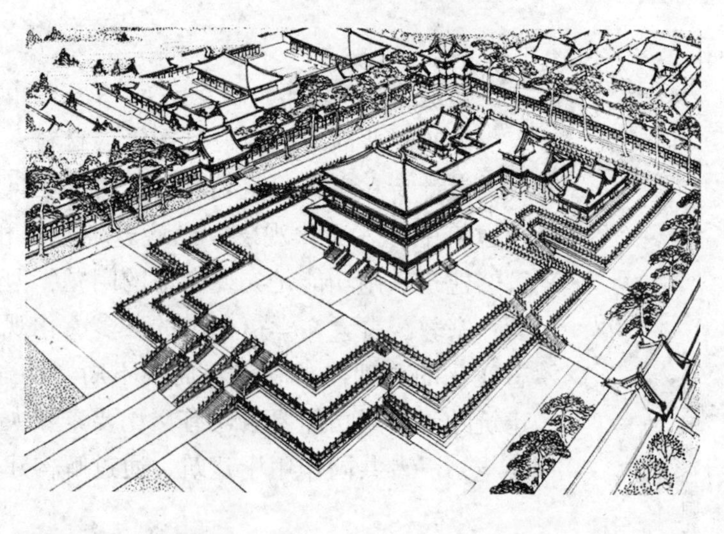

中国传统建筑由功能、文化、体验三大要素架构而成。

为了讲清这个复杂而庞大系统中的要素关系，下面对建筑三要素分别展开分析，找出构成各自系统的相关要素。

**建筑功能** 建筑功能由本能到实用，主要考虑安全、生存和居住三方面，建筑发展史留下如此轨迹：先民最初出于安全，选择洞穴。走出洞穴后，出于安全本能，与我们看到动物紧贴依托物行走、停留一样，依山脚建有围墙的住宅或有城墙的城市（背山面水的风水格局和围墙就是洞穴原型再现），并建各种安全设施，如高台、塔楼、护城河和防火墙等适应战争防御。出于生存考虑，处于北半球的中国人很快找到建筑冬暖夏凉的坐北向南方向和门窗的尺寸和位置。出于居住舒适考虑，开始发展装饰。其关系见下图：

建筑功能系统图

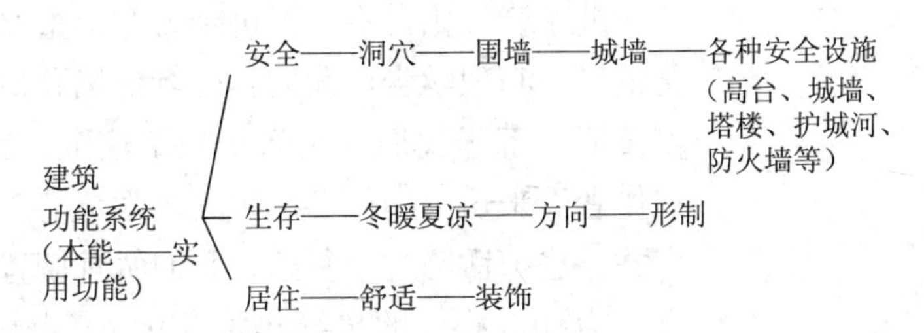


**建筑文化** 建筑文化由古天文学到观念传承，主要包含文化观念、文化记忆和社会变迁三方面。为什么说人类文化源于古天文学？因为人类的第一个问题是“我是谁”？首先想知道人与世界的关系，美丽宁静的夜空无疑是与人类最接近的世界，恐怖的天灾也来自天空，人类注意力也就指向了天空，夜观天象是思想家、哲学家、科学家们的必修课。人类面临自然灾害寻求超自然力量作为庇护，天庭的神话系统形成，如西方最早有古希腊神话系统，中国有从山海经到封神榜再到西游记构成的神话系统，还有全世界数不清的族群创造的神话，创神是人类生存过程中精神生活的一个必然环节。

当世界各地人类不约而同发现星象与农业之间的规律时，夜观天象发展为科学，西方人从欧几里得到哥白尼、伽利略、开普勒，用几何学和数学解释宇宙，揭示规律。中国人从甘德到张衡，加上其余不为我们熟知的五十多位天文学者，停留在无理论但精细记录的层面，从想象的盖天说到张衡的浑天仪，中国人走向神秘主义的应用。从古天文学出发形成的哲学、周易、宗教、神话，又连锁反应地影响其他学科，古天文学就此成为中国文化观念的渊薮，也是影响中国文化的第一张多米诺骨牌。与建筑有直接关系的是为帝王君权神授服务的天人感应系统，使中国建筑“宇宙图案化”。

讲建筑文化时不得不讲到另一个重要概念，即文化记忆。心理学告诉我们，人有记忆和遗忘，两者都很重要。至于我们为什么记忆了这个，遗忘了那个，在作者看来这个问题已超出心理学范畴，与宇宙法则有关，这个话题过于复杂，我们暂且搁置。于建筑而言，为什么我们的传统建筑变化不大，砖木、形制、装饰依然，理由有二：一是合理。中华文明发源于树林繁盛的中原，河南简称豫，意思是大象出没的地方。砖木结构建筑是中原地理环境和物产决定的产物，是合理的逻辑结果，就像古希腊多山而少平原，结果古希腊产生了石头建筑。凡存在的都有合理性，黑格尔早就指出了这点；二是记忆。人们在童年习得的文化中生活，养成文化习惯，使习得的文化合理化，在记忆与遗忘中，部分被保留下来成为记忆，人的前半生以认知为主，后半生以回忆怀旧为主，人类社会的权力中心在中老年人群，中老年人的文化记忆便作为合理部分被保留并传承下去，后代人又作为习得被动接受，从而完成文化的代代传承。

传承不是一成不变的完全拷贝，受变动因素如科学进步、观念变化、时尚变化、遗忘等影响，传承会相应发生嬗变。建筑嬗变总是与社会变迁、文化嬗变保持一致，或渐变或突变，表现出明显的时代特征，中国各个朝代的传统建筑既有共性又有个性就是这个道理。丹纳在《艺术哲学》中对艺术影响概括为“地理环境”、“种族”、“时代”，完全符合建筑动态的传承发展事实。中国社会近代以来受科学进步、生产方式改变和西方文化冲击，加上建筑材料水泥的发明引起一场建筑革命，实现一次突变，水泥森林取代了传统的砖木结构建筑。

其关系见下图：

建筑文化系统图

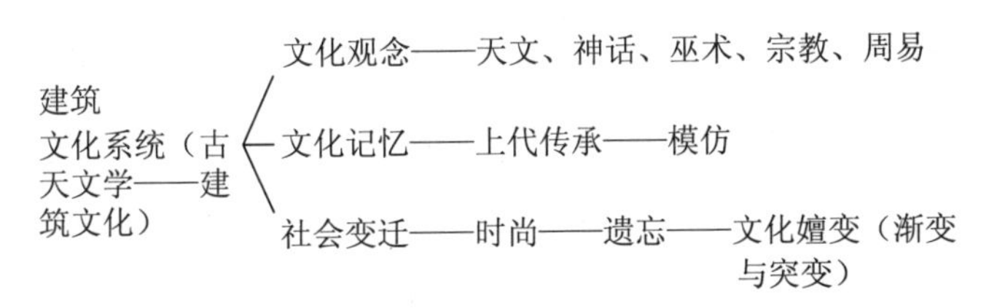
建筑
文化系统（古天文学——建筑文化）
文化观念——天文、神话、巫术、宗教、周易
文化记忆——上代传承——模仿
社会变迁——时尚——遗忘——文化嬗变（渐变与突变）

其实每座建筑都承载了建筑文化观念、文化记忆和社会变迁（福建永宁）

**建筑体验**　作为建筑还会在条件允许下，尽可能使建筑更适合人居，符合人的生活习惯，这就是人的体验过程。构成建筑体验系统的主要要素有：空间关系，如建筑的体量、尺度、疏密、层次等；平面布局，如规整对称或自由式；装饰与符号意味，如色彩、材料、纹样、布置等象征义。只有满足这三方面的心理体验标准，建筑才算是可接受的，若相反，入住者就会惶惶不可终日，顿起疾病。越来越多人认同心理统治人类世界的说法，中国风水之所以受欢迎，就是有强烈的心理暗示作用。比如基于求吉避害原因，人类会考虑建筑动工的时间、建筑环境、建筑方位、体量、材料、颜色装饰等因素，在中国传统建筑中这些因素被看做是不可缺少的，至今在港台尤为重视。其关系见下图：

建筑体验系统图

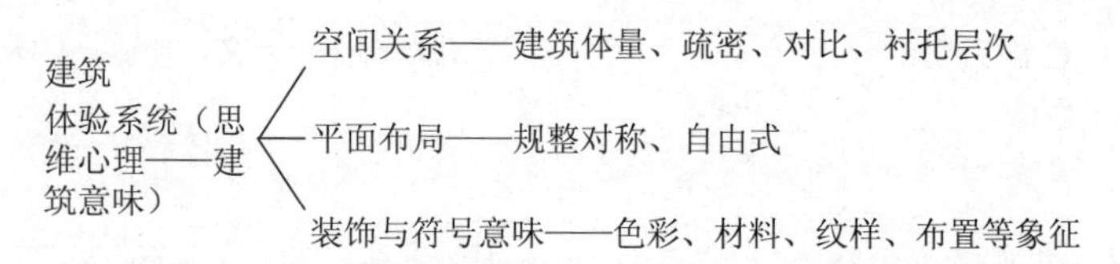
建筑
体验系统（思维心理——建筑意味）
空间关系——建筑体量、疏密、对比、衬托层次
平面布局——规整对称、自由式
装饰与符号意味——色彩、材料、纹样、布置等象征

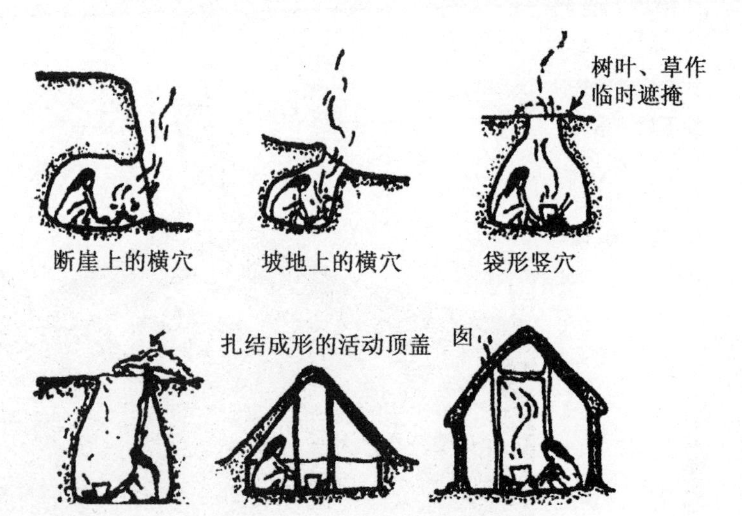
树叶、草作临时遮掩
断崖上的横穴
坡地上的横穴
袋形竖穴
扎结成形的活动顶盖
囱

从原始人到现代人选择住所就是一个心理接受的体验过程

最后的结论是：建筑发生于本能，在逐步发展完善过程中，由“功能、文化、体验”三大要素系统共同架构，以至于我们今天看到的每一座建筑都是一个具有庞大而复杂内涵系统的构筑物。本书概括的建筑“功能、文化、体验”三大要素与古罗马维特鲁威在《建筑十书》中提出的“坚固、实用、美观”以及20世纪后西方建筑的“形式、功能、意义”原则有许多相同之处，但更多地包含了建筑本质，特别是加入了人的体验内容。

## 三、艺术精神对建筑的影响

从本质上讲，建筑发展到今天，已经大大超出作为遮风挡雨居所的范畴了，在人类文化浸润下，建筑深受艺术精神影响，从粗陋走向宏大、华丽和富有意味，成为人类艺术当之无愧的重要部分。因此，认识建筑的构成，还需认识人类艺术精神。

深一步推究，在泛艺术精神背后必定还有一个起决定作用的灵魂，即艺术精神的内核。西方人的艺术精神内核强烈凸显出理性主义，对外部世界的好奇心和探索精神，古希腊人对数字、比例、度量和几何学

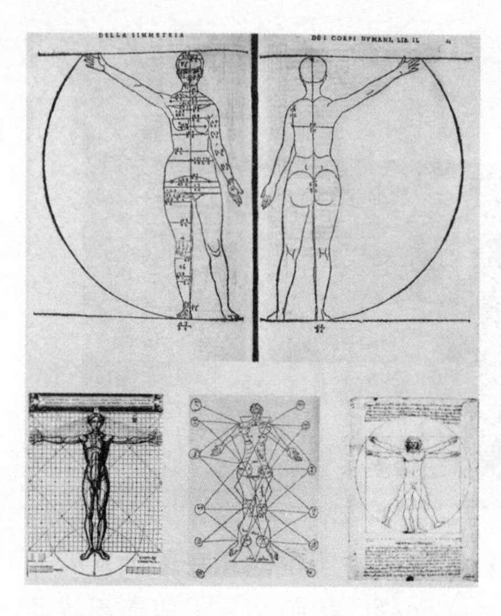


丢勒《人体比例四书》——寻求和谐之美

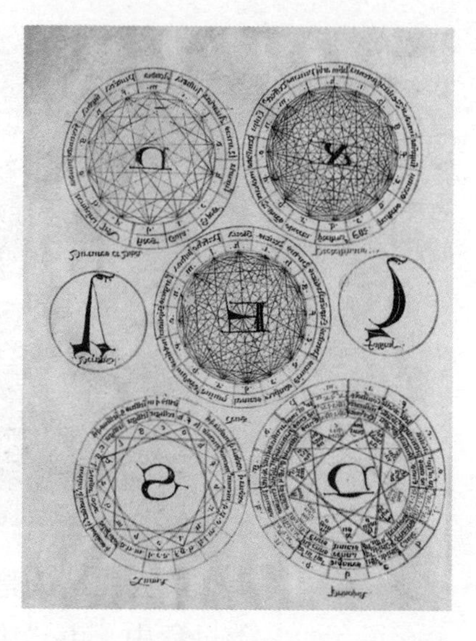

以几何表现的上帝、灵魂、美德与恶行概念——寻求秩序

的研究养成对自然法则、秩序、和谐的尊重，完成了几何学、透视原理、均衡理论。海外贸易、海上航行催生民主政治制度，形成对独立自由追求的精神。二者共同影响艺术的结果是形式的均衡、内容的完美和精神的高尚。均衡造成艺术形式简洁、静穆与和谐，独立自由的精神追求造成崇高的艺术观。苏格拉底说，艺术美追求理想美、精神美和有用的或功能的美。苏格拉底讲的就是西方艺术的精神内核。

古希腊人首先在人体上找到了均衡、和谐与美。

古希腊的艺术精神代表了西方古典主义的艺术精神，现代艺术表面上对古典主义进行颠覆，流派喷涌，但其本质仍是探索精神的延续，尽管无法解释的非理性主义现象对西方理性主义艺术精神刺激不小，但面对世界的未知部分依然不知疲倦的叩问，追求理想美、精神美和有用的或功能的美，这个艺术精神内核并没有改变。

古希腊人首先在人体上找到了均衡、和谐与美

中国艺术精神的追溯当在春秋战国时期。面对群雄战乱，百家争鸣各自拿出安邦治国方略，其中主要有两家思想对生发艺术精神起关键作用：一是儒家，二是道家。

儒家的安邦治国方略现实性和实用性强，核心是针对如何治国平天下，提出通过建立制度和实践孔孟主张达到管理国家的目的。社会管理是一个复杂系统，包括了方方面面因素，结果必然是各种利益和条件的妥协，因而儒家学说提倡“中庸”，结果充满了“技巧”。具体做法主要由三部分构成：一是恢复借用周礼——等级制，使天下恢复有等级序列的社会秩序达到有效管理的目的；二是以“大同世界”理想社会引起民众向往，吸引追随，达到控制民心的目的；三是劝君王施“仁政”对民众作出让步，让小利制天下，达到稳定统治的目的。儒家思想影响下的艺术为此具有明显为政治服务的实用主义色彩，艺术形式讲究技巧，有时甚至繁复，如后文将要讲到的明堂、祈年殿等。

儒家思想具有强调秩序、匡正社会的特征，影响到艺术精神带有官家色彩，具有宣教责任的实用艺术。

儒家在社会管理设计中，特别是在制度的制衡与

明堂建筑有明显为政治服务的实用主义色彩。建筑的技巧反映政治建筑的特征

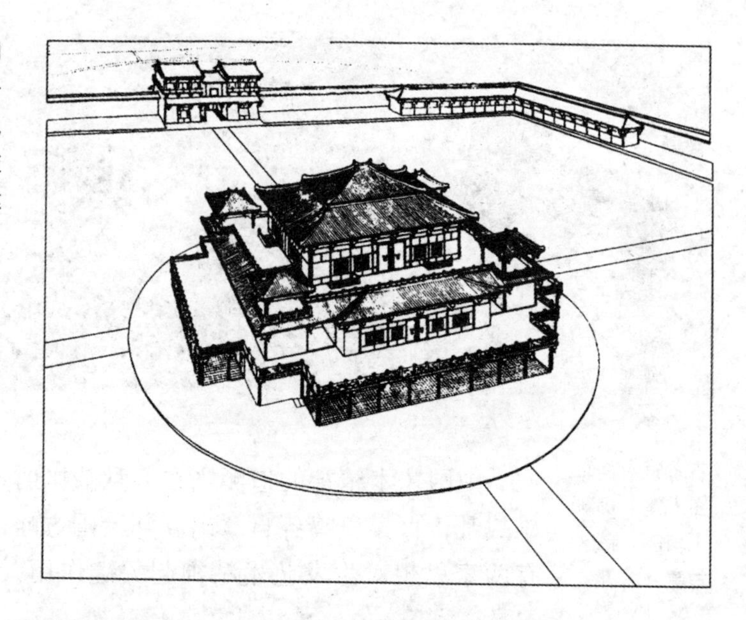

社会的理想中找到了均衡、和谐与美。

因儒家精神中富有技巧性，故灵动不足而拘谨有余。儒家艺术精神崇尚的美是为国家和理想献身的道德之美，为社会和谐作出让步、奉献、牺牲所构成的美。但是，儒家说到底是“治世”的规则，由无数的“必须”制约人，康定斯基说：“如果艺术家的情感力量能冲破‘怎样表现’并使他的感觉自由驰骋，那么艺术就会开始觉醒，它将不难发现它所失去的那个‘什么’而这个‘什么’，正是初步觉醒的精神需要。这个‘什么’不再是物质的，属于萧条时期的那种客观的‘什么’，而是一种艺术的本质，艺术的灵魂。没有艺术的本质、艺术的灵魂肉体（即“怎样表现”）无论就个人或一个民族来说，始终是不健全的。”[1] 而儒家恰恰规定了许多规则要求“怎样表现”，从而扼杀了健全的艺术精神，因而儒家的艺术精神是有严重缺陷的。

道家的治国方略是通过考察人与宇宙关系后作出

的，以老庄为代表的道家在审察世界后，对广袤复杂的宇宙感觉十分无奈，转而产生巨大的敬畏感，深感人的渺小。他们常以巨大和微小作对比，如《逍遥游》中的鲲鹏与燕雀、《秋水》篇中的涓流与汪洋，强烈的对比反差启发和告诫世人，与巨大的宇宙相比人简直不值一提！文章设计无知的燕雀和涓流自以为是的狂妄，然后把他们推到与自己不成比例的鲲鹏和汪洋前，瞬间成了被嘲笑的对象。道家用无限渺小人的方法把一切汹汹然的利益争斗和贪婪攫取比划到滑稽可笑的地步，以此冷静人们的头脑，主张万物并行而不相悖，万物并存而不相害，达到制止战争的目的。

由于道家拒绝瓶瓶罐罐的日常利益琐事，出世遨游于宇宙天地间，考虑人与宇宙相处的大问题，所以受道家思想影响的艺术精神必然大不同于儒家，那是没有世俗杂芜的自由飘逸，个人理想的精神体悟，人与自然浑然一体的大器与和谐的艺术，艺术产品或是恣意汪洋，或是委婉灵动。

道家在认识人与宇宙相处的关系中找到了均衡、和谐与美。

道家精神富有灵巧性。相对儒家而言，道家艺术精神所崇尚的美是个人从贪婪索取本性中获得解脱的道德之美，远离利益，不参与纷争，追求个人内心崇高的德行所构成的美。

拘谨与自由、实用与理想、技巧与灵巧构成中国艺术精神的二元化。当西汉“罢黜百家，独尊儒术”时，自由理想的道家艺术精神，与已取得正统地位的儒家拘谨实用的艺术精神开始发生严重冲突，一直到魏晋时期，大一统暂时式微，自由理想的艺术精神才获得一次轻松解放，“越名教任自由”，冲破儒学思想桎梏，喷发出历史上最为辉煌的艺术作品。

中轴对称象征儒家的国家政治、社会秩序

就像古希腊的艺术精神后来受到基督教文化的浸润，艺术内容和形式有所丰富和变迁，中国艺术精神很快受到佛教和道教的影响，由于宗教核心主题是生命关怀，某种意义上讲宗教只是加强了原来艺术精神中的人文特质，特别是宗教关于生命问题的思考使艺术精神增加了内涵，使艺术作品更有意味性。

私家园林道法自然，体现道家对有形的超越

可见中国艺术精神内核主要由道家的个人自由理想、儒家的国家政治实用主义和宗教的生命关怀三方

面构成。

规矩，象征儒家的国家政治、社会秩序，发展了有中轴对称的国家政治建筑，如都城、皇宫、官衙等；相似，体现道家和宗教对有形的超越，如私家园林。两者是“有”和“无”的辩证统一，也是现实社会秩序与人的思想自由的统一。

**注释**

[1]（俄）瓦·康定斯基著，查立译：《论艺术的精神》，中国社会科学出版社 1987 年版，第 20 页。

# 第二章
# 中国传统建筑的基本特征

早期人类生存条件恶劣，随遇而安因地制宜应对是唯一选择，建筑首先满足实用功能。后来中国发展了严密的封建专制政治制度，助长了实用主义，反过来巩固了建筑实用原则，建筑“功能实用第一”变成主要特征。在人类学视角中，凡进入人类生活的事物都无一例外被烙上文化印记，因此人类的建筑即是“观念架构建筑”，历史漫长的中国尤为如此，这是中国传统建筑的第二个基本特征。然而文化观念是抽象的，变成具象建筑时，缺乏直接表现方法，于是借用象征手法，这样，“建筑形式象征”就成了中国传统建筑的第三个特征。

## 一、功能实用第一

建筑功能实用其实是全人类在起步阶段的共同特征，那时受到材料、施工技术和人的心智限制，建筑只能粗陋简单，刚刚满足遮风避雨和储藏物品需求。到后来，中国建筑走向实用主义：皇家用建筑宣示国家政治；民宅用建筑形式祈求福祉；陵墓用风水术企图使人复活……

**实用：人类早期生存的选择**　这是一个可以想象的结论，在极其艰苦的条件下，人类没有手段使事情变得完善，一切以对付为前提，当然实用就是第一准则。

史前人类在一无所有的情况下，学鸟类在树上巢居、像兽类钻山洞穴居、打制大小适合手握便于劳作的石器，这些都算得上实用主义的早期范例。在苏州地方博物馆，可以看到先民用大鱼的骨刺做缝制衣服的针；在浙江河姆渡干栏式建筑中大量采用现成的地产竹子；在西北黄土高原上就地挖掘窑洞……如果离开实用原则，很难想象人类能够生存下来。

著名的西班牙阿尔塔米拉洞窟壁画闻名于世，人们难以置信如此精美的洞画出于旧石器时期或更早的先民之手。事实是洞画颜色来自各种矿物质颜料，工具由动物和植物材料手工制成，洞画中动物的肌肉巧妙运用凹凸的岩石来表现，一切都是环境实用的杰出成果。

即便在文明发达时代的非常时期，为了生存，人类仍然会本能地把实用放在第一位，鲁滨逊以及二战流落山林之中的军人，他们的故事证明，实用确是生存原则之一。

**实用的原始建筑**　在缺乏建筑手段的史前，人类在地势低蛇虫多的地方就模仿鸟类在树上建房居住，在地势高爽的地方就找山洞穴居。古文献《韩非子·五蠹》："上古之世，人民少而禽兽众，人民不胜禽兽虫蛇，有圣人作，构木为巢，以避群害。"《孟子·滕文公》："下者为巢，上者为营窟"。《礼记》载，"昔者先王未有宫室，冬则居营窟，夏则居缯巢"，对此说得很清楚。非洲人巢居现实场景和无数洞穴考古现场则为我们展示人类早期居住场所的实用范例。

为了通风采光，原始人半穴居的房子就选择了朝南方向，所以实用先于文化

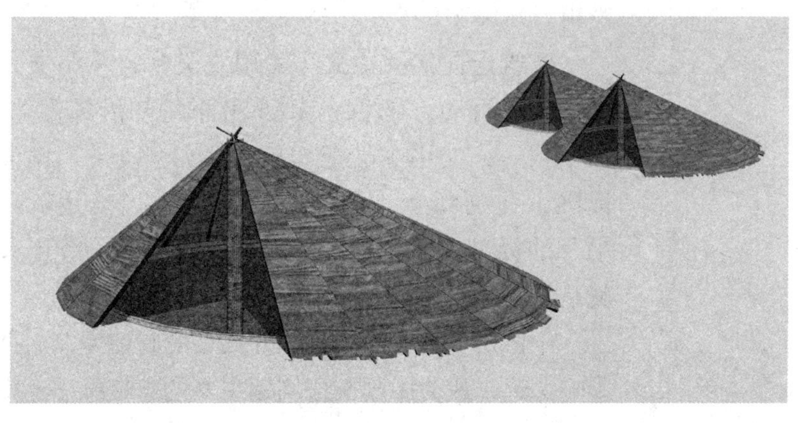

随着人类能力提高，开始出现初步的建筑。南方河姆渡遗址的干栏式建筑以大小木桩为基础，其上架设大小梁，铺上地板，做成高于地面的基座，然后立柱架梁、构建人字坡屋顶，完成屋架部分的建筑，最后用苇席或树皮做成围护设施。这种建筑可以有效避免湿地蛇虫危害，与巢居异曲同工，但比巢居大大方便。北方地势干爽，半坡的房屋大多是半地穴式，他们先从地表向下挖出一个方形或圆形的穴坑，在穴坑中埋设立柱，然后沿坑壁用树枝捆绑成围墙，内外抹上草泥，最后架设屋顶。二者都因地制宜，通过简单修建，发挥最大的建筑居住功能。

中国早期建筑因地理环境，与土木打交道，成为建筑记忆，这是中国建筑走向土木建筑的重要原因。多山的古希腊早期以石为主，如宏伟的雅典娜神庙，引领西方建筑走向石头建筑。这两类建筑一直延续到水泥出现为止，这么长时间内都是以取材方便和早期成功的经验以及建筑的实用性为支持的。至于以后从文化角度解释，中国易损的土木建筑合于流变的五行观念，西方坚固的石头建筑合于基督教的永恒观念，还有待论证，因为很难看到令人信服的证据，而上述建筑环境和建筑记忆影响建筑发展的解释似乎更符合逻辑。

**建筑走向实用主义**　实用主义来自希腊文，意思是行为或行动。19 世纪末到 20 世纪初形成哲学思潮。在实践上，实用主义把“有用”和“效果”作为真理标准，在判断上，以“我”为中心，“有用”和“效果”的标准也以“我”为转移，对“我”有用有利的就是“真理”，反之就是谬误。

中国历史上经历过漫长而残暴的封建专制时期，其影响深远，成为中国文化实用主义的直接推手。中国古代残暴的封建专制政治制度剥夺了个人在公共场所全面自由活动的权利，特别是涉及政治生活时，稍有不慎，就会招致杀身之祸，甚至诛灭九族的横祸。西周末年厉王在位，百姓路上相遇，不敢停步交谈，只好“道路以目”，传递一个眼色擦肩而过。专制看似是一个政治制度问题，实质上深刻地影响到民众的日常生活，生存不仅要适应自然环境，同时还要适应人文环境，中国人在双重环境压力下，无原则适应的实用主义是重要的生存技巧，上升为中国文化中的一个至高原则。建筑也不例外地由最初的实用建筑走向建筑实用主义，观者若离开这一视角，面对建筑就会大惑而不解，所以完整理解中国传统建筑必须触及建筑实用主义。中国传统建筑实用主义突出的表现在两个方面：建筑的功能效用和建筑的文化效用。

实用主义表现在民居建筑，主要体现在居住空间与环境的实用性。七千年前的河姆渡遗址和稍后的半坡遗址，先民建筑都有经验地坐北向南，取得最佳光照和通风效果。民居总是使建筑的实用价值最大化，以北京四合院为例，四合院四面合围成院，首先考虑了空间利用和安全。专制政治下，人们借助围墙与外界隔绝，躲避窥视，增加安全感，围墙在专制政治条件下，给予个人安全自由的意义大于防范窃贼的功能。因此，中国围墙出现，很多成分出于封建政治专制制度压迫下的心理安全需要。四合院形制原因亦在此，合围成院，以图安全。其次，东、西、北、中均建房间，建筑的空间利用达到最大化。

再看风水模式的实用主义。城市选址背山面水，三面环山，形成天然屏障，利于军事防守，符合安全原则；水源丰富，可供生产、生活之用。陵墓选址背山面水，三面环山背北向阳，不易受风雨侵蚀，山水相连，植被完好，环境幽雅，让活人看着舒服安心。

可见传统建筑在实用功能和文化观念的关系上，实用功能始终第一位，建筑现象背后的实用主义就是建筑的决定因素。即便文化特质强烈的风水术，如果离开了北京四合院、城市、村庄、陵墓的实用功能就很难有人接受，所以风水术也是实用功能第一，风水是表象，安全实用是本质，风水术只不过是一种文化现象、建筑的配套解说词而已。中国建筑的逻辑关系是安全实用→文化观念，文化起到锦上添花的作用。

实用主义体现在皇家建筑时，是建筑的政治效用，建筑为国家政治和皇家政治服务，皇家建筑是国家政治象征物。

中国建筑宇宙图案化，起初是直觉经验和文化观念的结合产物，建筑充满了巫术，后来统治者利用百姓畏惧天威的心理，设计天人感应系统，进而设置都城规划宇宙图案化，借此造成凡俗君王即天神的错觉，达到挟天神而令百姓的目的。建筑从直觉形态的宇宙图案化走向自觉形态的宇宙图案化，由巫术文化蜕变为服务于政治的皇家建筑文化，这个过程是中国专制政治实用主义的最好例证。

汉高祖七年，“萧何治未央宫，立东阙、北阙、前殿、武库、大仓。上见其壮丽，甚怒，谓何曰：‘天下匈匈，劳苦数岁，成败未可知，是何治宫室过度也?’何曰：‘……且夫天子以四海为家，非令壮丽，亡以重威，且亡令后世有以加也’”。[1]这段高祖刘邦和萧何的对话就是都城为国家政治服务明证。这时皇家建筑使用功能例外降为第二位，政治功能上升为第一位，刘邦为建筑体量的威仪有助于治国而让步，实用主义暴露无遗。

到清代，承德避暑山庄和外八庙的政治象征意义集中体现，是建筑实用主义的最高典范。如宫墙周长约20华里，采用有雉堞（女墙）的城墙形式，象征长城；外八庙各具汉、藏、蒙、维民族建筑风格，与山庄内建筑意蕴呼应，象征清王朝对多民族国家的统治；园内七十二景题名象征对汉文化尊重；丽正门汉字居五族题名中间象征清王朝“以汉治汉”国策的推行；普安寺安排文殊像象征乾隆国策从“武攻”向“文治”转变……乾隆在《避暑山庄百韵诗》序中写道：“我皇祖建此山庄于塞外，非为一己之豫游，盖贻万世之缔构也”。可以从建筑中看到的国家观念主要有两个方面：一是以满族为多民族国家的核心，居最高统治地位，推动多民族和睦共存的大一统局面形成；二是积极吸收汉族文化，在保持满族统治地位前提下，利用汉族文化维持国家政治正常运行。可见，承德避暑山庄和外八庙也成了清统治者有目的借建筑象征形式宣示这两点政治内涵的载体。

## 二、观念架构建筑

以本能为出发点，人类在寻求获得安全、食物和性的过程中，产生多种相关观念，如在氏族、民族、国家的集体中产生了宗教信仰观、等级观、疆域安全观、集体主义观、天人合一观、中庸观等；个人生命过程中在安全、健康长寿、富足和多嗣等四方面衍生出相关的生命观、健康观、财富观、幸福观、荣誉观、家庭观、生育观等。林林总总的观念覆盖人类活动方方面面，就是那些庞杂的观念，影响建筑营造，建筑成为人类思想的外化物，忠实地记录下人类的思想文化，所以，建筑在满足实用功能的同时又是人类文化的产物。建筑凭借一大堆观念架构起教堂、寺观、清真寺、广场、民居、陵墓、桥梁……反正只要我们看到的建筑绝不是一堆简单的物质，文化观念随着一砖一木砌进古今建筑，也随着钢筋混凝土浇灌进现代建筑，文化观念成了建筑的重要组成部分。

**象天法地：基于人与世界关系思考的建筑观念** 人类考虑到自身命运，如何在复杂环境中生存，必须首先了解宇宙，并弄清楚人与宇宙的关系，以便确定人类的地位和行为。

中国人的宇宙观可以借用管仲一段有代表性的话表明："天地，万物之橐也，宙合有橐天地。天地苴万物，故曰万物之橐。宙合之意，上通于天之上，下泉于地之下，外出于四海之外，合络天地以为一橐。"[2] 意思是人与宇宙万物共生于一张口袋之中，人是宇宙的一分子，因而，人与宇宙是一统的关系。由于关系是那么的密切，以至于人与万物之间具有相互的感应，这就是后来"天人合一"、"天人感应"说的理论依据。

至于人在宇宙中的具体地位与行为，道家文化进而说得明白。《道德经》第二十五章："人法地，地法天，天法道，道法自然。"在宇宙万物序列中，人在最底层，地位卑微，只能服从和效法，与西方文化中人作为上帝使者的崇高地位恰成相反对照。图示如下：

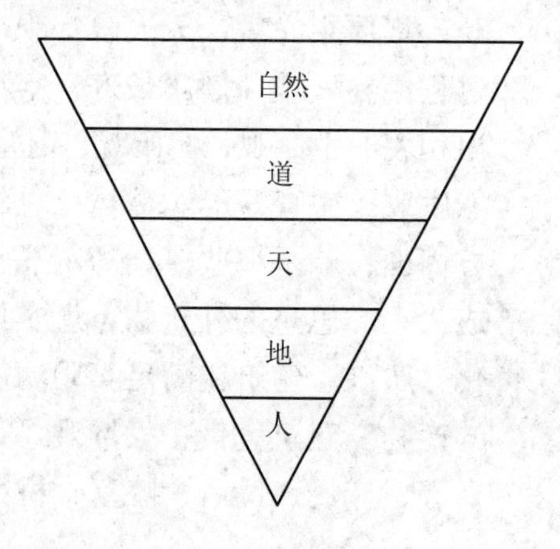

上述思想对建筑产生直接的影响，遵从效法思想通过建筑具象化、宇宙化：

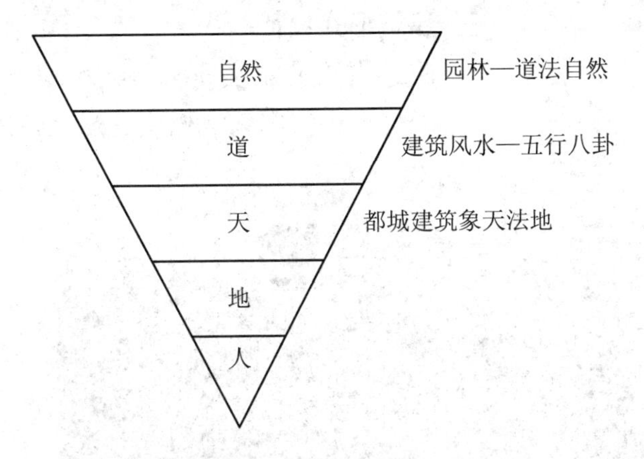


人法地法天的结果是都城建筑“象天法地”，平面布局对应星空，完全宇宙图案化；人法道的结果是创设阴阳五行八卦学说，建筑受风水术影响也呈宇宙图案化，只是风水术是宇宙图案的理论化，图案对应没有前者直观明显；人法自然的结果是园林布置模仿自然，所以园林是中国建筑最高典范，集中体现中国人的宇宙观和最高思想境界。

**祈福禳灾：文化观念架构建筑**　砖木架构起中国传统建筑，文化观念影响建筑的尺寸、体量、方位、样式、装修、颜色等。蹒跚而行的人类童年缺乏应对生存挑战的能力，无一例外地借助术数，祈福禳灾观念自然而然地被镶嵌进建筑各个部分。“禳”原为古代祭祀名，“禳灾”指行使法术解除面临的灾难，祈福禳灾在建筑中变成鲁班尺中的数字吉凶涵义，再变成建筑门窗外观，也变成《营造法式》中的建筑模数。太和殿为什么是“九五”体量？四合院为什么门开东南角？中国建筑为什么不像西方用更耐久的石料却用易腐朽的砖木？中国建筑屋顶为什么如大鹏的展翅？颜色为什么囿于黄、白、黑、红、青？这些问题的答案都在中国人的文化观念之中。

## 三、建筑形式象征

前述古天文学实质上是人类文化观念的渊薮，创神过程带出一大串凭空想象的观念，最终影响到建筑。

秦始皇为建筑史留下了许多观念建筑

但是，文化观念是头脑中的想法，建筑是具象物，许多与宗教信仰、神话、灵异相关而又高度抽象的内容根本无法表现，这时人类会运用约定俗成和联想创造或指定一个中介物来表现，即象征手法。

**建筑象征：第二层意义的表达** 所谓第二层意义表达就是象征。为什么人类文化中普遍存在象征，说到底是由人类具有的象征思维所决定。象征思维的本质是人的想象、联想、幻想、暗示等心理活动，表达时借助一个相似中介，蕴涵另一层意义。典型是宗教，许多不可演示的宗教内容必须借助象征才能传播，圣伊尼亚·蒂乌斯·洛约拉（St.Ignatius Loyola）在《宗教的仪式》（1522 年）中承认想象的地位，认为想象使灵魂的问题在沉思中有力地和戏剧性地具体化，是精神生活中必不可少的一步。[3] 教皇格雷戈里一世和二世强调艺术必须“借可见事物显示不可见事物”，从而我们的心灵可能通过形象的沉思被精神所激起。[4] 教皇从宗教宣传角度发现了象征的某些特质和功能。

教皇发现象征的力量

联想在空间或时间上对相接近的事物形成接近联想（如哥特式教堂高耸入云的尖顶联想到天堂，北京天坛祈年殿的蓝色攒尖顶联想到天神）；对相似特点的事物形成类似联想（如黑色联想到死亡的幽冥世界）；对对立关系的事物形成对比联想（如由耶稣想起犹大出卖朋友的邪恶）；对有因果关系的事物形成因果联想（如由火想起热）。再如当我们看到高大的太和殿时，感受到古代封建帝王的权威；听到《黄河大合唱》感受到当年的民族危亡感；口含一粒喜糖，分享到新婚夫妇的甜蜜生活；闻到荷花发出的清香，联想起文人高洁的品性。由于联想是由一事物想到另一事物，即由当前的事物回忆起有关的另一事物，或由想起的一件事物又想到另一件事物的心理过程，这对象征的本质特征及象征形成具有决定作用。

人类还有幻想的心理活动，通过幻想创造超自然力量帮助完成自己的梦想，如《山海经》中的精卫填海。暗示也是人类重要的心理活动之一，间接而隐秘地表达意思在人类活动中普遍存在，宗教活动、神秘活动以及情爱活动与暗示关系最密切。

象征总是借助一个中介间接表达意思。间接表达方法有两种：第一种借B表达A的本义，如送人石榴（B），表示祝愿对方多子多孙，家族兴旺（A）。第二种，借B表示A的深层意思。由于间接表达意思，所借用的象征体B，是传递象征义的中介，它可以是事物，也可以是人或者一种特殊的表达符号，如手势、眼神等。中介B一般与A有“相似性”，发人联想和想象。如果B与A风马牛完全不相干，那么中介B与A之间联系的象征义来自传承下来的文化观念，就像多义象征中白色既象征吉利，又象征凶丧，白色对应金、西方神太白金星，故主吉利又对应秋，有杀伐之意，故又主凶丧，白色衣服高雅纯洁，却又是丧服。所以，象征表达过程中，中介是必要条件，相似、传承文化或文化解释又是中介的必要条件，可以表达如下：

象征形式：B（作为中介的象征体）——A（象征体本义）

在日常生活中，送人石榴象征多子，送红玫瑰花象征爱情等，建筑象征当然也不例外，下面我们用象征方法分析建筑象征义。

秦始皇陵是象征性布置突出的一座帝王寝陵，《史记·秦始皇本纪》写道：“穿三泉，下铜而致椁，宫观百官奇器珍怪，徙臧满之。令匠作机弩矢，有所穿近者辄射之。以水银为百川江河大海，机相灌输，上具天文，下具地理。以人鱼膏为烛，度不灭者久之”。墓内完全模仿人世，把死者置于一个与生前毫无二致的象征世界，以供死者享用。

秦始皇陵建在陕西临潼县的骊山北，形状为四方形锥体，底边南北350米，东西345米，高47米，外形与昆仑山相似，象征生命不死。

秦始皇陵平缓的金字塔外形象征生命不死的四方形昆仑山

有趣的是秦始皇陵与古埃及和墨西哥阿斯特克人所建的金字塔相仿，这就引出一个话题：为什么世界范围内各不相属的亚洲、非洲、美洲都有四方锥体金字塔形的建筑？就中国考古而言，四方形在早期墓葬中十分多见，殷墟墓坑、墓室的平面，春秋秦人宗庙遗址平面都呈十字四方形。

安阳殷墟侯家庄—武官村区陵墓平面的十字四方形象征通神

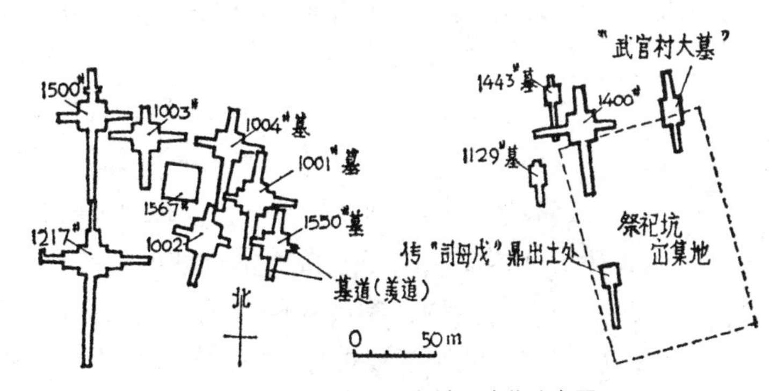


安阳殷墟侯家庄—武官村区陵墓分布图

四方形在陵墓中屡屡出现，可能有两种涵义：其一，沟通四方神灵；其二，《山海经》把生命永恒的西王母所在昆仑山描述为四方形，秦始皇陵呈四方形象征昆仑山，意在求得西王母的超度。古埃及和墨西哥阿斯特克人金字塔的四方锥体形无疑也与通神有关。

美洲“库库尔坎”金字塔是祭坛，高 30 米，上有高 6 米的四方形坛庙，塔底北向雕有蛇头，每年 9 月 22 日下午 3 点钟，太阳的在台阶上的阴影自上而下，

古埃及金字塔外形意在木乃伊与神灵沟通

美洲“库库尔坎”金字塔迎接带羽毛的蛇神

接上塔底的蛇头，表示蛇神下凡，带给人间丰收。

四方形的象征意义在宗教中也有体现，如佛教称须弥山坐落于四方咸海之中，咸海中有四洲。苏州狮子林是建于元代的佛教寺院，立雪堂为僧人传法之所，它取意《景德传灯录》记载：禅宗二祖慧可去见菩提达摩，夜遇风雪，但他拜师心切，不为所动，在雪中站到天亮，积雪盖过了他的双膝。菩提达摩见他心诚，就收为弟子，授予《楞迦经》四卷。立雪堂内圆光罩空雕十字符号和万字符号，即有通神象征义。

留园主人是一位笃信佛教的信徒，还我读书处为一封闭空间，隐蔽安静，适合读书，铺地纹样与狮子林立雪堂圆光罩符号一样，象征主人奉读佛经。

狮子林“立雪堂”圆光罩“亞”字纹样有宗教通神的涵义

《圣经》中的天堂是一座有台阶的金字塔

窗格纹样所用十字符号象征易学中的易变贯通之意

外国宗教中也有相同表现，如《圣经》中的天堂则是像一个有台阶的锥形金字塔。

耶稣被钉死在十字架上，赋予十字架具有通神的意义。因此十字形广见于基督教堂的平面和徽章中。

除宗教信仰外，十字符号还象征特殊的文化涵义。苏州耦园主人贵为清代巡抚，受家学影响，精通易学，整座园林均以易学原理规划，窗格纹样所用十字符号象征易学中的易变贯通之意。

我们在明孝陵和清东陵等处发现笔直的神道中间都突然来一个弯曲，这个弯曲符号究竟是什么意思？象天法地是中国传统文化中的重要内容，所以对照天象图就会找到答案。有两个答案；一是弯曲的北斗星座被形象地看做天帝巡游天界的帝车，神道弯曲模仿北斗星座，象征死去的皇帝乘车巡游。二是弯曲的勾陈星座被形象地看做天帝皇座，神道弯曲模仿勾陈星座，象征死去的皇帝皇位永存。

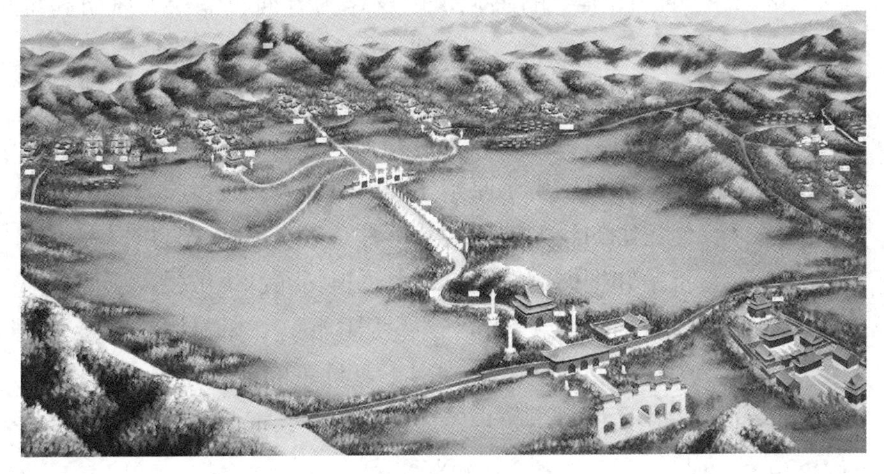

弯曲的神道符号象征人神合一

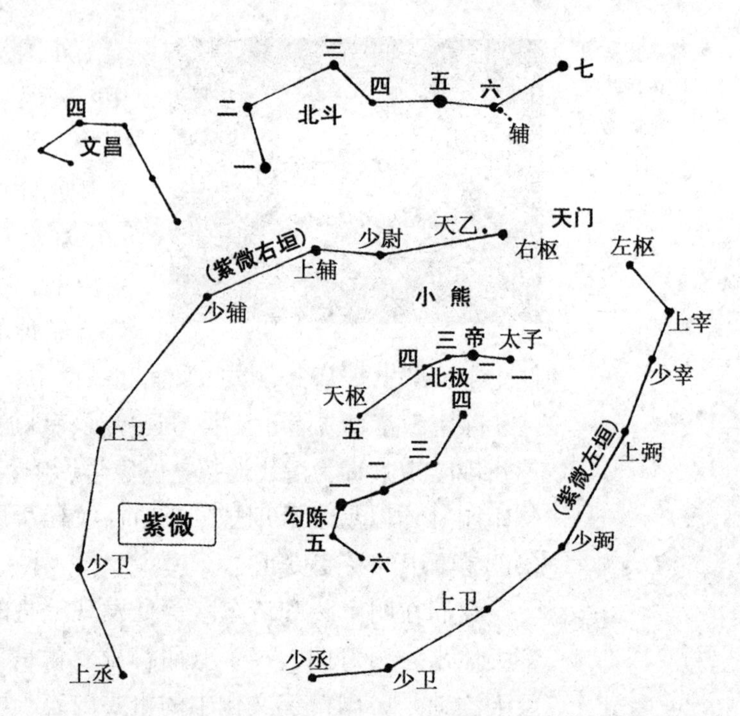


天象图是象天法地的依据

象征方法出色地调动了我们的联想，传达建筑物蕴含的丰富意义。

**敬畏与向往：建筑宇宙图案化**　长期研究中国古代科学技术史的李约瑟敏锐地指出："城乡中无论集中的或者散布于田庄中的住宅也都经常出现一种对'宇宙的图案'的感觉，以及作为方向、节令、风向和星宿的象征主义。"[5] 他以一个外国人的独特眼光道出了中国建筑的基本特征。要讲清造成这一基本特征的原因，需从文化源头开始。

敬畏产生于原始先民，由于人类起步阶段先民对自然灾害的巨大破坏力及正常自然现象缺乏理解，在难以抗争和把握的情况下，由恐惧转而产生敬畏。居住黄河流域的先民观察到北斗星居中恒定，众星围绕它转，认为这是宇宙中心。许多不可抗争的自然现象来自上天，于是又想象出超自然力量的天神，把北斗星北面的紫微垣想象成天神的居所，一切令人恐惧的现象都由那里的神灵操纵，由此成为敬畏膜拜的对象。敬畏后来被凡俗帝王利用，建造都城时“象天法地”，城市规划模仿北斗星周围的紫微垣、天市垣、太微垣三大恒星群方位布置，皇宫模仿紫微垣，在人间再现所谓天神之所，为“君权神授”提供视觉场景，引发民众对凡俗帝王的敬畏之心，凡俗帝王坐金銮殿假天神之威，达到驾驭民众的统治目的。

向往产生于北斗星、紫微垣的永恒与居中。北斗星居中不动，紫微垣由星体环抱而成，夜幕之中，日复一日，群星围绕着转动，景象壮观，在审美上产生尊贵。人的短暂生命比之璀璨星体，不过一瞬，人对生命的眷恋和对死亡的本能恐惧，自然而然对永恒产生向往。

以都城建筑而言，秦始皇建造咸阳，仿效天上的紫微宫兴建宫殿，又仿效天河，将渭水引入都城。古代的吴国都城苏州、中原的洛阳、长安和明清两代的北京城市规划中都有星空图案的痕迹，天空图案成为都城布局的依据。

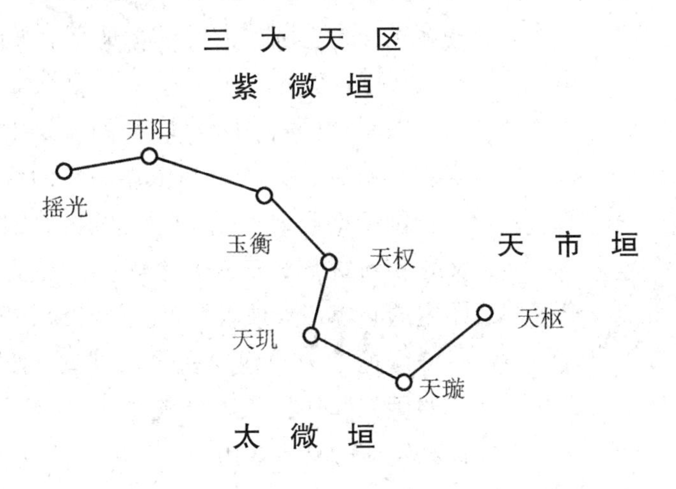

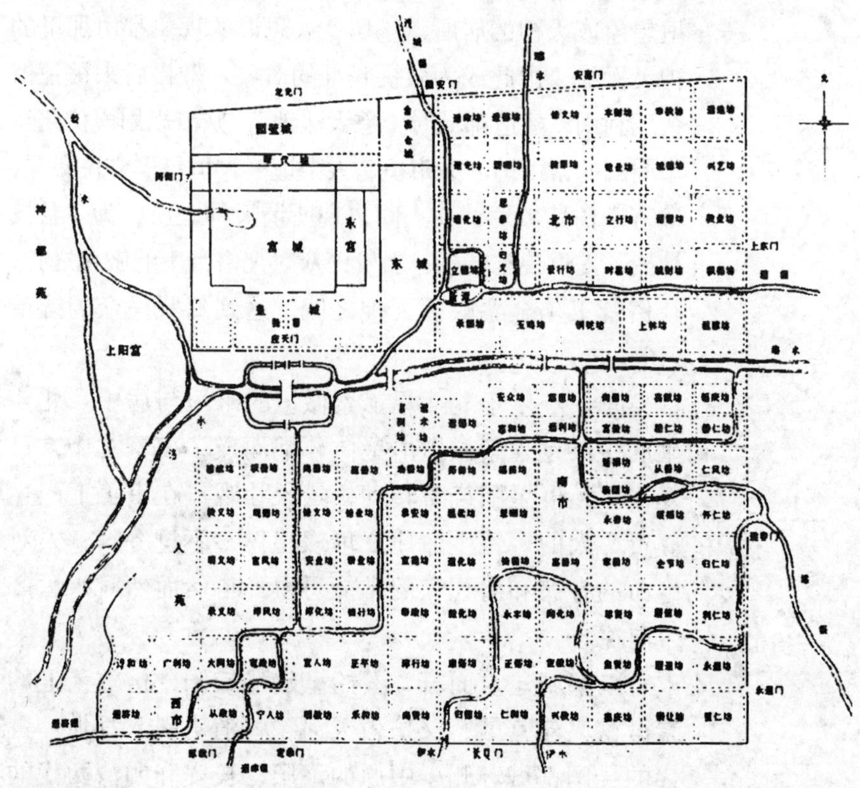


隋唐洛阳城平面图宇宙图案化

以民居而言，北京四合院空间方位的“风水”意义即来自周易八卦和阴阳学中的朴素宇宙观；集中于福建的客家楼，外圆内方的建筑寓意上天运行有宇宙法则，家族共存有法度。

以园林而言，北京颐和园万寿山和苏州狮子林的宗教性布置、苏州耦园依据易学的建筑宇宙图案化布置，至于拙政园、留园等一批古典园林更是高踞中国文化传统之巅，道法自然，布置依天时、依地形、依园主的心境，天地人三者融汇一统，不再有彼此之分。

可见，中国建筑蕴含了中国人最基本的宇宙观，其原因乃是中国人对宇宙法则的敬畏和向往，创造象征系统使之具有效用。

**中国式复活：陵墓风水术**　人类都眷恋生命，恐惧死亡，如何减低对死亡的恐惧成为全人类都在考虑的问题。结果方法千奇百怪，最后，宗教以轮回转世（佛教）、神仙世界（道教）、天堂复活（基督教）、后世永生（伊斯兰教）等方案胜出，加上其他宗教信仰，信众达到全人类总人数的80%以上，宗教信仰成为解决人类复活问题的不二选择。但是在一些最古老的文明中，也有宗教以外关于复活方法的创举，给我们留下的建筑展示了复活方法的丰富想象力，如埃及金字塔和中国的风水术。

从本质上讲，中国人的重土厚葬或古埃及人的死人书甚至各种宗教丧葬法，都源出于对死亡的恐惧和对生命的眷恋。死亡并不像睡眠，睡眠可以第二天一早醒来，重新体验活生生的生命，死亡意味着与世界永别。人类对死亡的恐惧既是本能的，又是经验的。人类想出各种方法减轻死亡恐惧对心理的压力。

对死人的审判，右边羽毛代表正义和真理，用它来秤另一边天平上瓮内的心，决定是否给予死者重生

"生命转世"是一个世俗的，人人关心的问题，虽然世俗与宗教在死亡问题处理上具体方法不同，根本上却一致地体现出对生命的关怀。陵墓建筑风水布置，忠实记录了从古至今人类的生死观，特别寄托了死亡者对再生的信仰与渴望。

中国风水术衍生出另一个解释，即陵墓能影响活着的后代。风水术以为，死人入土后，携带的"气"

与大自然中的“气”合为吉祥之气，感应鬼神和人。这个说法胁迫后人讲究丧葬，不敢怠慢死人。对生命转世的渴望成为死者生前大兴土木建造陵墓的原因；相信死人感应神，成为死者后代重视丧葬的原因。两者构成了丧葬文化不断丰富，特别是风水术长期存在的条件。

当然，也有古人不相信生命转世，轻鄙丧葬。《汉书》卷六十七记载的杨王孙就是一个。他研究黄老学说，家产丰厚，但临终前嘱咐儿子：做一个布袋装尸体，放到地下七尺深的坑内，然后脱去布袋，让身体直接贴在土壤上——实行裸葬。杨王孙的理由是：第一，身体腐朽，还归自然，是必然的；衣被棺木把尸体与土壤隔开，阻碍了还归自然。第二，厚葬于死者无益相反招来盗墓人，今天下葬，明天掘出。裸葬对中国传统而言，可谓惊世骇俗，尽管有评论称赞杨王孙的做法比秦始皇高明得多，但后继者寥寥。

生命是快乐的，否则就没有对再生的渴望和对死亡的恐惧。对生命快乐体验的极端例子是我国哲学家杨朱，他反对墨子的兼爱和儒家的伦理思想，主张“贵生”“重己”“全性葆真”，重视生命体验。以后的杨朱学派认为，对于个人来说，利益是多方面的，其中最可宝贵的是生命，别的利益只能服务于“生”，保全和体验生命是首要位置的问题。《吕氏春秋·重己》阐发道：

> 今吾生之为我有，而利我亦大矣。论其贵贱，爵为天子，不足以比焉；论其轻重，富有天下，不足以易之；论其安危，一曙失之，终身不复得。此三者，有道者之所慎也。

深刻认识到即使贵为天子，或富甲天下，都比不上生命的可贵，生命只有一次，不能失而复得。

杨朱“贵己”生命观在两晋有新的阐发，认为生命一瞬即逝，珍贵无比，就当及时行乐，享受生命，体验生命的快乐。《列子·杨朱》篇说，人生在世如处“重囚桎梏”之中，目的无非是“为美厚乐，为声色乐”；“尽一生之欢，穷当年之乐”，人生短暂，“孩抱以建昏志，几居其半矣。夜眠之所弭，昼觉之所遗，又几居其半矣。痛疾哀苦，亡失忧惧，又几居其半矣。”算下来真正属于享乐的时间实在很少。《杨朱》篇大胆直言及时行乐的合理性，读来颇有煽动性：“万物所异者生也，所同者死也。生则有贤愚贵贱，是所异也，死则有臭腐消灭，是所同也。……仁圣亦死，凶愚亦死，生则尧舜，死则腐骨；生则桀纣，死则腐骨，腐骨一矣，孰知其异？且趣当生，奚遑死后！”无论贵贱，死后同变作一堆腐骨，赞美也好，谩骂好，对腐骨而言都毫无意义，不必理会礼教，且生且乐，何必怕死后骂名！

杨王孙视死如归，反对厚葬，提倡裸葬。杨朱学派关心个体生命体验及时行乐。两者都抛弃公众社会于不顾，强调个人主义，是历史上两个极端例子。但大多数人还是接受了生命转世，死生感应的观念，经年累月，积淀成陵墓风水术。

历代风水师把风水术说得十分复杂，以至于惟有听从而不能知其所以然，下面用简洁的叙述揭开风水术神秘的面纱，分析风水信仰的本质。

构建风水信仰的核心内容是“气”，在中国文化中，气是一个重要的哲学概念，通常指一种极细微的物质，是构成世界万物的本原。东汉王充：“天地合气，万物自生。”[6] 北宋张载认为：“太虚不能无气，气不能不聚而为万物。”[7] 这里说的气是本体性的，万物之源。还有一种概念，把气说成功能性的，如西周末伯阳父说：“夫天地之气，不失其序……阳伏而不能出，阴迫而不能烝，于是有地震。”[8] 有人根据气的所在位置与作用不同，分为精气、真气、清气、浊气、营气、卫气、经络之气、阴阳之气、五行之气等等。

气是中国人宇宙观框架中的重要素材，道教把气看做宇宙起源的根本，由气的作用通过三个步骤构建了宇宙万物，为了表达清楚，对气的本体作用作了生动形象的描述：三清殿供奉的元始天尊，手拿一颗圆珠，象征世界形成前混沌状态，称洪元。

灵宝天尊手捧坎离匡廊图象征世界从没有形象到有形象的过渡，宇宙分出阴阳两气，阴阳相互作用产生天地万物，称混元。

道德天尊手拿扇子，上面绘有阴阳镜，象征世界的最初形成，终于从阴阳变化中分出了天和地，称太初。

气与创世

气能分天地，造宇宙，生万物，当然也能影响生命，中医理论以“气”为根本和治疗依据也就不难理解。进而推之，气也能重造生命，风水术就是在这样的推论下形成的。风水术体现了中国人对解决死亡难题的愿望和天才想象，中医以“气”治病的成功，支持了以“气”为根本的风水术。古人重视陵墓之气，认定“气”是转世再生的关键也就在情理之中。

所以风水术的全部意义在于找到好的气场，为死人复活创造条件和庇荫后代：“葬埋得吉气，亡魂负阳而升，而子孙逸乐富贵繁衍矣。葬埋得凶气，亡魂抢阴而堕，而子孙贪贱杀戮零替矣”。[9]

为陵墓找风水宝地有四个步骤：觅龙、察砂、观水、点穴，全部通过象征来实现。

觅龙，风水术中的龙是指有起伏的山。“龙者何？山之脉也……土乃龙之肉，石乃龙之骨，草乃龙之毛。”[10]“龙者，山之行度，起伏转折，变化多端，有似于龙，故以龙名之。[11]把起伏葱郁的山象征为龙是取其动感有生命力。

易卦坤为地、为母，古人把大地看做母亲。人死后土葬犹如回归母腹，胎儿依靠脐带呼吸气，得以孕育生命，墓穴同样需要气孕育亡者复生。奔腾的山峦犹如生气勃勃的龙，有动感的山脉就像脐带，墓穴落在有生气的龙脉之中，就像胎儿得到脐带能源源不断吸吮到气。

龙脉的尽头是昆仑山，选择昆仑山也是文化的作用。传说仙界第一夫人，玉皇大帝的夫人西王母居住在昆仑之圃、阆风之苑，有蟠桃林一片，三千年开花，三千年结果。每逢蟠桃大会，天界各路神仙都去赴会，因此桃为仙果，能延年增寿，昆仑山也因此成为长生不老的象征。

察砂，砂是指主山四周的小山，或隆起的高地。位置不同，叫法也不同：两边鹄立，命曰侍砂，能遮

聚气复活生命的风水模式

恶风最为有力；从龙拥抱，外御凹风，内增气势；绕抱穴后，命曰迎砂，平低似揖，参拜之职；面前特立，命曰朝砂，不论远近，特来为贵。[12] 其作用一是藏风聚气，二是象征侍卫，体现葬主尊贵。

观水，“草乃龙之毛”，寻找墓地要求有较好的植被。林木需水土滋养，墓地附近必须有相当的水源和合理的出水口。不使墓地干旱缺水，也不使雨水浸没墓地。

点穴，风水术把墓葬比喻为胎与母腹的关系，有人进一步把墓穴象征为女阴。[13] 点穴就是要找到能孕育生命的地方，最后确定墓穴的具体地点。

历史上几乎所有皇帝都对风水作用坚信不疑，他们在自己盛年甚至少年开始修建陵墓，说明他们真的把陵墓看做死生中转站，死了进去马上就复活转世了，或者上升为神灵，所以毫不惧死，从这点看，风水术在减低死亡恐惧问题上具有某些正面作用。不过，从结果来看，帝王占了最好的风水宝地，却没有一个王朝万世永存，清朝末代皇帝还获牢狱之灾，说明风水只是一个文化观念而已，其所谓神奇作用只有信者自信。

可见，风水信仰的本质是生命观，由死亡恐惧而引起。遗憾的是迄今没有一例死而复生的事实可以正面证明风水术作用，倒是许多王朝的覆亡和倒霉的家族衰落从反面证明了风水术的失败。

**注释**

[1]《汉书 · 高帝记》。

[2]《管子 · 宙合》，赵守正：《管子注释》(上册)，广西人民出版社1982年版，第98页。

[3][4]张信锦等译：《世界艺术百科全书选译II》，上海人民美术出版社1990年版，第245页、249页。

[5]《中国科学技术史》(第三卷)，科学出版社1975年版，第337—338页。

[6]《论衡 · 自然》。

[7]《正蒙 · 太和》。

[8]《国语 · 同语上》。

[9]《管氏地理指蒙 · 择术第四十一》。

[10](清)叶九升：《山法全书》。

[11](清)《孟浩雪心赋正解》。

[12]参见黄妙应：《博山篇 · 论砂》,《古今图书集成》第666卷。

[13]参见高友谦：《中国风水》，中国华侨出版公司1994年版，第36—37页。

# 第三章 宇宙图案化的古代都城

历代都城是中国建筑的集中体现之地，古代都城是国家首都，帝王所在地。都城建筑就国家而言，象征国力；都城建筑就帝王而言，像身上的衣装，象征帝王的身份和地位；都城建筑就功能而言，为政治服务。天人合一系统的创造就是借助天神威力为世俗政治统治服务，都城建筑宇宙图案化源出于此。

古人观察天象发现，农历十月初，天上帝星（小熊星座 β）通过阁道星，渡过银河到达象征离宫的星座营室。为此，秦始皇命人在咸阳宫南面的渭水上架设复道，在渭水南岸建阿房宫，使咸阳宫与阿房宫通过复道相连接。咸阳宫象征天上帝宫，阿房宫象征天上离宫，复道象征天上银河。

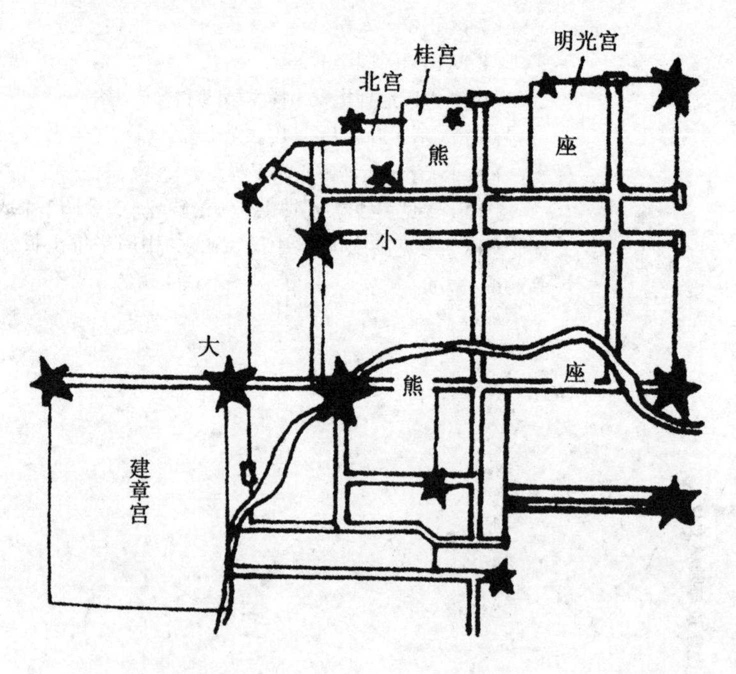


仿大熊星座和小熊星座投影建筑，延续到汉长安城建筑布局

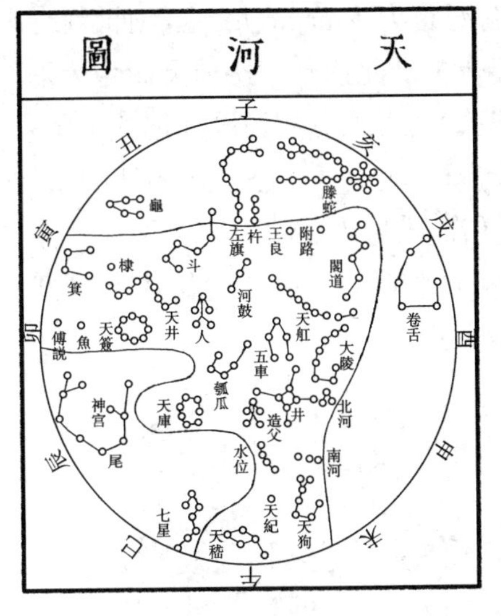


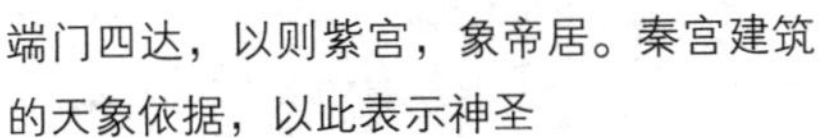
端门四达，以则紫宫，象帝居。秦宫建筑的天象依据，以此表示神圣

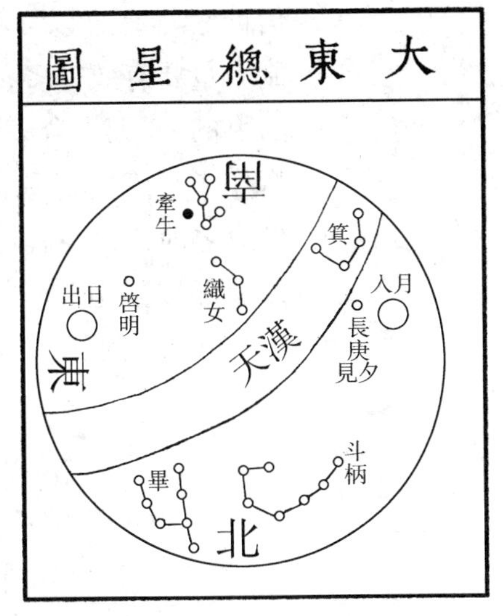


引渭水贯都，以象天汉；横桥南渡，以法牵牛

此例见于《三辅黄图》：

秦始皇“二十七年，作信宫渭南，已而更命信宫为极庙，象天极。……因北陵营殿，端门四达，以则紫宫，象帝居。引渭水贯都，以象天汉；横桥南渡，以法牵牛。……东西八百里，南北四百里，离宫别馆，相望联属，木衣绨绣，土被朱紫。”还有宫门高二十五丈，取名阊阖，象征天门（吴国都城苏州阊门沿袭此法，保留至今）。

古人对天象的热情持续不减，到汉代，人们已经在人间创造了对应星座位置象征神界的阁道、明堂、帝宫、咸池、天街、天苑、离宫等建筑。正是这个宇宙图案的实现，最终完成了“天人合一”。那么为什么建筑要模仿天象，为什么煞费苦心要“天人合一”呢？全部秘密在于帝王利用百姓敬畏天神的心理，在人间重现天庭场景，借“天人感应”替天行道，显示“君权神授”的神圣。这种带有神秘色彩的控制力量对信仰者具有难以言喻的魔力（magic），比普通行政控制力量要有效得多，帝王借此达到“挟神灵而令天下”的目的。“天人合一”、“天人感应”的设计把整个国家变作了巫术的对象，这一点并不奇怪，在成熟的宗教形成之前，人类总是借此维持秩序的。

都城建造遵循两个原则：1. 选址遵循风水模式；2. 平面布局遵循宇宙图式。

背山面水聚气是城市选址的原则，但服从于实用原则

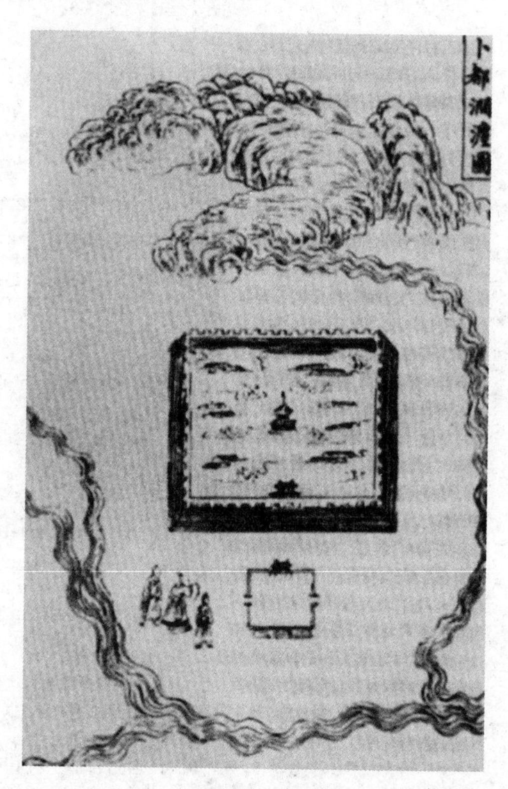

## 一、吴国都城苏州：象天法地

公元前514年，吴国阖闾称王，他是一位精明强干、雄心勃勃的君主。春秋时期，干戈不休，吴国面临的形势是：北有齐国，西有楚国，南有越国，欲在争霸中取胜，必须革新图强。他招纳天下贤才，重用

楚国人伍子胥，以彰天下。他请教伍子胥：吴国处于东南僻远之地，险阻潮湿，又有江海之害，国家难以防守，百姓无所生计，仓库空虚，农田废置，有何对策？伍子胥答道：凡想安国治民，成就霸业，必须先立城郭，设守备，充实粮库，多造兵器。阖闾追问道：有没有借神灵威力震慑邻国的办法？伍子胥作了肯定的答复。

**选址** 管仲与阖闾同是春秋时期人，他具有丰富的思想，特别是在安邦定国政治思想方面，富有独特创见，代表了那个时代的先进思想。他被齐国拜为相国，主持改革，使齐桓公一跃而为春秋第一位霸主。齐国用管仲成就霸业，使管仲思想产生重大影响。管仲不仅是位政治家，在选择城址方面也有研究，他说：

"故圣人之处国者，必于不倾之地，而择地形之肥饶者，乡山左右，经水若泽，内为落渠之写，因大川而注焉。"[1] 又说："凡立国都，非于大山之下，必于广川之上，高毋近旱而水用足，下毋近水而沟防省，因天材，就地利，故城郭不必中规矩，道路不必中准绳。"[2]

意思很明白，都城选址宜在土地肥沃，水源丰富的地方，背山、平原、不旱不涝，有了这些优越条件，即可因地制宜，相机规划城郭。伍子胥受命建造都城，明显受到管仲的思想影响。

伍子胥动工之前有过一次"相土尝水"的调查过程，最后选中水土条件符合要求的苏州。其一，背山。苏州地形西高东低，西侧为天目山山地丘陵与宜兴溧阳低山丘陵、茅山低山丘陵，天目山最高峰龙王山海拔1587米。境内西部有穹隆山、邓尉山、玄墓山、七子山；北部有常熟的虞山、张家港的香山；东

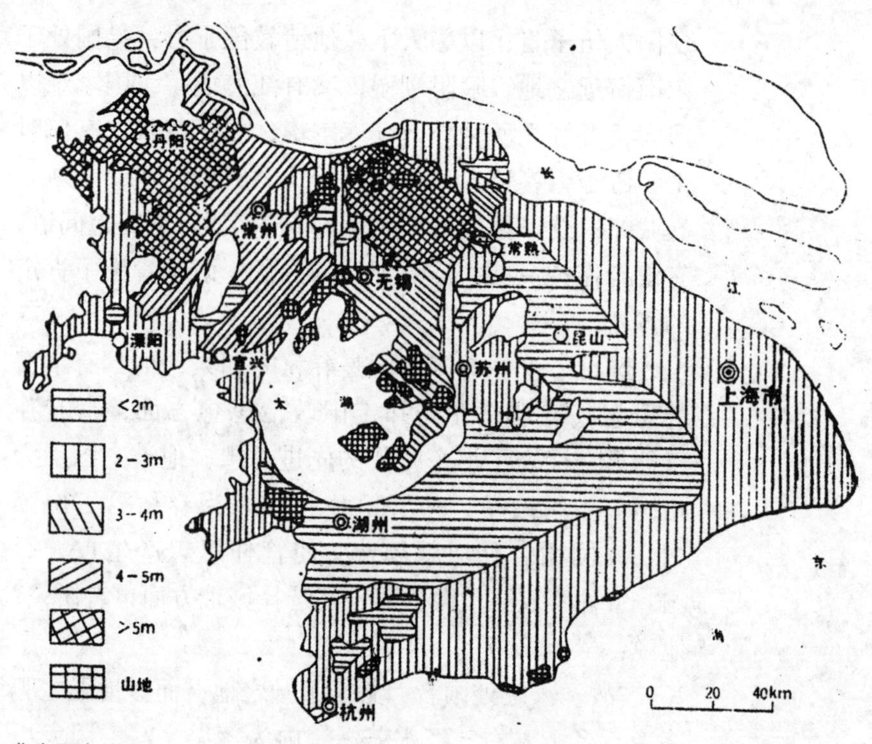


背山面水的风水宝地

北部有昆山的马鞍山等，形成西、北、东北三面环抱之势。其二，平原。苏州城坐落在太湖平原上，为以太湖为中心的浅碟形平原的碟底部，地势低平，平均海拔 3 ～ 4 米。其三，水文气象条件优越。境内湖荡棋布，河流纵横，较大的湖有太湖、阳澄湖、昆承湖。还背靠长江。从气象条件看，苏州地处温带，属亚热带湿润性季风气候，四季分明，气候温和，雨量充沛，年平均气温 15.7 ℃。其四，土地肥沃。境内土壤条件好，林木繁茂，土地出产率高。其五，石材丰富。境内有丰富的花岗石和石英砂岩可作建筑材料。可见，苏州城背山面水不仅自然环境优越，风水条件也好。

苏州坐北向南，三面环山，像天上紫微垣形势。中国天文观测是面南而“仰观天文”，天文星图的方位坐标上南下北、左东右西。早期地图也因面南“俯察地理”而坐标方向与天文星图相同。南面被看做天地宇宙最重要的方位，常为圣人座位或建都取向采用。《易经·说卦传》：“圣人南面而听天下，向明而治。”《礼记》中：“天子负南向而立。”八卦正南为离卦，季节上相当于夏季，时间上相当于中午，日照强烈象征光明。圣人称帝，坐北面南听取天下政务，象征面对光明治理天下。背北向南建都城，象征人合天道。

仰觀天文圖　俯察地理圖

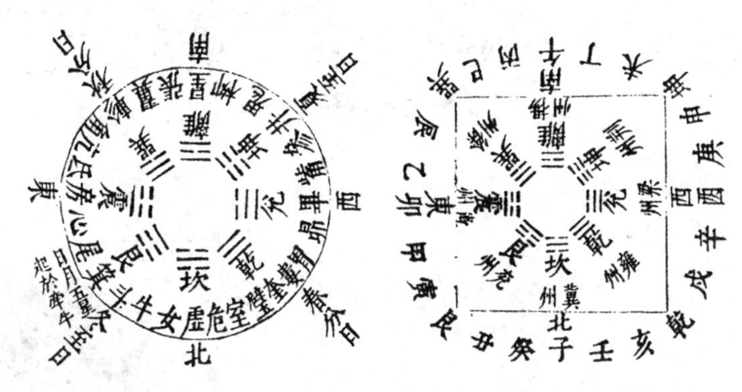


仰观天文以求上合天道，象征服从神的意旨

俯察地理，寻觅风水宝地

**建造阖闾城**　伍子胥接受建城任务后，根据当时传统，“相土尝水”、“象天法地”，用三年时间建成了三重城垣，小城（宫城）周十里，大城（皇城）周四十七里，[3] 外廓六十八里。[4] 城中街道广三十三步，河流广二十八步，分布密集，交通发达，城市规模宏大。

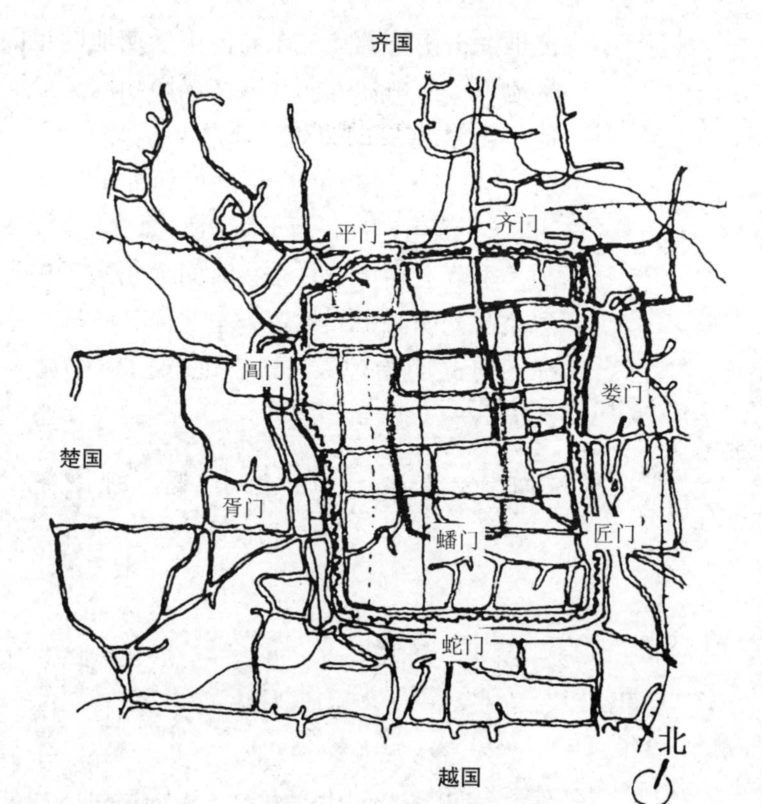


阖闾城平面图

阖闾大城城墙

古人为什么要“象天法地”，因为中国哲学把人看做宇宙的一部分，人与天、地、物是一个有机的统一整体。人与物、人与天、人与地不是彼此对立，而是能相互融合、感应的关系。逐渐形成的“天人合一”、“天人感应”学说，后来为统治者当作政治手段所利用，他们鼓吹君权神授，树立帝王至高无上的权威。《礼记》：“天，至尊也，君至尊也。”《易传》提出“天道”与“人道”合一，如《乾卦·彖辞》说：“乾道变化，各正性命，保合大和，乃利贞。首出庶物，万国咸宁。”赋予《易》卦以伦理品格，认为包括人在内的宇宙秩序是一个和谐的统一体。又如《乾卦·象辞》：“天行健，君子以自强不息”；《坤卦·象辞》：“地势坤，君子以厚德载物”；《蒙卦·象辞》：“山下出泉，蒙。君子以果竹育德”；《中卦·彖辞》：“雷电皆至，丰。君子以折狱致刑”；《解卦·辞》：“雷雨作，解。君子以赦过宥罪”等等。这里以卦象为中介，把统治者与上天联系在一起，帝王成为天道的执行者，从而为统治者抹上神圣的灵光。《易传》又对帝王的地位作论证：“阳卦奇，阴卦耦，其德行何也？阳一君而二民，君子之道也。阴二君而一民，小人之道也。”[5] 所谓“阳一君而二民”就是一君统治，君权集中，是上天授意帝王的权力。“大君有命，开国承家，小人勿用。”[6] 意思说圣人是受“天命”建立国家，设置都邑，统治四方，地位神圣不可动摇。

可见，“天人合一”、“天人感应”、“象天法地”之说一为帝王神圣化，二为借助宇宙神秘力量驱邪迎祥。皇家建筑就是“象天法地”的神圣化过程，结果是建筑“宇宙图案化”。

据《吴越春秋》记载，阖闾大城仿效八风开设八座陆城门。所谓八风就是从东北、东、东南、南、西南、西、西北、北八个方向吹来的风，与节气对应，分别是立春、春分、立夏、夏至、立秋、秋分、立冬、冬至，因而八风具有气候特征，《淮南子·地形》称八风为：炎风、条风、景风、巨风、凉风、飂风、丽风、寒风，反映出一年四季气温与环境的变化。为什么仿效八风建八城门，《易纬·易通卦验》说："王者八政中，则八风不失；八政不中，则八风失时。"意思是当王的如果把八种政事（指食、货、祀、司空、司徒、司寇、宾、师，即食物、金玉布帛、祭祀、工程、土地和人民、刑狱和纠察、仪礼、官职的管理）做得适当，那么天时调和，否则将遭受灾害。把八风与王政得失相联系，以八风定陆城门方位，象征八政适中。

建成的都城东有娄门、匠门，西有阊门、胥门，南有盘门、蛇门，北有齐门、平门，八门名称都是伍子胥所定。阊门位西南，对应八风中的飂风，又叫阊阖风，故名。阊阖是传说中的天门，立阊门象征天门，通阊阖之风，取"天通阊阖风"之意，以克制西边的楚国，故阊门又称破楚门。

阊门象征紫微垣中的"天门"

为了接通阊阖之气，阊门建成楼阁状，高大巍峨，陆机有诗写道："阊门势嵯峨，飞阁跨通波"。阊门建成后居然真的接通天门之气，证人不是别人，而是可以信赖的孔子。《太平寰宇记》卷九《苏州》记载道：

孔子颜渊俱登东鲁山，望吴阊门谓曰："而何见?”曰:“见一匹练,前有生蓝”。孔子曰:“噫,此白马芦刍”。使人视之果然。

为此,阊门旁边建有“曳练坊”及“望馆”。这则记载今天看来带有神秘色彩,但吴国从阊门挥师北伐,真的打败了楚国。

吴王阖闾想南并越国,在城南设蛇门,上刻一条象征越国的木蛇,蛇头向北,表示越国向吴称臣。吴国处于辰位,小城南又设蟠门,城上有木刻蟠龙,面向越国,象征吴国征服越国。后改名盘门。

吴国还有一个敌国是北面的齐国,命名北城门为齐门,涵义是征服齐国。后在旁边设平门,表示平定齐国的决心。公元前505年,伍子胥率兵从平门挥师北上,终于打败齐国,凯旋时从平门入城,表现凯旋者的骄傲。

平门象征平定齐国(1947年摄)

阖闾城外有护城河环绕,伍子胥效法八卦修筑八座水城门,控制入城水道。

阖闾城的内城叫小城,《吴越春秋》记载,城东面没开城门。原因何在?《吴越春秋》的解释是:“不开东门者,欲以绝越明也”。不开城门怎么克制越国?笔者认为可用五行相生相克原理解释。尽管风水理论到

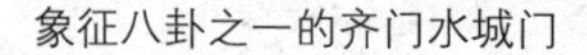

象征八卦之一的齐门水城门

象征八卦之一的娄门水城门

战国才趋于成熟，但是五行之说在《尚书·洪范》中有记载，因而春秋时期已影响建筑。结合八卦看，东为震，为春季，为木；南为离，为夏季，为火，根据五行相生原理，东与南、木与火是相生关系，无木则无火，木为火之源。越国在吴国南面，吴国用不开东门的方法，起到“断木灭火”的作用，象征切断南面越国生存的源头，这是用巫术克制敌国的手段。

祈福是与克邪制敌并列的愿望。平江图（宋代苏州设平江府，平江图碑是苏州城市平面图）记录的三纵四横古城平面布局，恰似龟腹。龟长寿，能活千年，伍子胥筑龟形城，寓意霸业千秋。

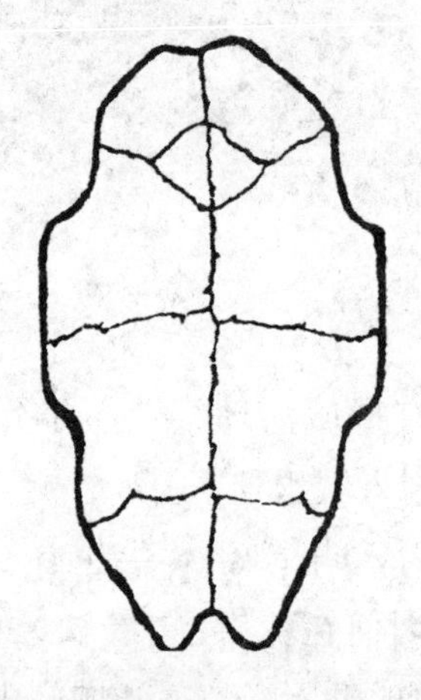

长寿的龟被看做能通神灵，是古老的通神卜筮工具

南宋保留的苏州城像龟形，伍子胥筑龟形城，寓意霸业千秋

## 二、明清都城北京：祈神禳灾

北京城已有三千多年历史。早在西周建国初，大封天下诸侯，北京这块土地上就出现蓟国和燕国两个诸侯国。后来金、元、明、清在北京建都城，以都城历史计算至今也有八百多年。北京有较好的地理优势，城市坐落在平原上，三面环山。平原地势向东南倾斜，伸入华北大平原。夏季多雨，年平均降雨量 640 毫米。

自古以来，联结北京有三条大道：一条向西北，穿过南口峡谷联通蒙古高原；另一条出古北口，进入东北平原；第三条沿燕山南麓到达辽河下游平原。三条道路把北京城与中原、东北和蒙古紧密联系在一起。北京的地理枢纽地位决定金、元、明、清选择它作都城，地理位置对管理北方少数民族、稳定中原具有不可取代的军事战略意义。[7]

古代北京城选址首先考虑的是地理位置的多重意义

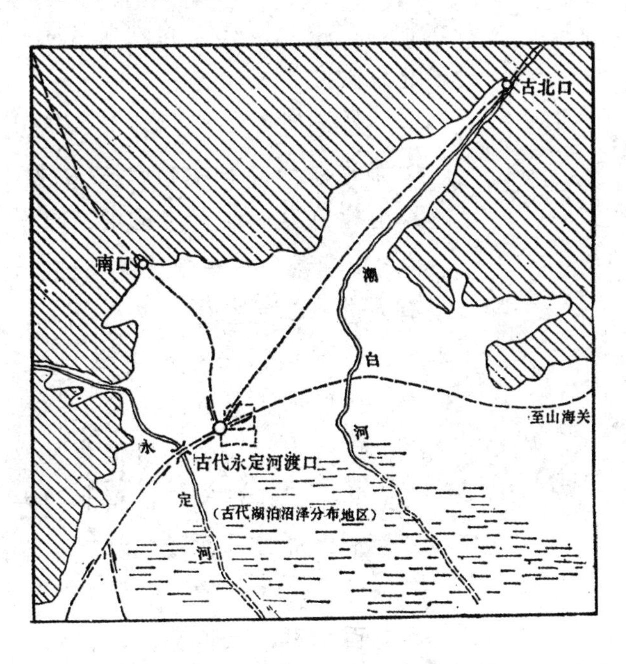


**城市风水宝地** 北京优越的自然条件在风水家眼

昆仑山是神话传说的神山，风水家认为北京城背靠的就是这座神山的山脉

里具有重要的象征意义。北部和东北部属于燕山山脉的军都山；西部是太行山的北段，称西山，均属昆仑山系。昆仑山脉在风水理论中有较重要的地位。昆仑山是神话传说的仙山，为神仙所居十洲三岛之一。《云笈七籤》卷二十六："昆仑在西海戌地，北海之亥地。地方一万里，去岸十三万里，又有弱水周回绕匝。"西王母居住在昆仑山瑶池，建有玄圃堂、昆仑宫等金台玉楼。北京城背靠昆仑山脉，是为吉地。北京地势自西北向东南微倾，形成平原与桑乾河、洋河、永定河等水系，构成"山环水抱"、"藏风聚气"的风水格局。宋代理学家朱熹评价北京城说：

> 天地间好个大风水！冀都山脉从云中发来，前面黄河环绕。泰山耸左为龙，华山耸右为虎。嵩山为前案，淮南诸山第二重案，江南五岭诸山为第三重案。故古今建都之地，皆莫过于冀都。

有人进一步阐述道：

> 太行自西来……重风迭阜，鸾凤峙而蛟龙走，所以拥护而围绕之，不知其几千里也。形势全，风气密，堪舆家所谓藏风聚气者，兹地实有之。其东则汪洋大海，稍北乃古碣石，稍南则九河古道，浴日月而浸乾坤。所以界之者又如此其直截而广大也。况居直北之地，上应天垣之紫微。其对面之案，以地势度之，则泰岱万山之宗，正当其前……自古建都之地，上得天时，下得地势，

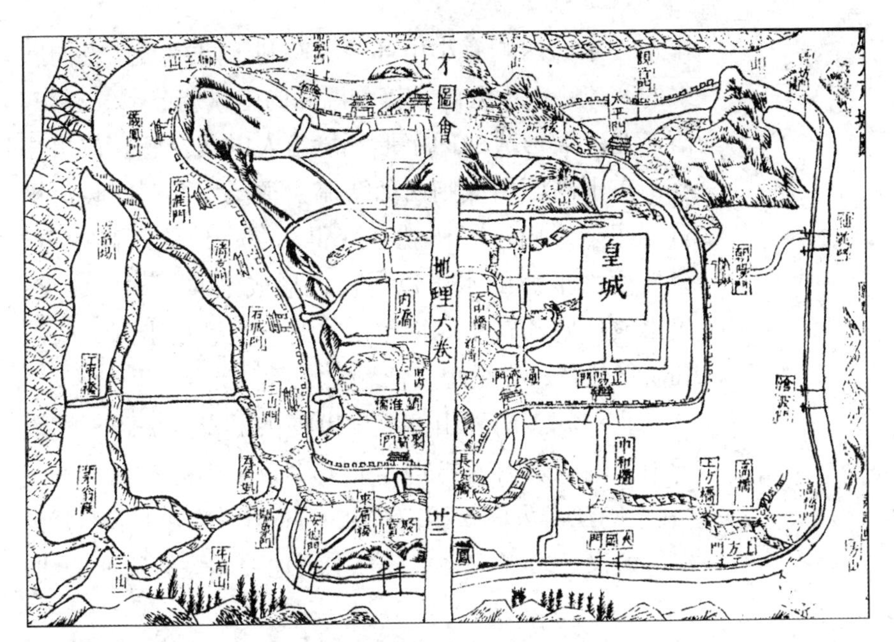


风水家为北京城寻找风水依据

中得人心，未有过此者。[8]

北京地理位置在古代燕国或幽州一带，对应的星座是尾、箕二宿。尾、箕与角、亢、氐、房、心诸星构成苍龙象，尾、箕为“龙”的尾部。风水家把燕山山脉看做龙脉，“龙神者，五行之生旺气也，流行于地中，神妙莫测，故以龙神名之，状其妙也。”[9]北京地理位置对应龙的尾巴，象征吉祥。

到明清时，风水理论完全成熟，但也走向了神秘主义。然而细究起来，风水理论神秘外壳里的内核仍然是管子的选址思想，即优先考虑符合生活功能的自然条件：大山之下；广川之上；水源丰富；高低适中，无旱涝之害。后来风水家根据中国地理西高东低；北寒南温的形势，摸索出建城、建阴阳宅的选址固定模式，即所谓风水理论。不管风水理论说得如何复杂和神秘，从生活功能视角切入，便很容易理解它：背靠西北向东南方向倾斜的山脉，地势向东南倾斜，便于排水；东西两侧有小山环绕，有利于阻挡西北方向吹来的寒流；南面开敞，接受温和的南风调节空气；东、西、北三面形成的凹字形环境给人以安全感。如果相反，东山高西山低则西面寒流大举侵入，东面暖流被阻，凹字形内小气候就会变得恶劣；地势东高西低，会使西面上游的水难以排泄，形成倒灌，蓄积成灾；城市或住宅孤筑于四面空旷之野，受到攻击则无隐蔽和防御依托，安全程度低。

北京城三面环山，给城市提供了安全保障，蜿蜒于山脊的长城有效抵御了北方少数民族的侵扰。北京"其东则汪洋大海，稍南则九河古道"表明北京不会为水所淹没。所以，北京符合中国地理形势的选址条件，

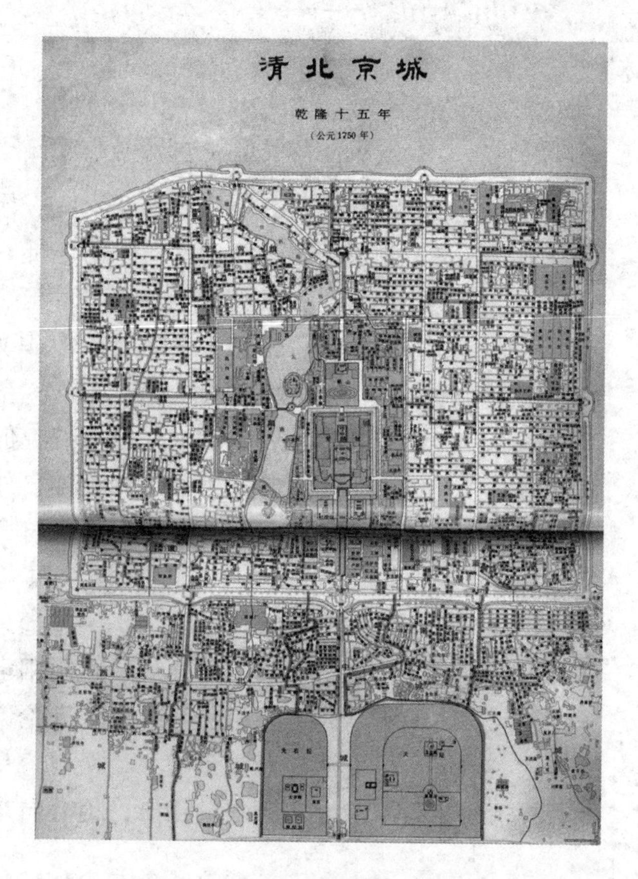


紫禁城为北京城的一个焦点，模仿天宫受四方拱卫，象征尊贵

具备城市生活功能的最佳指标。要指出的是，北京选址决定因素是地理环境而不是风水理论，风水家把西北走向的山脉叫做“龙脉”，以及朱熹称泰山为“龙”，华山为“虎”，其实都是吉祥观念构筑的虚拟物。风水理论许多场合是服从于自然条件的附会之说。

**布局** 择中，是皇家建筑的一个重要思想，甲骨文“中”字原义是“日午”，有中正、正直、不阿之义。建筑规划中，中央象征至高无上，所谓“天子中而处”。[10] 择中依据也是天象，孔子说：“为政之德，譬如北辰居其所而众星共之。”[11] 择中逐渐演化为观念，决定了传统城市规划模式。如洛阳、西安、开封地处中原，都曾被选作都城地址。特别是洛阳的中心位置，历史上曾被东周、东汉、曹魏、西晋、北魏、隋、唐、后梁、后唐等九朝选为都址。北京虽不是中国的中央，但是皇宫被安排在城市中央，太和殿更是北京城的焦点。都城平面布置左祖右社，是古人崇祖敬神行为。太庙是祭祀祖先的场所，祖先地位高，安排在左面。社稷坛为祭土神和谷神场所，粮食为人之根本，安排在右面敬祀。南北东西四方又设天坛、地坛、日坛、月坛，对紫禁城形成拱卫之势，象征帝王至高无上的地位。

有趣的是，中国人的择中观念与中世纪西欧托勒密的地心说不谋而合，托勒密把耶路撒冷说成宇宙的中心，以抬高基督教的神圣地位。看来，中央象征权威是人类思维的共性表现。

中轴线布置是中外城市都采用的形式之一，可以取得整齐、宏大和威严的视觉效果。北京城的中轴线另有文化象征义。它南起正阳门，经大明门，过天安门、端门、午门，穿故宫，出神武门，过景山直到鼓楼，再延伸到外城永定门，重要宫殿建筑都布置在这条轴线上以居中间位置。这条轴线长 15 里，与神秘的《洛书》纵横图每行数之和相吻合。

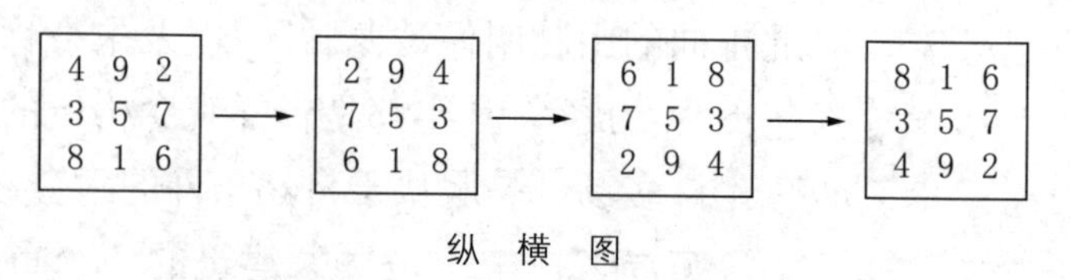


纵 横 图

图中数字纵横相加都是 15，并且 9、5、1 三个数居中贯穿南北，5 又贯通其他各数的中枢，古人对纵横图中数的变化产生神秘意识。为什么数字 5 贵而居中，有解释说 3 为天数，2 为地数，5 为天地之和，象征天地未分时的宇宙，它是生发一切物象的本源，所以居中不动。数字 15 的涵义,《易纬·乾凿度》说:“易一阴一阳，合而为十五之谓道。”15 代表古人极为推崇的天道，即宇宙法则。北京城中轴线长 15 里，象征合天道之意。

值得一提的是，明朝建都城时，为了排除蒙古人所建元大都的剩余王气，并未在元大都原址上重建，而是把都城中轴线向东迁移，使元大都的中轴线处在西面的“白虎”位置。五行理论认为，西方的对应物质是金，对应的季节是秋季。农人秋季开镰收割，民俗宰杀牲畜，庆贺丰收，囤积过冬，甚至刑杀犯人也在秋季，所以秋季为杀伐季节。用金属工具杀伐时发出白光，白色被看做凶丧之色。又认为太白金星位于西方，太白神坐骑为白虎。传说黄昏时出现在西方天空的太白星主杀伐，西面的白虎位置象征杀伐。明都城中轴线东移，把元朝旧城址留在西方，象征克煞前代元朝。

至于门，按传统都城开十二座城门。这个传统已有四千年历史,《周礼·考工记》记载:“匠人营国，方九里，旁三门。”明清北京城却违背祖制，只安排了十一座城门：南有宣武门、正阳门和崇文门。东有东直门、朝阳门、东便门。西有西直门、阜成门、西便门。北有得胜门、安定门。如果把嘉靖年间加修的外城算进去，那么东面的广渠门可代替东便门，西面的广宁门可代替西便门。单单北面仅两门，与考工记说的“旁三门”不符，这样北京城四方共十一门。这个问题在元大都已出现，有解释说这是设计者刘秉忠取易经之意，南方为阳为天，取天数三，设三门。北方为阴，取地数二，设二门。[12]

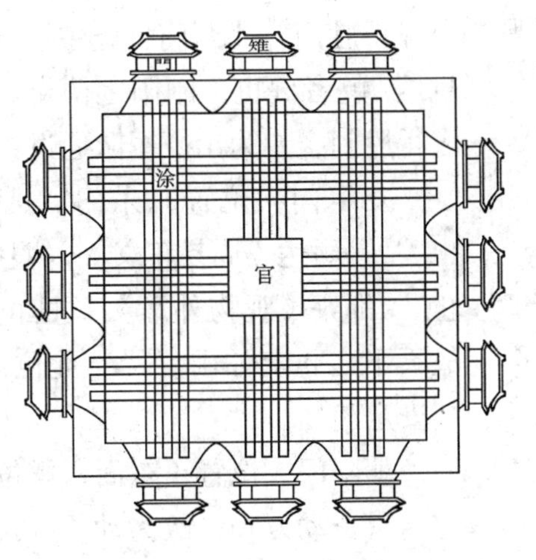


王城模式，每个方向设三门，象征天地人

跨于金水河上的御桥，两侧各有十几块石制栏板，其中跨在金水河上的有九块，斜出两岸各五块，也合九五之数。金水河引自号称“天下第一泉”的玉泉山泉水。人工引泉渠流经太平桥——甘水桥——周桥，入通惠河。因水来自八卦中西方的“金”位，故名金水河。引水进皇宫的做法最早是秦，当时都城横跨渭河，让河流贯穿皇宫，以象征天汉银河。金水河亦有此含义。

**城门题名**　古建筑题名讲究涵义，往往有很强的象征义。许多城市的门取名都与文王八卦有关，取其

金水河象征天汉银河，又作为皇宫背山面水格局的布置

吉祥意，借以克制邪祸。《日下旧闻考》说：“元之建国，建元及宫城门之名，多取易乾坤之文”。明朝为克制元朝残余王气，都城中轴线东移，当然新建都城不会承袭旧名。明代依照易理为城门取名的做法没变，但城门名和寓意与前元朝不同。

得胜门，北西门，乾位。“天行健，君子以自强不息。”“乾者健也，刚阳之德吉。”此位象征进取，故命名得胜门，专为出征军队通过，祈愿打胜仗。

安定门，位置北东门，艮位。《说卦传》：“艮止也。”孔颖达《周易正义》：“艮象山，山作静也，故为止。”邵雍《观物外篇》：“艮止也。一阳于是而止也。故天下之止莫如山。”[13]此位以山象征国家安定，故名安定门。

朝阳门，位置正东面，震位。《周易正义》：“震象雷，雷奋动万物，故为动。”震位对应季节为春季，象征万物复苏，欣欣向荣。时辰为寅时，凌晨三时至五时，正是一轮朝阳冉冉升起之时，故名朝阳门，象征国运蓬勃向上。

广渠门，位置东南，巽位。《周易正义》：“巽者卑顺之名。《说卦》云‘巽入也’，盖以巽是象风之卦，风行无所不，故以入为训。若施之于人事，能自卑巽者亦无所不容。然巽之为义以卑顺为体，以容入为用，故受巽名矣。”又《周易·象上传》：“巽，中正以观天下……观天之神道而四时不忒，圣人以神道设教而天下服矣”。“渠”通“巨”，有巨大的意思。广渠门象

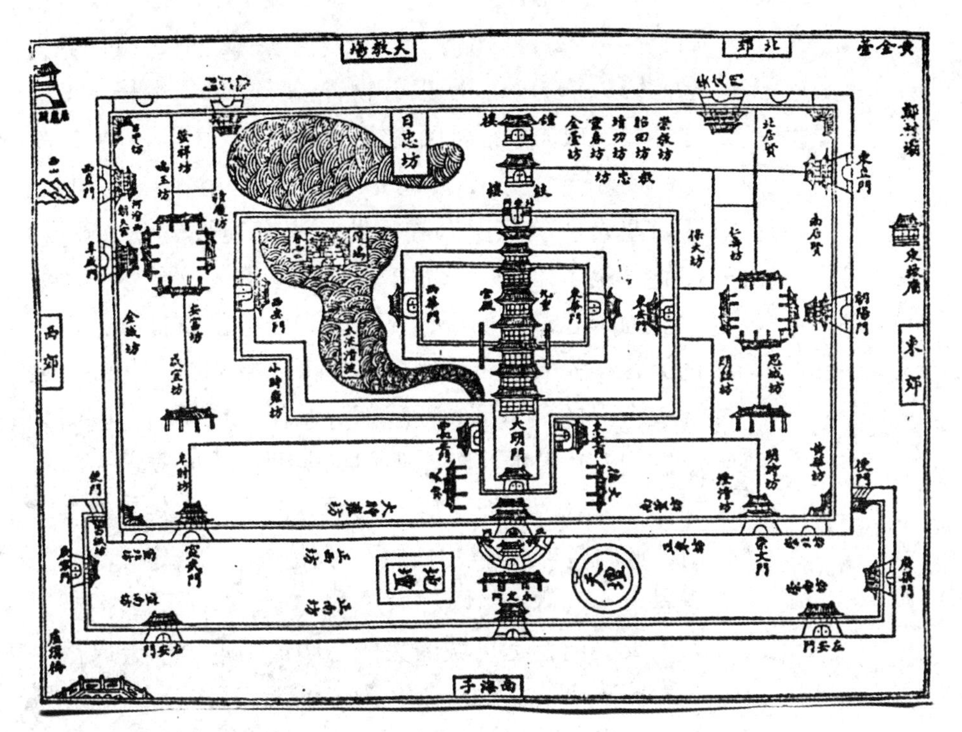


明清北京城的城门名称都有深厚的文化象征义

征义可理解为敞开大门，广览天下，容入为用，教化天下。

崇文门，南东门，位于巽卦和离卦之间。《周易·象》解释：“文明以止，人文也。”故名崇文门。

正阳门，位置正南居中，离位。《说卦传》：“离为火为日”，故名正阳门。又：“离也者，明也，圣人南面而听天下，向明而治。”正阳门布置在中轴线上，连接太和殿，天子坐北向南，象征光明正大。

宣武门，位置南西门，位于离卦和坤卦之间。原有顺承天道意思，元大都即名顺承门。明改名宣武门，与南东门崇文门对应，取文武治国之意。

广宁门，西南门，位于坤卦与兑卦之间。与广渠门对应，称广宁门。

阜成门，正西门，兑位。《周易正义》：“《说卦》

曰，‘说万物者莫说乎泽，以兑是象泽之卦，故以兑为名。泽以润万物，所以万物皆说’”。阜，生长，丰盛之意，阜成门象征吾国富饶。

明中叶，蒙古人也先率瓦剌部大举南下。1449年，皇帝明英宗率军在河北怀来东迎战失败，被俘，史称“土木之变”。也先率军迫近北京，形势一度危急。为了北京城安全，嘉靖三十二年加筑外城，把城南天坛、先农坛及稠密的居民区圈围起来，北京城廓遂成今天的凸字形。新建部分东面开广渠门，西面开广宁门，代替原来的东便门和西便门，形成十一门格局。新建南墙也开三门，为右安门、永安门和左安门，城门名与八卦没有联系，只是表示求安定无战祸的意思。

天安门，是皇城的大门，明成祖取“承天启运”、“受命于天”之意，命名为“承天门”。清重建后易名“天安门”，取“受命于天”、“安邦治民”之意。天安门高大雄伟，是一座重檐歇山顶门楼，高度为33.7米，东西面阔九间，进深五间，设五扇门，门前五座汉白玉桥横跨金水河上。城楼底部为一座10多米高的红色大砖台，承以汉白玉须弥座。天安门的体量和规格稍次于太和殿。历朝帝王登极、选纳皇后等重大庆典时，在此举行颁诏仪式。天安门阔九间，深五间，象征九五之尊，等级之最。

**注释**

[1]《管子·度地》。

[2]《管子·乘马》。

[3]《吴越春秋》。

[4]《越绝书》第二卷。

[5]《系辞下》。

[6]《师·上六》。

[7] 陈桥驿主编:《中国历史名城》，中国青年出版社1986年版，第11页。

[8]（清）孙承泽:《天府广记》。

[9]（唐）杨筠松:《青囊奥语》。

[10]《管子·度地篇》。

[11]《论语·为政》。

[12] 于希贤:《〈周易〉象数与元大都规划布局》,《故宫博物院院刊》）1999年第2期。

[13] 吕绍纲:《周易辞典》，吉林大学出版社1992年版，第323页。

# 第四章
# 挟神统治的皇家建筑

皇家建筑较都城更接近帝王，凡帝王的政务活动和起居生活都在规定的建筑内进行，那些建筑明显地反映出国家政务活动性质、帝王身份和地位，象征色彩浓厚。为了提高政治管理有效性，皇家建筑广泛采用与天神相关的文化因素，显示君权神授，达到挟神统治的目的。

## 一、明堂：天数构建

先民长期观察天象后，积累了大量的天象数字，由于天被认为是神灵所在，天象数字被看做具有神力。明堂汇集已知的天数，变作建造明堂的尺寸，以示神圣和遵从天道。《水经注》卷十三载北魏孝文帝所建明堂，室外柱内绮井之下，施机轮，饰缥碧仰象天状。画北辰，列宿象，盖天也。每月随斗所建之辰，转应天道。古代帝王宣明政教、朝会、祭祀、庆赏、选士、养老、教学等大典都在明堂举行，表示君权神授，政令神圣，不可违。古乐府《木兰诗》："归来见天子，天子坐明堂"，就是说皇帝在明堂举行重大的政务活动。明堂起源很早，西周时经常提及。明堂一开始就有丰富的象征义，经以后历代发展，更是汇合了易理、儒、道、五行等学说。

**秩序示范** 《北史·宇文恺列传》记载宇文恺绘制的明堂图，并说明设计涵义："明堂，上圆下方。圆法天，方法地。十二堂法日辰，九室法九州，八窗象八风；太室方六丈，法阴之变数；十二堂，法十二风；三十六户，法极阴之变数；七十二牖，法五行所得日

明堂采用大量天数示意百姓遵从秩序，服从管理

数；八达（八阶）象八风，法八卦；通天台径九尺，法乾以九覆六；高八十一尺，法黄钟九九之数（黄钟，古乐十二律的第一律，声调最洪大响亮。《史记·律书》："黄钟者，阳气踵黄泉而出也。"黄钟管长九寸。）；二十八柱，象二十八宿；堂四面五色，法四时五行；殿门去殿七十二步，法五行所行。殿垣方，在水内，法地阴也；水回周于外，象四海；水阔二十四丈，应二十四气。"以天数构建明堂，示范帝王遵从天道。

**引导遵从**　明堂性质决定建筑形式。《白虎通义》说："天子立明堂者，所以通神灵，感天地，正四时，出教化，宗有德，重有道，显有能，褒有行者也。"所以明堂四面多建门窗，象征与四方神灵沟通；引用天

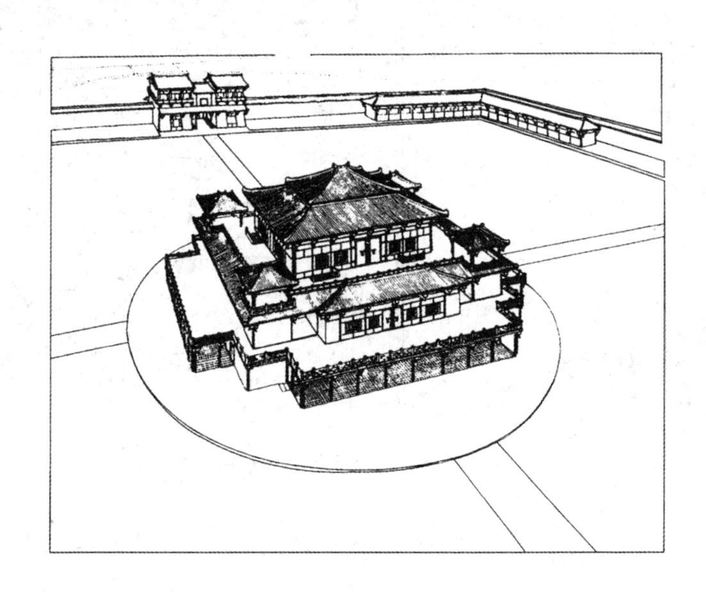

四面开放以通神

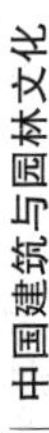

数象征遵从宇宙法度，以此教化天下人遵守社会秩序，服从统治。明堂作用在于宣扬封建统治秩序，故其地位十分重要。明堂建筑象征对皇家建筑影响至深，祈年殿保留了明堂建筑的大量印记。

## 二、皇宫：君权神授

北京故宫是现存最完整的宫城，总体布局为前朝后寝、左祖右社、背山面水。前朝指三大殿，即太和殿、中和殿、保和殿。三大殿后是寝宫，乾清宫为皇帝居所，坤宁宫为皇后居所。三大殿前左设太庙右设社稷坛。北端用挖运河的泥土堆叠一座高 40 多米的小山，名万岁山。明末李自成率农民起义军打进北京城，最后一个皇帝崇祯自缢于山脚一棵槐树上，清改名景山。又引西郊之水入宫，名金水河，人工构造象征性的背山面水格局。

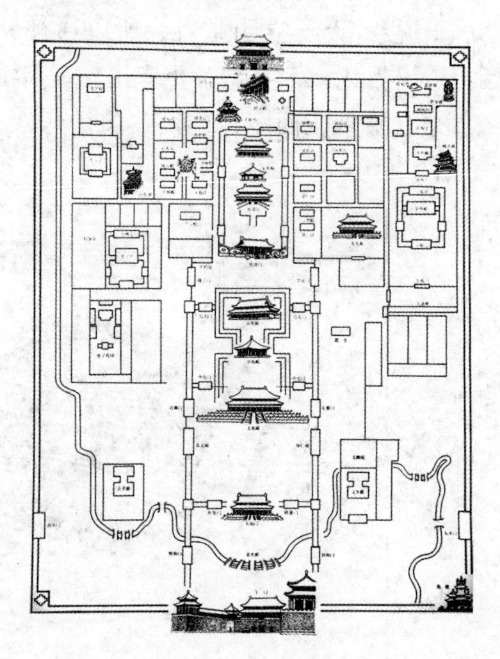

紫禁城象征紫微垣，布局中蕴涵着君权神授的主题

都城北京的设计建造者蒯祥是苏州吴县香山人，

皇宫门上的九路钉象征众星拱卫，君权神授

香山距苏州三十多里，以出工匠而出名。蒯祥当然熟知建于2500年前的吴国都城阖闾大城的文化涵义，他把宇宙图案化、风水术以及实用主义的建筑核心原则带到北京，融化于北京都城建筑之中，所以，紫禁城平面的宇宙图案化与前述苏州古城如出一辙。高大厚实的围墙像紫微垣天门两侧排列的星垣，宫门上的乳钉象征紫微垣星垣中的星体。古文字把“星”写作、、，证明了宫门乳钉的象征义。紫禁城布局的宇宙图案化，是君权神授的政治象征。

**借神显贵**　宫城与整个城市一样，象天法地。宫城位于中央偏南，对应上天紫微垣。乾清宫和坤宁宫象征天和地。两侧的日精、月华二门象征日月，东西六宫象征十二辰，乾东、西五所象征众星。位于乾清、坤宁两宫间的交泰殿取义“天地交泰”。[1] 三大殿的太和、保和取义“保合大和，乃利贞”。[2] 中和取义《礼·中庸》：“至中和，天地位焉，万物育焉。”题名象征天地和衷共济，护佑天下昌盛。

明朝皇帝升座时，奏《圣安之元曲》，歌词为：“乾坤日月明，八方四海庆太平。龙楼凤阁中，扇开帘卷帝王兴。圣感天地灵，保万寿，洪福增。祥光王气生，升宝位，永康宁。”皇帝还宫时，奏《定安之曲》，歌词为：“九五飞圣龙，千邦万国敬依从。鸣鞭三下同，公卿环珮响玎东，掌扇护御容。中和乐、音吕浓，翡翠锦绣，拥还华盖赴龙宫。”[3] 歌词集中反映天人合一，象天法地，君权神授，九五之尊等观念。

把帝王比附为龙是歌词的一个明显特点。所谓龙，许慎在《说文解字》中写道：“鳞虫之长，能幽能明，能细能巨，能短能长，春分而登天，秋分而潜渊。”龙是中国人图腾崇拜时从头脑中长期演化出的一个虚幻形象，各种神奇传说使其成为宇宙神灵的化身。帝王把自己比附为龙，是在头上安装神圣的光环，以示尊贵。司马迁在《史记》中讲了一个故事：

> 高祖，沛丰邑中阳里人，姓刘氏，字季。父曰太公，母曰刘媪。其先刘媪尝息大泽之陂，梦与神遇。是时雷电晦冥，太公往视，则见蛟龙于其上。已而有身，遂产高祖。[4]

这显然是刘邦手下人的杜撰，但连司马迁都把它写进《史记》，足以说明古人十分相信神借腹生圣人的故事，司马迁所述，不过是此类故事中的一个。还有如殷商种族的始祖契，据传是他母亲吞食一只黑鸟衔来的五色卵后怀孕而生，为此，玄鸟被奉为部族祖先神。

玄鸟、龙这类神灵的存在逐渐受到怀疑，唐朝孔颖达在对“九五，飞龙在天，利见大人”这段话解释

龙的原型来自龙卷风

刻有云龙的石阶使朝觐者觉得正在步入天界神殿，将接受不可抗拒的旨意

时说：“言九五阳气盛于天，故云飞龙在天，此自然之象，犹若圣人有德，飞腾而居天位。”显然，他否定龙的存在，把龙归为一种自然现象（龙卷风）。确切讲龙是一种象征，帝王鼓吹自己与龙的关系，实质是把君权神化。君权神授说用于驾驭子民十分有效，汉武帝干脆把自己称作龙的儿子，此后封建帝王都自称为真龙天子。

紫禁城建筑布满了龙的图案。太和殿是紫禁城主殿，殿内中央安放金龙宝座，后面围以雕龙屏风。中央有六根金柱，上面蟠龙缠绕。柱顶八角蟠龙藻井，下垂珠。殿内装饰金龙和玺彩画。殿外御道上有九条石雕的龙，三层台基的围栏外突出一排龙头（兼排水功能），甚至殿顶正脊两端各有高 3.4 米高的龙吻，龙头张嘴含着正脊。相传，龙吻是雨神，安放在屋脊上象征防火灭火。龙吻背上插一把宝剑，露出伞形剑靶，不让龙吻离开屋脊。加上门窗上的龙纹，据统计太和殿中有 12654 条龙，象征皇帝是天神下凡。

皇宫的尊贵还通过其他建筑象征因素表达。

**规模和体量**　建筑规模和体量所传递的象征涵义往往是显示建筑物主人的社会地位。建筑等级规定早在周代就已明确：上等诸侯的城池规模不得超过王都三分之一，中等诸侯的城池规模不得超过王都五分之一，低等诸侯的城池规模不得超过王都九分之一。住房也有规定：周代天子居室开五门，士大夫居室开三门。唐朝规定三品以上官吏的居室不得超过五间九架，六品以下不得超过三间九架。明代规定一二品官员厅堂为五间九架；三至五品官员厅堂为五间七架，正门一间二架；庶民百姓堂屋不得超过三间。《大清会典》规定公侯以下，三品以上的房屋占基高二尺，四品以下到士民的房屋占基高一尺。王府正门五间，正殿七间，后殿五间，一般百姓的正房不超过三间。礼制规定，违背者按“僭越”论罪。

太和殿是现存体量最大的古建筑，殿面阔九间（清代改为 11 间），长 63.93 米，进深五间，宽 37.17 米，重檐庑殿顶，高 35.05 米。

**式样和装修**　屋顶如大鹏展翅，黄色琉璃瓦顶在阳光下发出灿灿金光，建筑周身雕梁画栋，飞阁流丹，这便是建筑极品——帝王宫殿。屋顶的等级象征区别如下：

庑殿，即四坡式屋顶，亦称四阿顶，是古建筑等级最高的屋顶式样，一般用于皇宫、庙宇中的主要大殿。重檐级别高于单檐。故宫太和殿就是重檐庑殿顶。商朝皇宫已采用这种屋顶，它具有凤鸟展翅飞翔的形象。歇山，等级仅次于庑殿，它由正脊、四条垂脊、四条戗脊组成，又称九脊殿，用于宫殿次要建筑，有单檐重檐之分。悬山，等级次于庑殿和歇山，两坡顶。硬山，等级又次于悬山，广泛用于民居。屋顶等级象征的次序为：庑殿＞歇山式＞悬山式＞硬山式。太和殿为重檐庑殿式，等级最高。

台基，《大清会典》规定：公侯以下，三品以上的房屋台基高三尺，四品以下至士民房屋台基高一尺。太和殿台基高 8.13 米，采用须弥座，须弥座由佛座演变而来，饰有莲瓣和卷草纹，为最高等级。

围栏，有围栏等级高于无围栏，层数多的高于层数少的，太和殿设三层围栏，为最高等级。

斗拱，最早见于周代的铜器纹饰，由方形的斗、升和矩形的拱、斜的昂组成，是柱与屋面之间承重构件。斗拱用材大小与建筑等级有关，宋《营造法式》

斗拱既是柱与屋面的承重构件，也是等级标志物

仅允许用于皇家最高等级建筑的和玺彩画

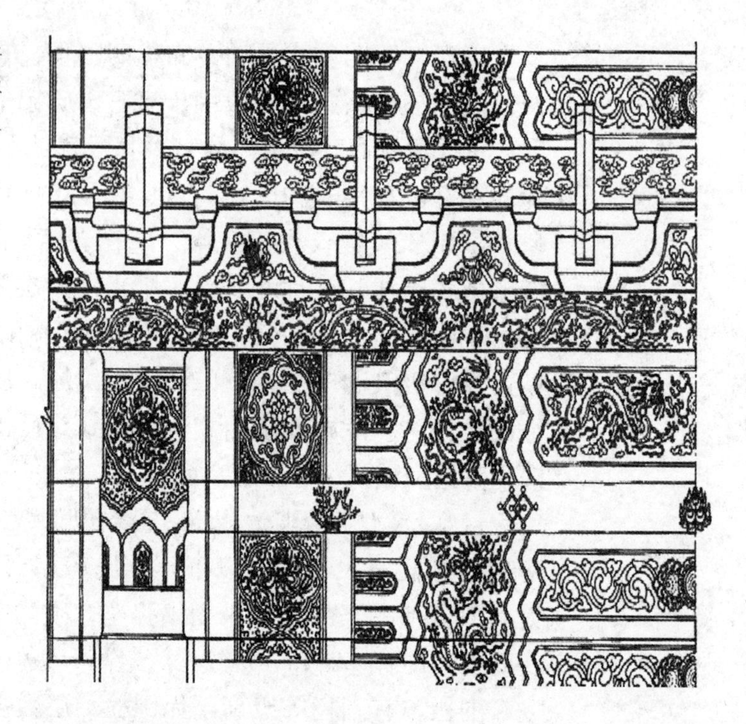

中按建筑等级将材分为八等。如一等材：高9寸厚6寸，用于九间或十一间大殿。二等材；高8.25寸厚5.5寸，用于五间或七间大殿……。斗拱表示等级是：有一无，多一少，大一小。太和殿斗拱上檐十一踩，下檐九踩，为最高等级。

彩画，清代彩画主要布置在梁枋上，按类型可分为三个等级：和玺彩画，等级最高。画面用双括线，中间绘龙凤和花卉图案，贴金，仅用于宫殿、坛庙的主殿、堂门。旋子彩画，等级次于和玺彩画。画面用《》括线，中间绘有涡卷瓣旋花，用于宫殿、坛庙的次要殿堂和官衙、庙宇的主殿。苏式彩画，等级次于前二者，画面用半圆括线，绘画题材有山水风景，吉祥动物，人物故事等，基本不用金。苏式彩画多用于园林和住宅建筑。太和殿用金和玺彩画。

**颜色**　皇宫用黄色琉璃瓦作顶，象征至高无上的地位。太子居住的房屋用绿色琉璃瓦作顶，位于东部，象征青春生命蓬勃向上。等级低于黄色。关于建筑颜色，已在引言中详述，这里不再赘述。

**方位** 北面，为藏，故为后寝之地。东面为木为春，安排文治的宫殿，如内阁大堂、传心殿、文渊阁、文华殿、文楼等。西面为金为秋为肃杀，安排武治的宫殿，如武英殿、武楼等。清军机处在乾清门西。皇帝女眷的生育过程属收，为西，故慈宁宫、寿安宫、寿康宫安排在西面。皇子处生长期，属木，太子殿安排在东面，称东宫，如文华殿。

**数字** 古人把奇数看做阳数，代表天、男人；偶数看做阴数，代表地、女人。《易·系辞》说："天一，地二，天三，地四，天五，地六，天七，地八，天九，地十。天数五，地数五，五位相得而各有合。天数二十有五，地数三十。凡天地之数五十有五。"观念赋予数字如此重要的涵义，故紫禁城建筑用数字严谨而有根据，象征遵守天道。与方位阴阳观念结合，前三殿位南，离位，属火，为正阳，是天子施政场所。三大殿包括大清门、天安门、端门、午门、太和门的建筑都用阳数。如大清门正中三阙。天安门五阙，重楼九开间，深五开间。端门五阙，重楼九开间。午门五阙，上覆五凤楼，正中重楼九开间。太和门三门九开间。后宫中轴线上建筑规模不如前三殿大，但仍用阳数。甚至铺地用砖数为横竖各七块；交泰殿内玉玺数也凑成天数二十五枚。

东西两宫进深多为阴数开间，"甚至二内廷中的坎墙、台明、山墙、檐墙和宫墙下肩，以至踏跺的层数，多用偶数的布局方法"，如"钟粹宫前殿、前配殿坎墙砌砖六层，后寝坎墙砌砖四层，坤宁宫后檐坎墙十二层，台基砖二十层，另外后宫御路台阶的阶条数也多为偶数。”[5]

紫禁城为砖木建筑，易着火，在属水的北面建钦安殿供奉水神玄武大帝，殿门名“正一门”，取《易·大衍》：“天一生水，地六成之”之义，使紫禁城免受火灾。数字象征还有许多隐蔽用法，如紫禁城和北京城的关系上，有令人惊异之处：[6]

**北京城、紫禁城长宽比率表**

| 类　别 | 东西长度 | 南北长度 |
| --- | --- | --- |
| 北京城 | 7000 米 | 5700 米 |
| 紫禁城 | 760 米 | 960 米 |
| 比　率 | 9.21 | 5.93 |

去除古今尺度和施工大量误差，紫禁城和北京外城的比率正好是九和六。在中国数观念中，这两个数字涵义丰富，与皇家有着较多关联。“九”是个位数最大数，早期“九”为龙形图腾化文字，有神圣涵义。《易经》把阳数象征天，“九”表示阳数之极，象征神圣和吉祥。《黄帝内经·素和·三部九候论》：“天地之至数，始于一，终于九焉”。“九”为极数，有“全部”和“之最”的意思。《易·乾》：“乾元用九，天下治也。”又：“九五，飞龙在天，利见大人”。为此九代表龙，代表天，代表至高无上，代表吉祥，“九”成为帝王专用神秘数字。天安门、太和殿面阔九间；明初建北京城有丽正、文明、顺城、齐化、东直、平则、西直、安定、德胜九门；紫禁城房屋数九千九百九十余间。皇宫三大殿高度均为 9 丈 9 尺，角楼结构为 9 梁 18 柱。宫门“九路钉”，横 9 排竖 9 排，共 81 颗钉。9 的倍数应用更多，宫殿台阶为 9 的倍数，皇宫佛堂的佛重 81 斤和 72 斤。还有九龙壁、九龙柱、九龙杯、九桃壶、九鼎等。“六”有天地四方的意思，称六合。

《庄子·齐物论》:“六合之外,圣人存而不论。”紫禁城暗含“九”、“六”两数,为天子统治天下之意。

另外,从紫禁城和北京城面积来看,前者为73万平方米,后者为399万平方米,两者比率为1/5.5。若以占地面积计算,则为1/49.5。《周易·系辞上》:“大衍之数五十,其用四十有九。”韩康伯注:“演天地之数,所赖者五十也”。傅熹年在《关于明代宫殿坛庙等大建筑群总体规划手法的初步探讨》一文中说:古人建宫室讲究“上合天地阴阳之数”,以建“万世基业”,[7]傅文并没有解释清古人对“五十”数字看重的原因,不妨进一步探究。孔颖达解释道:“五十者,谓十日、十二辰、二十八宿也。”因此“五十”数字在古人眼里有蕴涵宇宙的意思,称其为“大衍”,即“五十”数字可推演宇宙一切变化。许多象征数字均与此有关,如河图中宫天数五乘地数十为五十;河图中宫数五,洛书中宫数五,推衍分别至最大数字十,合则五十;勾股中,

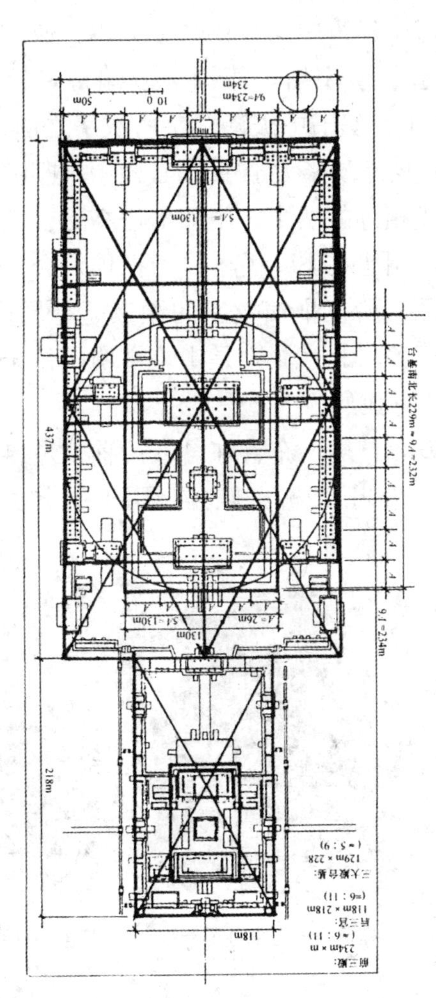

前三殿宫院和后三殿宫院的尺度比率图蕴涵神秘的天文数字

勾三乘方为九，股四乘方为十六，弦五乘方为二十五，合数为五十；人身荣卫之气周流，一昼行二十五度，一夜行二十五度，一天行五十度，干天十，地支十二，与二十八宿数之和为五十。“五十”的重要，反过来证明紫禁城与北京城建筑中的数字比率决非偶然。

前三殿、后两宫的工字形大台基尺寸也值得注意。前三殿台基（包括月台）南北长227.7米，东西宽130米，两者尺寸为9:5。后两宫长宽为97×56，也是9:5。此尺寸暗蕴九五之尊的涵义。[8]

北京城建筑中的神秘数字运用，使人联想起古埃及人建造的金字塔。德国人爱瑞奇·封·达尼肯在《众神之车》一书中破译金字塔数字之谜，引起轰动。他揭示：埃及胡孚大金字塔的子午线把地球上的陆地、海洋分成相等的两半。用两倍塔高除以塔底面积等于圆周率。相比之下，由于作者把埃及金字塔看做外星球人作品，所以推演数字的涵义超越埃及本土文化，与宇宙相关。北京城则是中华文明的传统产物，推演的数字具有强烈的本土文化色彩。

**陈设** 石狮，布置在宫殿门前，左雄右雌（古代左为阳右为阴），狮子威猛，用于镇宅驱邪。雄狮踏

雄狮踏球象征权力和统一寰宇

嘉量象征容量来自于天数

日晷 日晷和嘉量象征敬天制天

金生水，鎏金铜缸象征生水压火

球象征权力和统一寰宇；雌狮抱小狮子，象征子嗣昌盛。

嘉量，古代的标准量器，全器共分斛、斗、升、合、龠五个容量单位的刻度。

日晷，最迟汉代已广泛应用的计时器。利用太阳的投影和地球自转原理，借指针所生阴影的位置来表示时间。嘉量和日晷象征敬天制天、经纬天地阴阳之意。

吉祥缸，古人称为门海，贮水。一象征压火，二灭火时供水。每年农历小雪季节由太监在缸外套上棉套，上加缸盖，下边石座内置炭火，防止冰冻，直到来春惊蛰时才撤火。

铜龟铜鹤，龟鹤长寿，象征国运吉祥，江山永固。

铜龟

铜鹤　龟鹤象征国运昌盛，江山永固

轩辕镜，宫殿藻井中龙口衔之珠，相传为轩辕氏（黄帝）所制，是中国最早的镜子。象征皇帝是轩辕氏的后裔，正统的继承人。

太平有象，大象的稳健象征社会安定政权稳固。

大象象征政权稳固

象身上驮一宝瓶，盛有五谷吉祥之物，象征五谷丰登等吉祥意。

鼎，在太和殿丹墀之上陈列18座铜鼎，合两个九数。鼎初为炊器，后为礼器。商周以鼎“别上下，明贵贱”，成为权力和等级的象征物。传说禹收天下之金铸成九鼎，九鼎为传国之宝，立国的重器。《杂卦》：“鼎，取新也”。鼎又有更新的象征义，改朝换代，铸新鼎象征新政权稳固。

鼎象征权力与气象更新

### 三、天坛：通神特权

古人认为天是圆的，地是方的，这种说法起始于西周初年的盖天说。盖天说认为，天像一口圆形大锅，倒扣着悬在高空，天顶高8万里，四周下垂。地为方形，每边长81万里，8根柱子撑起圆形的天，大地静止不动，日月星辰在天穹上随天旋转。巧合的是，盖天说又与托勒密地心说吻合，只是托勒密地心说认为撑天柱为4根而不是8根。易学进一步发展盖天说，《说卦·传第十一章》："乾为天，为圜，为君，为父……。""坤为地，为母，……。"《周易·上经·坤·六二》："六二，直方大，……"于是圆形建筑象征天，方形建筑象征地。

祭天建筑群天坛内，圜丘、皇穹宇、祈年殿等都是圆形建筑，祈年殿为三重圆形攒尖顶，象征帝王祭祀时与天对话。

祭祀活动是中华民族生活中一项重要内容，敬鬼神，祭天地，表示早期居民对自然现象的困惑、恐惧，乃至敬畏。北京天坛为中国祭祀建筑保存最好，规模最大的一所，文化象征蕴涵丰富。按古人方位观，南面属阳，帝王祭天活动在南郊进行，故北京天坛坐落在城南。

**祭天祈佑** 帝王通过祭天活动的一系列仪式，祭告天神，祈求保佑。中国哲学是顺应自然的哲学，一切自然现象均被看做合理存在，把日出月落、春华秋实、寒暑交替等等规律视为神秘宇宙的意旨，不敢逾越改变，称为天道。如"天道福善祸淫，降灾于夏。"[9]"天道皇皇，日月以为常。"[10]甚至国家兴亡变化也看成由天道主宰："王禄尽矣，盈而荡，天之道也。"[11]在顺应后面是无为，面对神灵只有祷告祈求。

中国习惯把人归入宇宙的一部分，认为人与天是一体的，两者之间具有同一性，甚至称人为小宇宙，因而，人能感应天神的旨意。早期这种想法很朴素，没有功利色彩。西汉大一统局面出现，董仲舒利用其为国家政治服务，他在"天人合一"、"天人感应"论中讲人副天数："天以终岁之数成人之身，故小节三百六十六，副日数也；大节十二，分副月数也；内有五藏，副五行数也；外有四肢，副四时也；乍视乍瞑，副昼夜也；乍刚乍柔，副冬夏也；乍哀乍乐，副阴阳也；心有计虑，副度数也；行有伦理，副天地也”。[12] 按此推演，汉代定官制，颁律历，无不带有象天的因素，直至汉皇帝干脆称自己是龙的儿子。天坛大量使用天数，是“天人合一”、“天人感应”说在建筑中的反映，以此感应天神，祈祷护佑。

**天数通神**　天坛是帝王与天神对话的地方，建筑中蕴涵了大量的“天数”。天坛占地4000多亩，为紫禁城三倍。明清两代帝王在此祭天和祈求农业丰收。自南向北，第一座建筑圜丘坛是皇帝举行祭天大礼的地方。圜丘坛为三层圆形平台，圆形象征天，三层象征天、地、人。与天神对话，不能设顶棚，故为露天建筑。按传统，皇帝每年三次郊祀，四月吉日在天坛举行雩礼，为五谷祈求膏雨。冬至再举行告祀礼，禀告五谷业已丰登。

三层平台象征天地人，圆形象征天

告祀礼在冬至黎明前举行，坛前竹竿上悬挂八尺灯笼，叫望灯或天灯，内置四尺高蜡烛。四和八两个数字象征四面八方，古人有十六神之说，十六为四和八的倍数，意思是借灯笼蜡烛沟通四面八方神灵。

古代把奇数看做阳数，天数；偶数为阴数，地数。圜丘坛为祭天之处，建筑尺寸全部采用天数，即奇数。由于是皇帝祭天的地方，多用“九”、“五”二数。

最高一层台直径九丈，名“一九”；中间一层台面直径十五丈，名“三五”；下面一层台面直径二十一丈，名“三七”。三层台面直径总数为四十五丈，为“九五”倍数。根据《周易》“太极生两仪，两仪生四象”。坛面中心嵌一块圆形石板，叫“太极石”或“天心石”，象征宇宙中心。圜丘坛上层围绕太极石内圈铺9块扇形石板，第二圈铺9的倍数18块……，第9圈为81块。中层从90块铺至162块，下层从171块铺至243块，恰好是9的27倍，每层四面有9级台阶。依此用九数石板完成全部铺地。

坛面中心嵌一块圆形石板，象征宇宙中心。

祈年殿为三重圆形攒尖顶，象征帝王祭祀时与天对话。

建筑形制和尺寸用天数为了祈求天神保佑丰收

栏板也含九数，如上层栏板 72 块，中层 108 块，下层 180 块，总共 360 块，合历法周天 360 度和周年 360 天。

穿过皇穹宇，是天坛第三座主建筑祈年殿。皇帝每年正月上辛日在此行祈谷礼，祈求来年五谷丰登。明初为三重圆形攒尖顶，上檐青色象征天，中檐黄色象征地，下檐绿色象征万物。光绪十六年（1890 年）重建后，三檐改为一致蓝色，象征与天接应。祈年殿由三块丹陛，三九共二十七级台阶连接正门，高九丈九，象征尊贵神圣；殿顶周长三十丈，象征一月三十天；殿内四根楹柱，象征一年四季；中间一层十二根楹柱，象征一年十二个月；外层十二根楹柱象征一天十二时辰；里外两层楹柱共二十四根，象征一年二十四个节气；里外二十四根楹柱加藻井下四根楹柱共二十八根，象征二十八宿；殿四周三十六根短柱，象征三十六天罡。祈年殿几乎包含了古人所认识的天文数字。

## 四、陵墓：人神合一

对死亡的恐惧是生物的自然反应，任何人概莫能外。人类社会的权力和富贵则会非本能地加重对生命的眷恋和对死亡的恐惧。居于权力和富贵顶峰的帝王当然更甚于常人，精心建造的宏大陵墓正是帝王生死观的最好诠释。

**帝陵风水**　朱元璋称帝，命太子到泗洪县建祖陵，即明祖陵。有许多人附会鼓吹，如崇祯时礼部侍郎蒋德璟写道：

> 龙脉西自汴梁，由宿虹至双沟镇，起伏万状，为九冈十八洼，从西转北，亥龙入首坐癸向丁，一大坂土也。殿则子午，陵前地平垅数百丈，皆数尺，绕身九曲。水入怀远，从御桥东出，与小河会。又前为汴河，其左为徙河，为二陈沟，又前即泗州城，有塔，又前为大淮水，水皆从西来。绕陵后东北入海。而淮水湾环如玉带，皆逆水也。又前即盱眙县治，米芾所书天下第一山也。山不甚高，然峰峦横亘八九，与陵正对，即面前案山。又前二百余里为大江，而陵后则明堂九曲，水绕玄武，又后为汴湖，又后二百里为黄河，又数百里为泰山。大约五百里之内，北戒带河，南戒杂江，而十余里明堂前后，复有淮泗汴河诸水环绕南东北，惟龙自西来稍高耳。陵左肩十里为挂剑台，又左为洪泽湖，又左为龟山，即禹锁巫支祈处，又左为老子山。自老子山至清河县，县即淮黄交会处也。陵右肩六十里为影塔湖，为九冈十八洼，又右为柳山，为朱山，即汴梁虹宿来龙千里结穴。真帝王万年吉壤。（明蒋德璟：《凤泗记》）

有同样经历的清东陵，位于河北遵化县境内，传说清顺治皇帝亲自选定为陵址。一天，他外出狩猎，从凤台岭上望去，南面平川似毯，北面重峦如涌，万绿无际，日照阔野，紫霭飘渺。真是山川壮美，景物天成。即说："此山王气葱郁非常，可为朕寿宫"。并将手上指环取下，随手一扬，对侍臣说："玠落处定为穴，即可因以起工。"[13] 后经风水先生勘察，惊叹为吉壤。

有人附会鼓吹道："一峰挂笏状如化盖，后龙雾灵山自太行逶迤而来。"[14] 又："陵园吉地，并萃昌瑞一山，其间群峰朝拱，众水环流，清淑之气，有独钟焉，""前有金星山，后有分水岭，左有鲇鱼关、马兰峪，右有宽田峪、黄花山，诸胜回环朝拜，为众星之拱向；左右诸水分流夹绕，外堂合襟，并汇于龙虎一峪，渤海朝宗，势雄脉远。"[15] 文中"一峰挂笏"是说山峰像大臣朝见时手拿的记事板，此象征百官朝君。"状如华盖"，华盖指帝王的车盖。又是星宫名，属紫微垣，共十六星，在五帝座上。《宋史·天文志》："华盖七星，杠九星如盖有柄下垂，以复大帝之座也，在紫微宫临勾陈之上"。暗喻此地是帝王居所。山峦绵延，象征帝运绵长。群峰朝拱之势，象征君临天下，万物朝圣。从平面图看，皇陵背北向南，左右有山环抱，中有西大河、石子河，成藏风聚水之势。前有开阔平地为明堂，金星山为朝山，完全符合风水术理想模式。

以上文字可看出古人如何用象征思维来自圆风水之说。

**帝陵布置**　神道是帝陵的重要组成部分，唐代规模最大，超过汉代。神道两边设置巨大石雕，有狮、辟邪、虎、牛、马、骆驼等动物，又有文臣、武臣和外族藩王石像。神道布置体现帝王威严又象征满足帝王生活需求。石雕动物有司守护之责的，有供役使之用的，石人则象征供帝王阴间差遣。

明孝陵神道分为两段，西北东南走向段长 618 米，南北走向段长 250 米。两侧排列石兽六种十二对，有两对狮子、两对獬豸、两对骆驼、两对象、两对麒麟、两对马。狮子象征皇权威严；獬豸为传说中的兽，能辨是非曲直，遇不正派的小人，即以角顶撞，此象征护佑皇陵。骆驼为外族坐骑，象征臣服；大象象征江山永固；麒麟象征仁德；马象征国运昌盛。

大象象征江山永固

麒麟象征仁德

马象征国运昌盛

狮子象征皇权威严

獬豸象征护佑皇陵

骆驼象征外族臣服

另有望柱一对，文武臣各两对。武臣、文臣象征侍从和朝仪。

地宫是存放棺椁的地方，清东陵地宫券顶穿堂两侧墙面雕刻明镜、琵琶、涂香、水果和天衣五种器物，象征人的色、声、香、味、触五种欲望，称五欲供，以满足死者的需求。券顶雕刻 24 尊佛像，象征死者进入灵界佛国。墓室布满宗教象征符号，借此坚定复生信念，

文臣象征侍从和朝仪

武臣象征侍从和朝仪

减少对死亡的恐惧。

陵墓装饰值得一提的是慈禧太后的寝陵，她利用权力修改后陵规模，提高规格，据统计，在三座殿中就有金龙2400多条。墙面上镶30块雕花砖壁，有“五福捧寿”和万字图案，象征富贵不到头。稜恩殿栏板上雕有138幅“凤引龙追”的图案。一般宫殿柱子龙凤图案相间排列，这里的74根柱头上全部雕凤凰穿云图案，柱身上则雕龙出水图案，象征皇太后凌驾于皇帝之上至尊至贵的地位。

引人注目的是明孝陵和清东陵神道中间有一弯道，

墓室布满宗教象征符号，借此坚定复生信念，减少对死亡的恐惧

神秘的符号象征某种信念，与埃及金字塔内的符咒符号涵义大相径庭

图中为佛教八宝之一法轮，象征佛说大法圆转万劫不息，世俗亦象征生命轮回，表示死者对生的渴望

稜恩殿栏板上雕有138幅“凤引龙追”的图案，象征慈禧的至尊地位

丹陛中凤在上，龙在下，象征皇太后凌驾于皇帝之上至尊至贵的地位，中国皇权政治中极为罕见的现象

其状恰似北斗星图。明孝陵挡道的叫梅花山，是东吴孙权陵墓所在，又叫孙陵冈，一说朱元璋要孙权为他守陵，故保留绕行。其实考古发现，古人很早就有把北斗七星当作丧葬内容的做法，如距今6000多年的西

明孝陵全景

水坡45号墓及以后的秦皇陵、五代钱元瓘陵、辽代墓葬、明张士诚父母墓和清东陵等。为什么要这样做？司马迁《史记·天官书》说：“北斗七星……斗为帝车，运于中央，临制四乡”。唐代以后，世人认为人死后要“魂游北斗”。但这两者与死者无多大意义，所以不是原因。死者最关心的是如何复活永恒，就像道教所说的成仙。以北斗七星作神道较可能的原因是，古人把北斗星居中恒定看做永生的天帝，把肉身依附于北斗星，借此获得超自然力量的护佑，达到永生的目的。还有就是如前分析的那样，一是弯曲的北斗星座被形象看做天帝巡游天界的帝车，神道弯曲模仿北斗星座，象征死去的皇帝乘车巡游。二是弯曲的勾陈星座被形象看做天帝皇座，神道弯曲模仿勾陈星座，象征死去的皇帝皇位永存。

也许，通过上述一系列象征性布置，完全可使活着的帝王不再恐惧死亡，因为这些布置表明死亡只是走向新生的一个中间过渡。观念一旦形成，具有相当的稳定性和精神力量。“事死如事生”已经把死生差别抹去，一旦头脑中真的形成死生无差别观念时，人是不怕死的。有许多帝王在很年轻时就为自己建造陵墓，甚至可以说年纪小得连生命体验还未开始，就为自己死后安排，显得十分坦然。清代皇陵《神功圣德碑》留下的圣撰碑文反映了帝王们对死亡的平静态度。如康熙述《世祖章皇帝（顺治）神功圣德碑》：“巍巍崇陵，神爽凭依，山苞川拱，祥护灵祇。”雍正述《圣祖仁皇帝（康熙）圣德神功碑》：“昌瑞之山，峰峙川长，功德穹碑，天日同光。”嘉庆述《高宗纯皇帝（乾隆）圣德神功碑》：“圣德荡荡，神功巍巍，于昭在上。呜呼！瞻依圣水淙瀯，灵山翠微，亿年安宅，巩我丕基。”这些碑文表明，帝王们坚信神灵保护，自己与日月同在，所以他们才不怕死亡。如果没有信仰，没有象征形式的安慰，恐怕在死亡面前是坦然不起来的，就像佛教徒没有轮回再生信念，很难安然打坐圆寂一样。人神合一，死亡变成没有生死的神，是帝陵大兴土木的原因。

**注释**

[1]《易·泰》。

[2]《易·乾》。

[3] 张廷玉等:《明史》卷63，中华书局1973年版，第1559—1560页。

[4]《史记·高祖本纪》。

[5]《紫禁城营缮纪》，紫禁城出版社1992年版，第20—21页，第42页注。

[6] 董鉴泓:《中国城市建设史》，中国建筑工艺出版社1989年版，第101页。

[7][8] 傅熹年:《关于明代宫殿坛庙等大建筑群总体规划手法的初步探讨》，贺业钜等:《建筑历史研究》，中国建筑工业出版社1992年版，第25—48页。

[9]《尚书·汤诰》。

[10]《国语·越语》。

[11]《左传·庄公四年》。

[12]《春秋繁露·天副人数》。

[13] 徐珂撰:《清稗类钞·方技类》，北京，中华书局1986年版，第4643页。

[14]《清档案·张元益等选勘东陵地势帖》。

[15]《遵化通志·卷十三》。

# 第五章
# 寄托愿望的民宅建筑

陵墓建筑叙述了帝王对死亡世界的安排，民宅建筑则反映出民众对鲜活生命的生活安排。从民宅建筑中，我们可以体会到安全和享受是民宅建筑的主要功能目标。由于人类历史出发的第一步是那么孱弱，祈求神秘力量帮助成为早期人类成长的重要依靠。祈佑求福总以一定的形式表示，民宅建筑恰好是祈祷形式表达的载体。

## 一、阳宅：风水求吉

民宅相对于阴宅——陵墓建筑又叫阳宅。阳宅建筑与阴宅建筑一样，十分讲究风水术。由于阳宅风水术流行于民间，资料和实例比帝王陵墓建筑丰富，多了些民俗生活气息，少了些官样模式，内容更饶有兴味。

**风水术流行**　早在先秦时期，风水术就在民间开始流行。反映先秦民俗风情的《诗经》有诗写道："既景乃冈，相其阴阳。"[1]说的是古人以原始晷影测日影定方位。不过，阳宅风水术在早期记载中，比较多的用于皇家建都和营造宫室。《书经·周书·召诰》记载：

> 惟二月既望，越六月乙未。王朝步自周，则至丰。惟太保先周上相宅，越若来，三月。唯丙午朏，越三日，太保朝至洛，卜宅，厥既得卜，则经营。

这段文字记述了周成王在二月二十一日早晨，从镐京来到丰为建新都选址。太保召公在此之前先到洛阳勘察环境。下月初三新月出现，三天后，太保召公一清早又到洛阳，占卜问筑城的位置，得到吉利的结果，于是开始营建王城。又《诗经·定之方中》写道：

太保相宅图

定之方中，作于楚宫。揆之以日，作于楚室。……升彼虚矣，以望楚丘。望楚与堂，景山与京。降观以桑，卜云其吉，终允其臧。

意思说当天上二十八宿中的室宿（即定星）升在天空时，文公在楚丘这个地方重建新皇宫。他们测日影定方位，在楚丘重筑新城。……登上卫国荒凉的漕城，观察楚丘。远看楚丘和堂邑这两个地方，有大山与高冈。走到下面观察地势，去看那一片桑林。占卜说，这是一块吉地，事实确实如此。

后来，阳宅风水术在民间大行其道，人们相信风水的神秘力量，以至古往今来关于风水的故事俯拾皆是。台湾人迷信风水的程度尤甚，较为出名的事例是台南县麻豆镇郭宅的故事。郭宅是台湾最古老的住宅之一，清康熙年间郭宅主人得到风水先生指点，在风

阳宅的理想环境

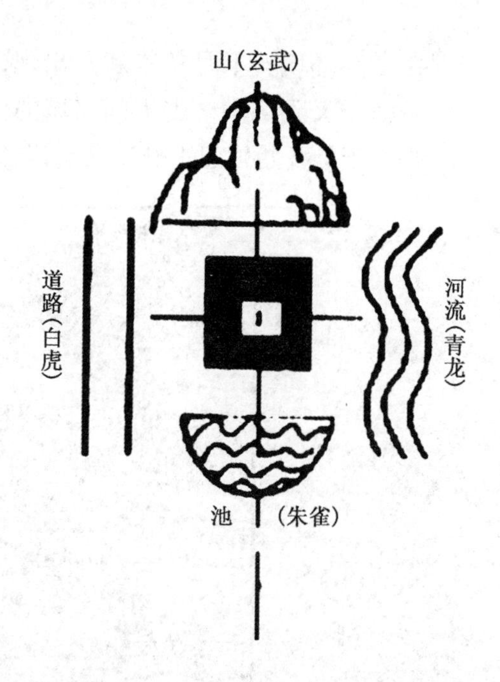


水宝地建起房舍，不久便交财运，成为当地首富。后来风水先生双目失明，富翁感念旧恩，把风水先生请到家中供养，每餐供应他喜欢吃的羊肉。一天，风水先生进餐时发现满桌都是羊肉，就招呼其他人同食，却没一人接受，风水先生觉得很奇怪，经打听才知道满桌羊肉竟是一只掉进粪坑的死羊。几天后，风水先生对富翁说，门前的池塘有害风水，应改为果园。富翁不知是风水先生的报复行为，马上依言照办。此后，富翁家连遭不幸，很快败落下去。

台湾地区前“行政院长”俞国华笃信风水。上任前一天，台北时代饭店发生大火灾，4天后其他地方又发生大水灾，继而又有三次煤矿事故和“江南命案”发生，他就请教风水先生，结论是：“行政院”办公楼前的“新闻局”大楼作祟。理由是“新闻局”大楼外形狭长，像条卧龙，卧龙挡路致使“行政院长”运途受阻，如欲消灾解厄必须铲平“新闻局”大楼。还危言耸听道：不如此做还会影响蒋经国的健康长寿。俞国华听后深信不疑，不久，“新闻局”大楼即被铲平。

上行下效，台湾地区各级新任官员往往先找算命先生，然后调整房间，更换桌椅。若遭遇不幸。则认为“运气不好”，“桌子方向不对”。有资料表明，台湾地区 40% 行政主管、专业人员曾算命、求签、看风水。

建筑师为了投合社会需要，不得不刻苦钻研风水理论，许多建筑师抱怨道：“不是我们相信风水，而是我们的客户相信，做生意嘛，不懂风水不行。”港、台地区买主看房子喜欢带上风水先生，这样就迫使建筑师设计时必先考虑风水忌讳问题，如避路冲、避电线杆等，室内设计更不能有半点马虎。

**阳宅风水术象征手法** 以上说明，风水于建筑的重要性。细究起来，阳宅风水术大致包括选址、方位、建造时间、格局、入住布置、装修等几个方面，几乎渗透在居住生活的各个方面。那么怎样理解神秘的阳宅风水术？著名的“何知经”几乎通篇运用象征比附，我们通过象征视角，可以获得一条理解阳宅风水术选址原则的捷径。

**何知经**

何知人家贫了贫？山走山斜水返身。
何知人家富了富？圆峰磊落缘朝护。
何知人家贵了贵？文笔秀峰当案起。
何知人家出富贵？一山高了一山高。
何知人家破败时？一山低了一山低。
何知人家出孤寡？瑟瑟侧扇孤峰斜。
何知人家少年亡？前也塘兮后也塘。
何知人家吊颈死？龙虎颈上有条路。

何知人家少子孙？前后两边高过坟。
何知人家二姓居？一边山有一边无。
何知人家主离乡？一山主窜过明堂。
何知人家出从军？枪山坐在面前伸。
何知人家被贼偷？一山走出一山钩。
何知人家悖逆有？龙虎山斗或开口。
何知人家被火烧？四边山脚似芭蕉。
何知人家女淫乱？门对坑窝水有返。
何知人家常发哭？面前有个鬼哭屋。
何知人家不旺财？只少源头活水来。
何知人家不久年？有一边兮无一边。
何知人家受孤栖？水走明堂似簸箕。
何知人家修善果？面前有个香炉山。
何知人家会做师？排列山头有香炉。
何知人家出跏跛？前后金星齐带火。
何知人家致死来？停尸山在面前排。
何知人家有残疾？只因水带黄泉人。
何知人家宅少人？后头来龙无气脉。
仔细相看山并水，断山祸福灵如见。
千形万象在其中，不过此经而已矣。

不妨解读几例。“何知人家贫了贫？山走山斜水返身”，说人家走向贫穷是因为住宅旁的山脉走势歪斜，水路流去又折回。这是借用自然现象附会人生经验，人生经验告诉我们，如果错误选择人生道路或奋斗失败返回家乡，必然穷困潦倒。贫穷的原因不是风水，其实是人。

“何知人家富了富？圆峰磊落缘朝护。”圆形山头使人联想起殷实的米囤和富人的便便大腹，因而象征富足。住宅两边有圆头山峰拱卫，象征拥有无尽的财富。

“何知人家贵了贵？文笔秀峰当案起。”笔峰象征笔架、读书。“书中自有黄金屋”，古代官本位社会中，以官为贵，一朝科考成功，走上仕途，岂不显贵？象征之意是在形似笔架的山峰下居住，必出读书人。

“何知人家出富贵？ 一山高了一山高。”绵延向上的山峰象征家运连续攀升，子孙官禄一代高过一代，当然既富且贵。“何知人家破败时？一山低了一山低。”原理同上，山山走低，象征家财流失，走向破败。

“何知人家少年亡？前也塘兮后也塘。”屋前屋后多水池，顽皮少年自然容易落水溺死。

“何知人家吊颈死？龙虎颈上有条路。”古人上吊自杀用白绸缎，房屋两侧山（青龙、白虎）的山腰有条路，象征上吊用的白练。

“何知人家出从军？枪山坐在面前伸。”屋前山峦形如枪，因而象征人家习武从军。

“何知人家被贼偷？一山走出一山钩。”住宅边一山脉伸展出去，另一山脉弯曲如钩，象征家财为贼用钩窃去。

“何知人家悖逆有？龙虎山斗或开口。”住宅两边东（青龙）西（白虎）两峰对峙形开口状，象征家庭口角严重，不孝子孙，顶撞长辈。

“何知人家被火烧？四边山脚似芭蕉。”住宅四周山脚如扇风芭蕉，风助火势，象征火灾。

“何知人家不旺财？只少源头活水来。”住宅附近没有活水，象征主人没有财路。

“何知人家修善果？面前有个香炉山。”屋前山形香炉象征主人信仰宗教，可以得到好的结果。

“何知人家宅少人？后头来龙无气脉。”起伏的山脉象征勃勃生机，子嗣昌盛。相反，平缓无动感的山脉象征家人生命力不旺盛，子孙缺少。

房屋的方位和建造的时间同样由象征义决定。翻检《凡修宅次第法》，其中规则都以天干地支和太岁年决定。

十天干象征义：

甲：阳在阴的包裹内萌动，像草木破土而萌。

乙：像初生草木，枝叶柔软屈曲状。

丙：火，丙也，光明，像万物皆舒展露形生长。

丁：像草木壮实，犹如人进入成年。

戊：茂也，像兴旺茂盛。

己：起也，像万物生长成形。

庚：坚强貌，像果实生长成形待秋收。

辛：像万物成熟。

壬：像阳气潜伏地中，万物怀妊待来年。

癸：怀妊地下，孕育萌发。

十二地支象征义：

子：蘖生，种子开始萌生于土下。

丑：种子屈曲发芽，将要冒出地面。

寅：衍生万物。

卯：万物破土而出。

辰：万物舒展而长。

巳：阴气尽消，万物快速生长。

午：阳气充盛，万物茂盛。

未：味也。草木生长接近成熟，果实开始有滋味。

申：万物都已生长成熟。

酉：万物开始收敛。

戌：草木转为凋零。

亥：物成坚核，秋冬萧杀万物。

引言中提到，古人为了方便，假想一个自东向西的太岁星，划分与岁星对应的十二区，分别命名为摄提格、单阏、执徐、大荒落、敦牂、协洽、涒滩、作

噩、阉茂、大渊献、困敦、赤奋若。天干地支象征义与文字象形有关，太岁年名则代表不同的征兆：[2]

摄提格之岁，早水晚旱，稻谷生疾；

单阏之岁，天气平和，稻菽丰登；

执徐之岁，早旱晚水，蚕闭麦熟；

大荒落之岁，麦昌菽疾，有兵乱；

敦牂之岁，大旱，菽麦昌，蚕登到疾；

协洽之岁，蚕登到昌，菽麦不收，有兵乱；

涒滩之岁，平气平和，万物丰收；

作噩之岁，大兵乱，民疾，五谷不收；

阉茂之岁，有兵乱，闹饥荒，菽昌麦不实；

大渊献之岁，大兵乱，大饥，五谷不收；

困敦之岁，大水大雾，蚕稻麦昌；

赤奋若之岁，有兵乱，菽麦不收，麦昌。

以上象征义都有确定的时间和方位，对古代建筑具有直接的指导意义。《黄帝宅经》关于建造阳宅的方位和时间根据，就来自上述象征内容。如“丙位”有明堂、宅福、安门、牛仓等，在此建宅象征升官发财，合家快乐。又说“丁位”有天仓，如果家财渐渐匮乏时，在此位修宅，可使仓库粮满，六畜兴旺。这些吉利的根据都可以从丙和丁的象征义中找到，而象征义的根源来自古人对天象的附会解释。

根据同理，阳宅拟建的月份时间由吉凶象征义进一步决定：

正月的生气在子癸，死气在午丁；

二月的生气在丑艮，死气在未坤；

三月的生气在寅甲，死气在申庚；

四月的生气在卯乙，死气在酉辛；

五月的生气在辰巽，死气在戌乾；

六月的生气在巳丙，死气在亥壬；

七月的生气在午丁，死气在子癸；

八月的生气在未坤，死气在丑艮；

九月的生气在申庚，死气在寅甲

十月的生气在酉辛，死气在卯乙；

十一月的生气在戌乾，死气在辰巽；

十二月的生气在亥壬，死气在巳丙。

风水术认为掌握吉利的建造时间，同时要避开每月不吉利的“土气”所在方位。若建造在土气所冲方位，家中必遭凶灾。每月土气所冲方位是：

正月土气冲丁未方；二月土气冲坤方；三月土气冲壬亥方；四月土气冲辛戌方；五月土气冲乾方；七月土气冲癸丑方；八月土气冲艮方；九月土气冲丙己方；十月土气冲辰乙方；十一月土气冲申庚方。

建房方位和时间的吉凶根据大致如此，实际操作还有许多程序，须详细对应查找。由于传统文化堆积深厚，加上象征是第二层面的意思，一般人便会如入迷宫。

阳宅格局也大有讲究，分为阳宅外形和阳宅内形。外形指住宅与环境的关系。其中，许多内容反映了生活经验。如“住宅设于道路尽头为凶宅”。可以想象，道路尽头没有人经过的住宅，当发生偷盗、水、风、火各类灾害时，不易被人发觉而错过抢救机会；还有出入必经邻居家门，行迹为他人知晓，时时事事受到监督，造成心理紧张。又如“住宅门前有大树凶”。同样可以想象，门前大树妨碍空气流通，遮挡阳光。大树又招引雷电，易伤人着火。

有的住宅外形具有明显的象征义。如《宅外形吉凶图说》：

> 中央高大号圆丘，修宅安坟在上头。人口赀财多富贵，二千食禄任公侯。

阳宅外形吉凶图

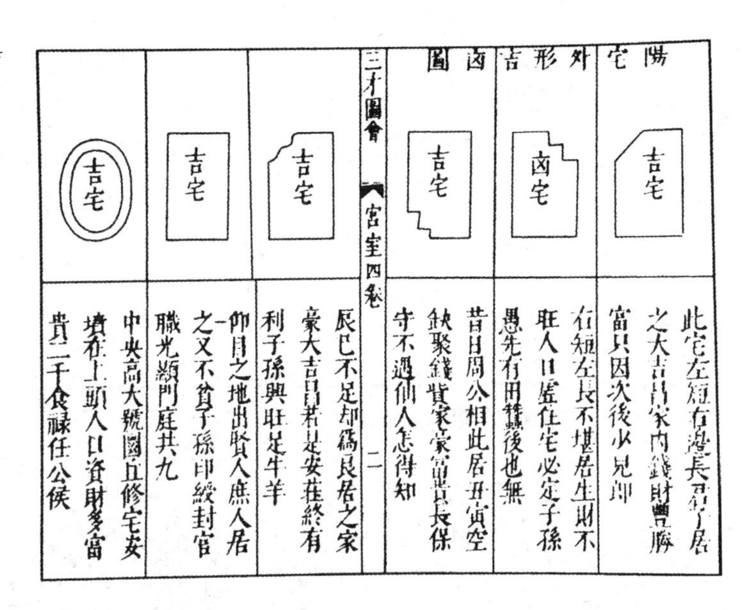


意思是在中央高的圆丘上修建阴阳宅，会使家运发达，人多财旺，子孙封公侯。圆丘外形圆满向上，象征富有和升迁。

“宅东流水势无穷，宅西大道主亨通。因何富贵一齐至，右有白虎左青龙。”“朱玄龙虎四神全，男人富贵女人贤。官禄不求而直至，后代儿孙福远年。”

这两种吉宅环境上乘，宅东河流，宅西大道，宅北高山，宅南向阳。空气清新，环境幽雅，便于生活，利于健康。东南西北附会四象，象征受四方神保护。

《论宅外形第一》中也有一例：

> 凡宅，门前忌有双池，谓之哭字。西头有池为白虎开口，皆忌之。

这里采用字形象征，一望便知。门前多水池易发生小孩溺水事故，故谓之哭。迷信认为西方为杀伐凶丧之地，不吉利，故忌之。池塘形状大有讲究，也有吉利的，歌曰：前塘似砚池，子录登高第，池塘清如镜，贵子生聪明。池塘像文房四宝之一砚台，寓意该宅出读书人，长大做官。水清如明镜，象征后代清秀聪明。

内形是指宅内各房间及庭院布局。宅内布局与阴阳观关系更密切，古人阴阳观认为：阳为天、为君、为男、为贵、为吉、为福、……，阴为地、为女、为寒、为幽、为凶……。对应八卦图，方位就有了吉凶象征义。

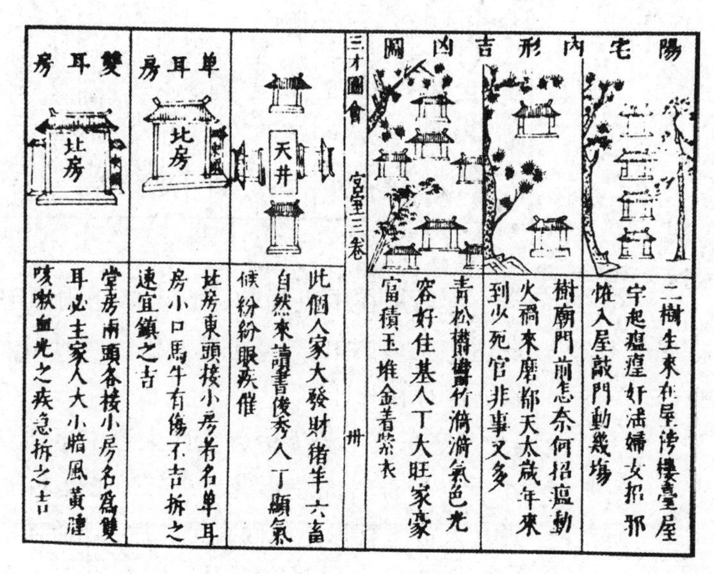

阳宅内形吉凶图

水井不宜在宅院中央。五行说认为中央属土，土克水不吉利。路宜曲，有利聚气。据说鬼直线行走，门设在一侧或门前设照壁，也有在门上挂镜，阻止鬼进门。故宅院路径忌直线布置。

灶设在东方或南方为吉。灶生火，东面属木，南面属火，木生火，木火相生。设在北方就不吉利，北方属水，水克灶火。

东北方属艮位，西南方属坤位，前者被称为鬼门，后者被称为后鬼门。相传东海度朔山上有一棵巨大的桃树，蟠曲千里。桃树北面是鬼门关，阴间鬼魂从这里出入。所以，住宅东北方和西南方不安排浴室，认为这个方向的浴水不干净。往往安排厕所“以恶制恶”。

间数也象征吉凶。成书于元末明初的《鲁班经匠家镜》中有：

“造屋间数吉凶例”写道：一间凶，二间自如，三间吉，四间凶，五间吉，六间凶，七间吉，八间凶，九间吉。歌曰：“五间厅、三间堂，创后三年必招殃；四间厅、五间堂，起造后也不祥”。

门的大小尺寸更不例外。“造屋间数吉凶例”写道：

“宜单不宜双，行惟一步、三步、五步、七步、十一步吉，余凶。每步计四尺五寸为一步，于屋檐滴水处算起，量至立门处。得单步合前财、义、官，本门方为吉也。”

要看懂这两段令人费解的文字，得从数字和尺讲起。数字被看做高度抽象的东西，房间的尺寸，门窗的大小，一般人都从功能上去考察它，并不会把这些数字与生命愿望作联系。海外人忌讳13号房间，却从不深究门窗房间的尺寸。其实，古代建筑中的尺寸数字有着极其深奥的涵义。建筑中蕴含的时间空间以及度量等都与数字密不可分，列维·布留尔在《原始思维》中指出：“意外现象不会使原始人感到出其不意，他立刻认为在它里面表现了神秘的力量。”周代乐师州鸠对周王说：“凡人神以数合之，以声昭之。数合声和，然后可同也。”[3] 古代人特别重视数的象征涵义而谨慎使用。

用于建筑的数字主要蕴含驱邪祈福涵义，这类数字来源有三。其一，天文现象中涉及的数字，它被认为与天神有必然的联系，用它可以通神。东汉马融认为建筑数字象征来自《周易》，他在《周易正义》中指出："太极生两仪，两仪生日月，日月生四时，四时生五行，五行生十二月，十二月生二十四气。"4、5、12、24等数字都是象征宇宙的符号。

其二，具有神秘魔力的数字。西安历史博物馆陈列的"六六纵横图"是1957年在西安市发掘元代安西王府故址时，在王府宫殿地基中发现，图中纵横由6个数字组成，令人惊奇的是纵横对角线每行数字的总和都是111，故又名"六六幻方"。由于数字的奇妙性，古代人认为"六六幻方"的数字具有神秘的魔力，把它刻在铁板上埋入地基借以辟邪。

| 28 | 4 | 3 | 31 | 35 | 10 |
|---|---|---|---|---|---|
| 36 | 18 | 21 | 24 | 11 | 1 |
| 7 | 23 | 12 | 17 | 22 | 30 |
| 8 | 13 | 26 | 19 | 16 | 29 |
| 5 | 20 | 15 | 14 | 25 | 32 |
| 27 | 33 | 34 | 6 | 2 | 9 |

六六幻方

幻方辟邪今天在云贵等地仍有人相信，一些少数民族甚至把"三三纵横图"刻在背上。国外有的国家也赋予纵横图以神秘色彩，如埃及南部农民用"四四纵横图"作为催生或诅咒的符号。印度人把幻方刻在金属物或小石片上，挂在身上作护身符。伊斯兰国家有人相信幻方具有保护生命和医治疾病的神秘力量。

其三，对数字的传统信仰，应用时趋吉避凶。这类数字涵义极其复杂，与五行内容关系最密切。

数字的特殊涵义决定了尺寸的象征义。《八宅造福周书》列出到明末为止所流行的吉利尺度数字，对建筑产生重大影响。下列两把尺有不同的吉利数字。曲尺：分为9寸，第1、6、8、9为吉利数。那么把四个数看做吉利的原因是什么？据传，东汉张衡给九宫数字配色，为一白、二黑、三碧、四绿、五黄、六白、七赤、八白、九紫。

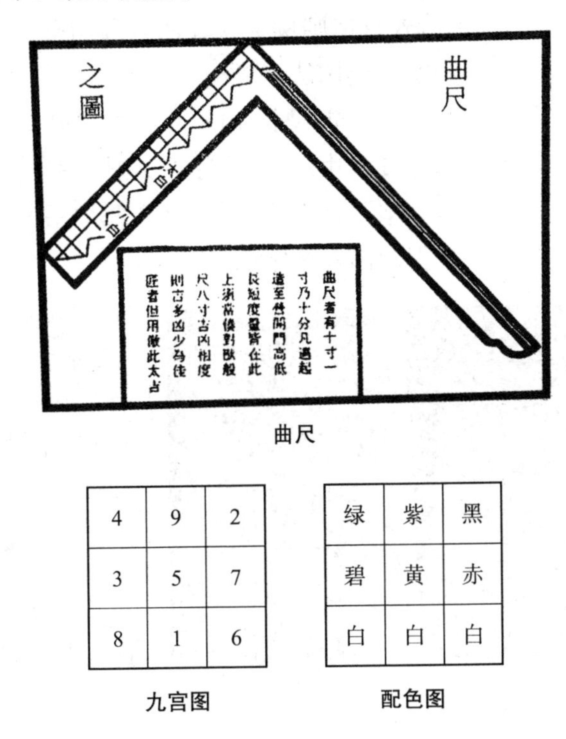


曲尺

| 4 | 9 | 2 |
|---|---|---|
| 3 | 5 | 7 |
| 8 | 1 | 6 |

九宫图

| 绿 | 紫 | 黑 |
|---|---|---|
| 碧 | 黄 | 赤 |
| 白 | 白 | 白 |

配色图

与八卦相配则为：一白居坎，二黑居坤，三碧居震，四绿居巽，五黄居中，六白居乾，七赤居兑，八白居艮，九紫居离。古代匠师依上可判断建筑的吉凶。配白色的1、6、8被看做吉数有两种解释，一是殷商卜筮方术行法时，象征白色的1、6、8三个筮数出现次数最多，故白色成为殷商时期的正色，《周礼·春宫司常》："杂帛者，以帛素饰，其侧白，殷之正色。"1、6、8在商代被视作吉数。二是1、6、8数与星座有关，古人认为天上太白金星最吉，与白色相关的1、6、8是吉数。"9"对应的是紫色，相传神仙所在天宫为紫色，“9”也被列为吉数。建筑尺寸单位以寸为准，均用1、6、8数，俗称“压白”。宋代以后，许多建筑术书和笔记如《营造法式》、《营造正式》、《鲁班经》、《营造法原》、《清工部工程做法则例》、《工段营造录》、《清式营造则例》、《算例》等均有“压白”尺法的记载和实际应用法。

另一把尺长14.4寸，称“鲁班真尺”，分为8格，每格1.8寸，分别写上“财、病、离、义、官、劫、害、本”八个字。《八宅造福周书》逐一作了解释，正好揭示出八个字的象征义：

象征义晦涩的鲁班真尺

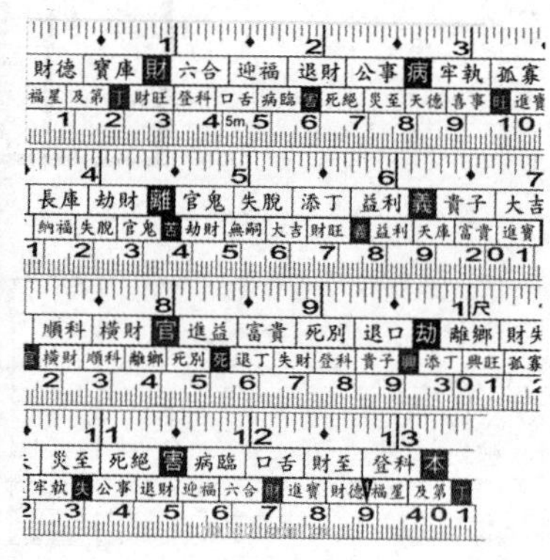

鲁班尺今用

财者财帛荣昌，　　病者灾病难免，
离者主人分张，　　义者主产孝子，
官者主产贵子，　　劫者主祸妨麻，
害者主被盗侵，　　本者主家兴祟。

头尾的“财”、“本”最好，第四“义”、第五“官”为吉。

《事林广记》所列门户尺寸写得更具体：

一寸合白星与财　　六寸合白又含义
一尺六寸合白财　　二尺一寸合白义
二尺八寸合白吉　　三尺六寸合白义

五尺六寸合白吉　　　七尺一寸合白吉

七尺八寸合白义　　　八尺八寸合白吉

一丈一寸合白财　　　推而上之算一同

建造房屋时，构件尺寸尾数应尽可能是尺中的吉数，所以《鲁班经》书上的门都是7.2寸为模数，与尾数吉数14.4成倍数关系，7.2寸象征吉利。所谓模数就是选定标准尺度单位，使建筑设计标准化。早在商周时期已经采用模数，据考证，模数系统发明受启于音乐。古代音律制定称“三分损益法”，即按一定长度相加或相减三分之一而取得不同频率之音，按此编定的音律优美和谐。和谐是传统文化追求的最高境界，无论重人伦的儒家、重个人修养的道家和重心灵平衡的佛家，都是如此。建筑模数借鉴音律的比例关系，规定建筑及材料尺度比例为3:2，建造出了和谐美丽的中国古建筑。荷兰人K.Ruitenbeek测量台南68扇旧宅门，其中61扇门的数是鲁班尺中的吉数，占89.7%；在北京测量73例，有53例为吉数，占69.9%，证明中国建筑广泛使用具有象征义的尺寸。

以上可见，象征是造成风水术神秘的关键。风水术有魅力的原因有两个：一是风水术中关于时间、空间、人事的历史经验总结有部分是正确的，应验几率占一定数量，提高了风水术可信度；二是风水术中许多说法完全符合居住功能和审美要求。如“凡宅左有流水谓之青龙，右有长道谓之白虎，前有行池谓之朱雀，后有丘陵谓之玄武，为最贵之地”。背山面水，又有道路交通，起居方便，山清水秀，当然是一块好地。

## 二、家族村落：兴旺发达

家族村落形成首先出于生存和安全需要，其次是生活享受。家族村落重总体规划，使建筑起到维系家族的纽带作用，同时也使个体建筑与村落群体建筑之间具有明显的向心性，个体建筑寓意服从村落群体建筑主题。家族村落建筑反映了特定时空中人群的社会文化。

**走向群居** 人是群居动物。据研究，动物界有很多群居动物，如牛羚群、斑马群、瞪羚群、沙丁鱼群、虾群、蚁群、蜂群等等，群居动物多为体小力弱或性柔不适合进攻的动物。1919年斯坦利·沙赫特（Stanley Schachter）对群居倾向系统研究后得出，造成群居的原因之一是恐惧，即安全本能。[4]

| 恐惧对合群行为的作用（%） | | | | |
|---|---|---|---|---|
| 条 件 | 集 中 | 不关心 | 单 独 | 合群行为的强度 |
| 高度恐惧 | 62.5 | 28.1 | 9.4 | 0.88 |
| 低度恐惧 | 33.5 | 60.0 | 7.0 | 0.35 |

* 表中比例数误差 ±2。

上表显示恐惧程度愈大，合群强度愈大，合群具有减低恐惧程度和提高安全感的功能。

群居的另一个因素是饥饿。饥饿对合群倾向的作用：[5]

| 被试选择的百分比（%） | | |
|---|---|---|
| 条 件 | 集 中 | 单 独 |
| 高度饥饿 | 67 | 83 |
| 中度饥饿 | 35 | 65 |
| 低度饥饿 | 30 | 70 |

表中显示饥饿程度愈大，合群程度随之增高，群体力量有助于降低饥饿威胁程度。

两表说明，群居对安全和食物提供一定程度上

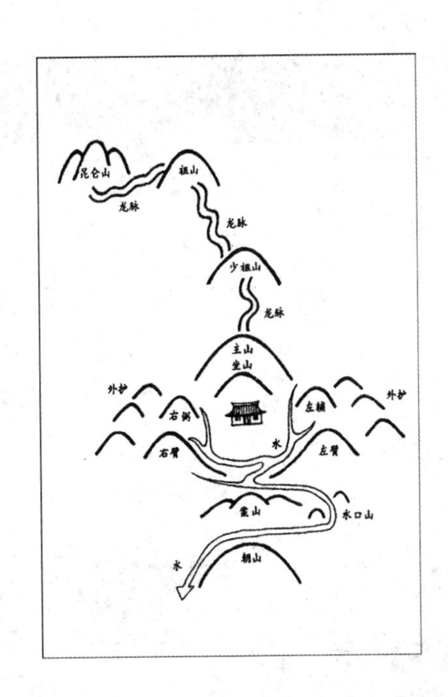


最佳村落环境

的保证。人既缺乏大象那样坚实硕大的身体，也没有牛羊的角可供防御，甚至没有马或鹿的快跑能力，单独生活即意味着饿死或被杀死。人在发明有效武器前，群居是安全、猎取食物和性生活的保证。于是，人以血缘为纽带，寻找共同的生活空间，形成村落。

村落包括两个空间，一是居住空间，二是公共活动空间。居住建筑安排有长幼、关系亲疏之别。古代治丧，参照“五服图”（见第 132 页）制作轻重长短不等的丧服，表示着服者与死者的亲疏关系。“五服图”反映了家族关系，这种关系深刻影响家族村落的居住建筑。

**客家土楼**　这种建筑集居住空间和公共活动空间于一身，安全功能突出，空间安排象征义隐晦。客家土楼集中于福建漳州、南靖、龙岩、永定一带，早在两晋和两宋时代为避中原战乱，一些望族大姓南迁到

集居住空间和公共活动空间于一身，安全功能突出的土楼

此定居。永定遗经楼中轴线两边严格对称，主屋位于中央，四周高楼围绕，表现出极强的向心性，象征长尊幼敬的位序关系和家族等级。

历史上，客家家族间经常械斗，为求生存，创造了容纳整个家族几十户人家的大型圆形土楼。建于清中叶的永定承启楼，外围直径62米，高4层。里三层环形相套，共有房间300多间。底层中心为单层方形堂房，为议事及举行重大典礼之所。从承启楼图看，给人印象强烈的是外圆内方的建筑形制和布局。站在底层堂屋向上看，恰是一幅天圆地方图画。承启楼主人原为中原望族大姓，有着相当深厚的文化修养，作外圆内方布局有保障安全和家族等级秩序二种象征义。《淮南子·天文训》说："天圆地方，道在中央……"《淮南子·兵略训》又说："国得道而存，失道而亡。所谓道者，体圆而法方，……夫圆者天也，方者地也。

土楼外圆内方象征天圆地方，寓意土楼家族外遵循天道，内长幼有序，族规法度井然。建筑外圆内方，象征立族之本

天圆而无端，故不得观（其形）；地方而无垠，故不能窥其门。”这段话说，遵从天圆地方规律，就能获得安全保障，有利生存。安全保障是长期械斗家族十分看重的内容，所以天圆地方成为客家土楼的建筑形制。《吕氏春秋·季春纪·圜道》又说：“天道圆，地道方，圣王法之，所以立天下。”意思是遵从天圆地方法则，就能建立起有效的管理秩序。俗话说，没有方圆，不成规矩。承启楼天圆地方，寓意土楼家族内长幼有序，族规法度井然。

**村落建筑符号**　浙江省永嘉县芙蓉村，传说是唐末一对夫妇避战乱定居繁衍而成。那里自然环境：前有腰带水，后有纱帽岩，三龙捧珠，四水归塘。是背山面水，三面环抱的理想环境。全村呈“北斗七星”格局。“七星”指夜空北方排列成斗形的七颗星，即天枢、天玑、天璇、天权、玉衡、开阳、摇光。古人用假想线连结起来，像酒斗之形，因位于北方，故称北斗。

芙蓉村七星八斗格局意在祈求天神保佑福祉降临

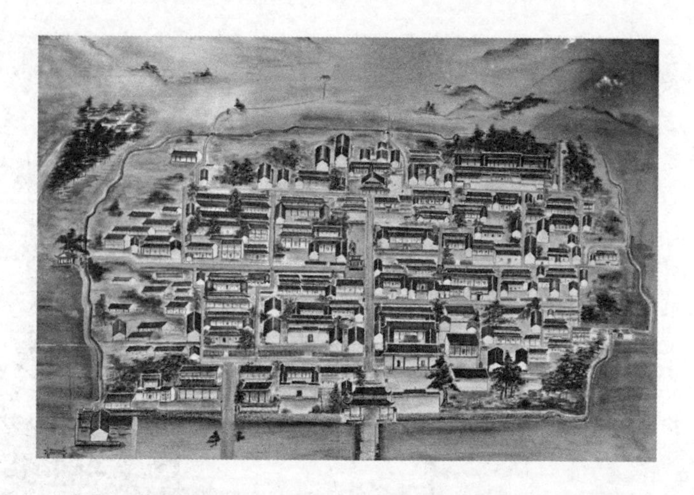

村内道路交叉点为高出地面 10 厘米，面积约 2 平方米的平台，称作“星”，共有七处。分布在村各处又有八处水池，称“斗”。村内道路将“星斗”相互联接。芙蓉村以七星八斗格局附会天象，意在祈求天神保佑，福祉降临。

村内道路交叉点为高出地面 10 厘米，面积约 2 平方米的平台，称作“星”，共有七处，象征北斗七星

芙蓉村入口处五级台阶寓意科考得意，五子登科。附会天上文曲星宿，喻芙蓉村人才辈出

联通八斗的水渠构成芙蓉村水系既满足村民用水又能“克火”

八斗之一，斗贮水寓意“水克火”

浙江永嘉县楠溪江边的苍坡村建于五代后周（公元955年），是一个距今已有一千多年的古老村落。南宋年间，有人指出：村西方位属庚午金，与远处的火形笔架山相冲克，村北壬癸方又无水潭制火；村南丙丁方属火，村东甲乙方属木，木助火势，火上加火。原村落布局火多水无，不吉。建议在村南建水池，并开渠引水，环绕村落，以水克火。村民据此在村东南开掘东、西双池。又借笔架山为题发挥，以水池为砚，池边条石为墨，长街为笔，宅院空地为纸，象征文房四宝。此后，苍坡村文风开启，人才辈出。苍坡村以阴阳八卦为理论依据，根据传统风水术规划布局的古村落，集中反映中国传统建筑的象征意义。

以阴阳八卦为理论依据，根据传统风水术规划布局的苍坡古村落，村落又象征文房四宝中的纸，苍坡村集中反映中国传统建筑的象征性

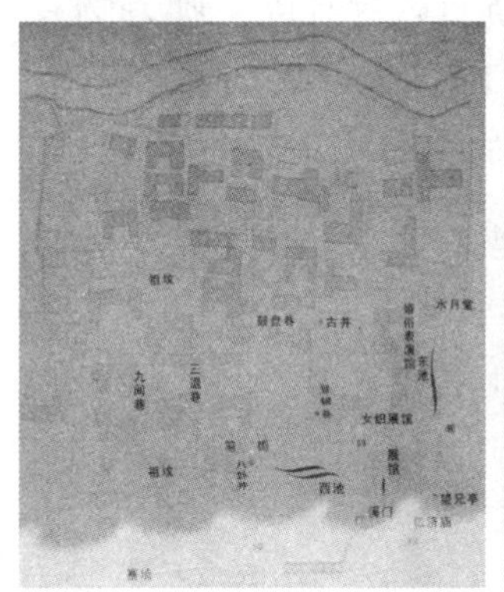

山形象征笔架

长街象征笔

池象征砚

削去一角的石条象征墨

兰溪诸葛村是浙江又一处具有象征义的村落，聚居诸葛亮后裔近4000人。诸葛亮第27代孙诸葛太师是元代人，平生喜好堪舆之术，1340年左右，选现址按九宫八卦设计而成。目的是改变原祖居空间逼仄的状况，求家族兴旺发展。八卦图中左旋黑白两部象征构成宇宙间万物的阴阳二气。古人认为，若二气调和，搭配得当，运行有度，则万物有序，风调雨顺。若二气错位，则自然失调，运行不畅，最终酿成灾害。阴阳二气又与人事密切相关，若人事不合天象，阴阳二气失调，就会给人带来灾祸。诸葛村按图案布置，象征顺天道求福祉。

经精心挑选，选中周围有八座小山的高隆岗，称

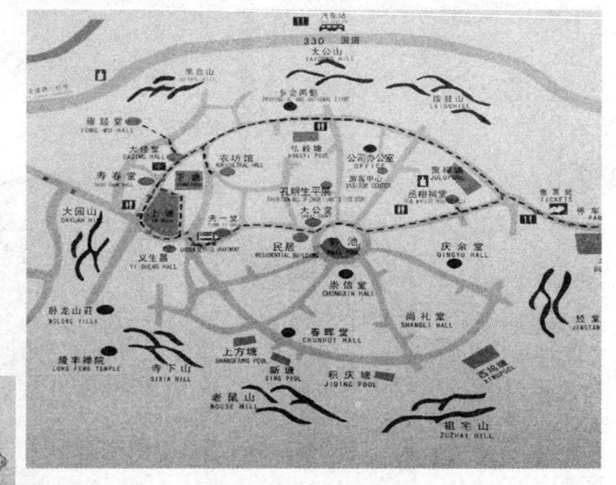

八卦图反映古人对世界的认识和总结，诸葛村按图案布置，象征顺天道求福祉

八条小巷由钟池向四周辐射，使村中民居归入八卦图中

外八卦，使整个村落坐落在八座小山的环抱之中。

八条小巷由钟池向四周辐射，使村中民居归入坎、艮、震、巽、离、坤、兑、乾八个部位，称内八卦。

钟池位于村落九宫八卦图中心，一半水塘一半陆地，中间以S形分隔，构成鱼形太极图。水塘边缘呈圆形，陆地边缘呈方形，象征天圆地方。两边各设一口水井，为阴阳鱼的眼睛。

八卦村布置一以纪念通晓易理八卦的先祖诸葛亮；二则八卦通天地人间诸事，象征大智慧；三则寓意设计者借此祈福禳灾。

位于八卦村中心的钟池像太极图，寓意阴阳二气调和

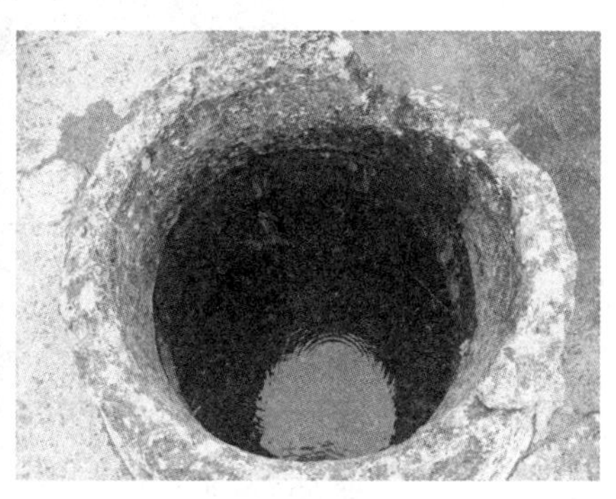

两边各设一口水井，为阴阳鱼的眼睛

### 三、四合院：平安之家

民居是个人家庭生活哲学的写照，折射出一民族或国家的政治伦理、文化传统观念。四合院除了使实用功能最大化，同样蕴含了复杂的文化观念。

**形制**　封闭式的合院形成得很早，汉代明器已显示有了曲尺形合院。四川出土画像证明，住宅已具备有人认为四合院像漏斗，可以聚合生命本源的“气”

前门、前院、中门、内院、正堂、侧院、回廊和望楼，构成了多个私密性空间。

从建筑形态看，明清趋于多样化，有北京的四合院、安徽的高墙合院、江南的深长院落式、云南的一颗印式、闽式合院及长条街屋、贵州干栏式及甘陕晋的窑洞式等。其中五室式和九室式为基本格局。北京四合院具有典型意义。它的基本布局是：坐北朝南的开东南门，坐南朝北的开西北门。大门后建有“影壁”。绕过影壁进入前院，最前面的房屋称作“倒座”。入内，又有一道围墙，中间开设“垂花门”。进垂花门到达后院，中间为正堂，左右为厢房。所有房屋面向中央庭院，形成四合形状院落。

对四合院形制有几种说法。有的认为是以聚气养生。[6]有的人认为是象征四神布置。上述两种说法都

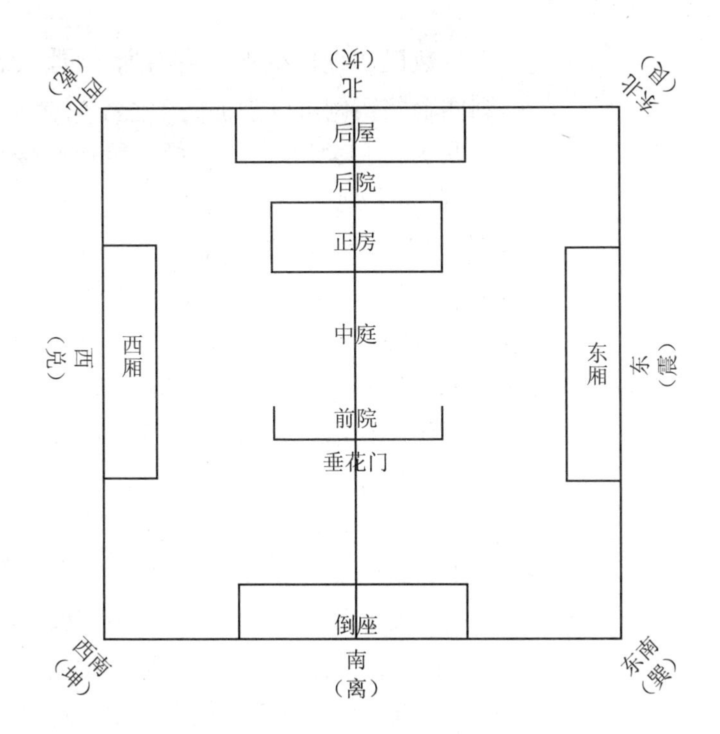


四合院各房间的方位寓意

很勉强，其实，作为民居，建筑中必然寄寓了驱邪祈福等信仰观念，北京四合院的方位布置，渗透了周易八卦象征义，其目的就在于此。

根据图示分析其象征义：

图中大门开在东南角巽地，巽为风、为入，寓意财源滚滚而入。西厢，建在正房右面，西为兑，兑卦象为少女，西厢为年轻女性居所，《西厢记》中莺莺就住在西厢房。东厢，建在正房左面，东为震，震卦象为长男用事，东厢房安排男性子嗣入住。正房，居中为贵，家长所居。门窗向南，南为离，离卦象为光明，取向明之意。后屋，为堆放杂物及女性奴仆居所，也是炊事之所。厨房是生火的地方，安排在居北坎位，坎位属水，取水克火之意。主房、灶间、大门三大要素在方位上象征相生，主房居正北“坎”位，属水，宅门置于东南方，属木的“巽”位，表示“水木相生”。

少数民族地区的四合院有所不同，云南丽江县城一则四合院实例可以为证。东宅象征春天，女儿居住，其对联为：“玉海无涛千里绣，绿树红楼户前春”，横批：“春回大地”；南宅象征夏天，有长养万物之意，客人居住，其对联为：“酒香留客住，诗好带风吟”，横批为：“主欢客乐”；西宅象征秋天，有收成万物之意，为厨房、库房，其题对为：“喜鹊登枝盈门喜，春花烂漫大地春”，横批：“富贵吉祥”；北房象征冬天，主人居住，其题对为：“竹契兰言春因日永，水幽山静乐与天随”，横批：“兰室春和”。[7]

汉族四合院布置还受古代昭穆制度影响。昭穆制度起源于原始社会父系家长制。反映在宗庙次序上，始祖庙居中，以下父子（祖、父）递为昭穆，左为昭，右为穆。祭祀时，子孙按此规定排列行礼，以别父子、远近、长幼、亲疏之序。故四合院左为东，右为西，多子家庭

影响建筑象征的“五服图”

<table>
<tr><td></td><td></td><td></td><td></td><td>高祖<br>父母</td><td></td><td></td><td></td><td></td></tr>
<tr><td></td><td></td><td></td><td>曾祖姑</td><td>曾祖<br>父母</td><td>曾叔伯<br>祖父母</td><td></td><td></td><td></td></tr>
<tr><td></td><td></td><td>族祖姑</td><td>祖姑</td><td>祖父母</td><td>叔　伯<br>祖父母</td><td>族叔伯<br>祖父母</td><td></td><td></td></tr>
<tr><td></td><td>族姑</td><td>堂姑</td><td>姑</td><td>父母</td><td>叔伯<br>父母</td><td>堂叔伯<br>父　母</td><td>族叔伯<br>父　母</td><td></td></tr>
<tr><td>族姐妹</td><td>再从<br>姐妹</td><td>堂姐妹</td><td>姐妹</td><td>己、妻</td><td>兄　弟<br>兄弟妻</td><td>堂兄弟<br>堂兄弟<br>妻</td><td>再从兄<br>弟再从<br>兄弟妻</td><td>族兄弟<br>族兄弟<br>妻</td></tr>
<tr><td></td><td>再从<br>侄女</td><td>堂侄女</td><td>侄女</td><td>子媳</td><td>侄<br>侄媳</td><td>堂　侄<br>堂侄妇</td><td>再从侄<br>再从侄<br>妇</td><td></td></tr>
<tr><td></td><td></td><td>堂侄<br>孙女</td><td>侄孙女</td><td>孙子<br>孙媳</td><td>侄　孙<br>侄孙妇</td><td>堂侄孙<br>堂侄孙<br>妇</td><td></td><td></td></tr>
<tr><td></td><td></td><td></td><td>侄曾<br>孙妇</td><td>曾　孙<br>曾孙妇</td><td>侄曾孙<br>侄曾孙<br>妇</td><td></td><td></td><td></td></tr>
<tr><td></td><td></td><td></td><td></td><td>玄　孙<br>玄孙妇</td><td></td><td></td><td></td><td></td></tr>
</table>

安排长子住东厢房，次子住西厢房，象征长幼地位。

四合院规模，根据主人身份不同有大中小不等，大门成为等级的象征。一般有六种大门：

王府大门，等级最高。清顺治九年（1652年）规定亲王府正门广五间，启门三。每门金钉六十有三。世子府门钉减亲王九分之二。贝勒府规定为正门五间，启门一。均用绿色琉璃瓦。

广亮大门，仅次于王府大门，它是屋宇式大门的一种主要形式，宽一开间。筑有较高的台基，显得宽大敞亮，故名。大门檐下饰有雀替等附件，象征主人地位。

金柱大门，与广亮大门形式相近，由于门扉安装在金柱上，故名。大门宽度，也占一个开间，制作精良，显示贵族气派。

蛮子门，是北京人的称呼，将门扉安装在外檐柱间，它是广亮大门和金柱大门演变出来的又一种形式。

如意门，多为富人商贾住宅的大门，北京中小型四合院门大多采用的式样。两侧砖墙交角处，常饰以如意形状花纹。为炫耀富有，注重装修。雕刻内容丰富，题材广泛，有福禄寿喜、梅兰竹菊、文房四宝、玩器博古等，象征主人的意愿和品格。

墙垣式门，民宅中常采用的式样。

**庭院植物**　北京四合院中央有一块不小的空间，可供绿化。老北京爱种树木花草活跃生活气氛，种的花主要有丁香、海棠、榆叶梅、山桃花、夹竹桃、金桂、银桂、杜鹃、栀子等。树多种枣树、槐树和石榴树。至于阶前花圃中更有草茉莉、凤仙花、牵牛花、扁豆花等。这些植物，细究起来并非随意栽种，其中许多花木有着古老的象征义，寄寓着主人的良好愿望和寄托。

丁香，又名紫丁香。春天开白色或紫色小花，花

丁香象征坚韧、生命力和美丽的品格

多烂漫。有诗描写“入目皆花团，放眼尽芳菲”。丁香具有坚韧品质，能在严寒干旱的恶劣环境中生长开花，特别赢得了西北高原人民的喜爱。青海省乐都县瞿昙寺有一株丁香，高16米，径22厘米，被当地人奉为吉祥物严加保护。每逢花开季节，人们前往观赏并采撷转送亲友，表达良好的祝愿。丁香的品质使其具有坚韧、生命力和美丽的象征义。“一树百枝千万结”，丁香结子，香味浓烈，故而丁香结子在文学作品中又具有相思象征义。唐朝诗人李商隐《代赠》：“芭蕉不展丁香结，同向春风各自愁。”南唐李璟在《摊破浣溪纱》中写道：“青鸟不传云外信，丁香空结雨中愁。”

桂花，象征友好和平。战国时期，燕、赵两国互赠桂花表示友好。桂花还象征爱情，青年男女以赠送桂花表示爱慕之情。北方地区把桂花编成催生符放在产妇床边，象征顺利。其他的吉祥象征涵义如：“折桂”，喻科举及第，《晋书·谷诜传》：“武帝于东堂会送，问诜曰：‘卿自以为何如？’诜对曰：‘臣举贤良对策，为天下第一，犹桂林之一枝，昆山之片玉。’”唐温庭筠《春日将欲东归寄新及第苗绅先辈》诗：“犹喜故人先折桂，自怜羁客尚飘蓬。”在民间美术中，与莲、笙画在一起，利用谐音，象征“连生贵子”。

杜鹃花，每年杜鹃鸟啼叫时开花。据说杜鹃鸟发

槐树象征拥有财富

情时日夜啼叫不止，以致嘴巴流血，染红花朵，故名。杜鹃鸟喙部和颈部发红，也是杜鹃花名字的来源之一。由此，杜鹃花象征爱情。杜鹃花色泽殷红，人们又以杜鹃花喻漂亮女人。

枣，谐音“早”字，婚俗中把枣和栗子放在一起，谐音“早立子”，祝愿新婚夫妇早得儿子。还有新娘拜见公婆，奉献枣子和栗子，枣取早敬义，栗取肃栗义，象征对公婆的敬重孝顺。

甘肃、陕西、山西一带有新年蒸枣山面花的习俗。农历正月初一，蒸制人形面糕，将12颗红枣嵌于中间，象征一年十二个月。开犁这一天，将枣山面花放在盘子中，送到田头，点花炮敬土地神。再手掰一点枣山面花撒在地上，然后吃下，象征来年丰收。

槐树，开淡黄色小花，结圆长条形荚实，形象金元宝，被视为吉祥物。民间栽种普遍，有吉词道“门前一棵槐，不是招金，就是进财”。“槐”字谐音“怀”字，象征拥有的意思。

石榴，因其“千房同膜，十子如一”的形象，象征多子。旧时山西南部定亲换帖后，女方送男方礼物中要有10个石榴，其中女婿吃1个，祝愿多子多福。

根据不吉利象征义，北京四合院植物栽种有许多禁忌。松树、柏树习惯在陵墓栽种，象征死者生命永存。所以，四合院内不栽种。桑树、梨树也回避不种，因为“桑”“梨”谐音“丧”和“离”，死亡和分离不吉利。

驱邪祈福观念除了上述的形制、种植等方面，还体现于建筑装修和附件，这将在下文集中叙述。

## 四、江南民居：祈福愿景

现在我们习惯把苏南和浙江称为江南，但历史上的江南概念要大得多，可以包括江苏、浙江、湖南、江西、福建等省或这些省的部分地区。下面借用江南的历史概念，考察江南民居中的建筑文化现象。

**建房风俗** 江浙一带建房过程充满象征意味。《江南风俗》一书收录的建房风俗，颇具典型性，择录片断：

浙江有个地区，房主于正月初三上山择定制栋梁的高大树木。用红纸围贴在树木下部，并以香烛祭祀山神，祈求保护砍树人的安全。砍伐时，树不能直接落地，不在山上剥树皮，严禁人跨越。接着聘请手艺高超的木匠制作栋柱，木屑、刨花不可当柴烧，要倒在河中任其漂浮。

上梁时，选择吉日良辰，一般定在“月圆”、“涨潮”的时辰，取其合家团圆、钱财涌来如潮水之意。木匠用红绸包裹的数枚银圆或铜钱钉在正梁上。梁上还张贴横批“上梁大吉”、“福星高照”、“旭日东升”或“姜太公在此”等吉祥词语，两边栋柱书写“上梁欣逢黄道日，立柱巧遇紫微星”，“三阳日照平安宅，五福星临吉庆门”之类的对联。上梁时辰一到，泥水木匠爬上两边栋柱，绳索套在正梁两端，喊道：“上梁，大吉大利！”顿时，鞭炮齐鸣，人群欢腾。工匠们边上梁，边唱“上梁歌”，唱词多为祝颂，讨口彩。如宁波地区上梁时，工匠手拿酒壶，边洒酒浇梁，边唱浇梁歌，歌词曰：

浇梁浇到青龙头，　　下代子孙会翻头；
浇头浇到青龙中，　　下代子孙当总统；
浇头浇到青龙足，　　下代子孙会发迹；

团团浇转一盆花，　　宁波要算第一家。

站在栋柱两边的工匠慢慢将正梁拉上柱顶，东首工匠要比西首工匠拉高一点，因东首为“青龙座”，西首为“白虎座”，青龙要高于白虎。当老师傅将正梁敲进榫口内后，将准备好的馒头、红枣、米粉捏的元宝、糖果等食品往下抛，俗称“抛梁馒头”。房主夫妇手拉红绸面，在下面接食品，将食品包裹好，放在新屋正堂供桌上。左右邻居则纷纷抢食抛下的食品，认为争吃上梁食品，会大吉大利。苏州地区人们认为，馒头是发的，故称为“兴隆”，“抛梁馒头”象征房主建屋后能日日兴发，年年隆盛。

有些地区上梁后，还有抛梁仪式。房主全家人跪在祭桌前，桌上摆设祭物和木匠工具，木匠师傅边从高处抛掷馒头边念上梁词文，以贺吉利，其词曰：

福兮再福兮，此木不是非凡树，本是林中子孙树，别人拿去家中用，我今选为栋梁材，住得子孙千年盛，荣华富贵万万年。

抛梁后，房主人送红纸包给上梁工匠，表示酬谢。当日，房主在新屋以三牲、酒菜、香烛祭谢鲁班先师，并摆上梁酒设宴招待木匠、泥水匠、帮工和亲朋好友。主人除给上梁工匠师傅红包外，还依序向工匠、帮工和亲友道谢，分送上梁糕，还向左邻右舍送。前来送礼道贺的亲戚朋友回家时需带回一半礼物，此俗至今还在一些农村盛行。[8]

湘西是巫蛊迷信比较盛行的地区，沈从文在其文学作品中有过详细描写。因此，建房习俗中象征性的做法较其他地区更为突出。魏挹澧在《巫楚之乡，“山鬼”故家》一文中有第一手资料介绍，选录于下，可与前述江浙建房习俗象征对照比较：

建房在基础稍加处理之后，先树“片”（即穿斗架）。上梁是整个仪式的高潮，梁木中最被重视者为一屋之大梁，对其倍加尊崇。选材多为同蔸簇生的杉树，砍伐时，午夜即起，在村上挑选八位“吉利人”，多为儿女双全、热心为公众服务、在村民中有较高威望者，其中常有技艺高超的木匠。砍木之前先念咒语：

“鲁班先生弟子在此请梁，此木生在昆仑山上，哪个见你生，地脉龙神见你生，哪个见你长，日月见你长，又不短来又不长，拿给主人好上梁，请八大金刚抬入主人房。”

礼毕即砍树，树要使其倒向上坡，为吉。然后由八人抬回，号子声阵阵，浩浩荡荡，十分气派。抬回屋场（宅基地）忌讳搁在地上，而是安放在事先用红布装饰的木马上，开始画墨、砍平、刨光。次辰上梁时才砍梁口，并在梁的中部用锉刀刻一深约三分的小方孔，内放少许硃砂、茶叶、米等吉利物，然后用刻下的小方木块盖好，裹上红布，四角用铜线钉牢，梁木砍下的残渣，不得践踏或污染，要仔细收集，倒入河里。

梁木整理好后，准备上梁。前一天请人帮打糍粑，有的捏成不大的球状，当地称“它它”，以备抛梁粑用。这天除去互相帮工的人外，全寨男女老幼都来助兴，站在新屋场及附近园地上守“梁粑”。上梁仪式开始，大家自动肃静，木匠师傅攀梯上屋，每上一级颂唱一段词，直至中柱顶端。另有两人分别从正堂两边中柱顶处抛下两匹红绸青罗，由地面人拴住梁的两端，静听木匠颂唱上梁歌，唱至“升梁”之词时，鸣响鞭炮，吹奏唢呐，帮忙上梁的人扯布提梁上屋顶，将梁搁置于堂屋两边的中柱顶。接着由木匠师傅抛糍粑，首先抛给主人，口颂：“前门踢株摇钱树，后面踢个聚宝盆”，然后再向四面八方抛糍粑，边抛边唱：“一抛东，子孙落到广寒宫；二抛南，子孙代代中状元；三抛西，子孙代代着紫衣……”东南西北抛完后，接着遍地开花，“它它”抛向四面八方。[9]

湘西民间流传着许多工匠利用巫、蛊、咒术手段，惩治或报复富户东家的故事。据说一家财主，建房后死丧不绝，四十年后，风雨毁坏了屋脊，修理时发现主梁中应置吉祥物的小方孔内，放了一块孝布。

**建筑寓意** 明清以来，苏州地区经济迅速发展，走在中国的前列，商品经济发达，使苏州成为富商、官僚聚集之地，他们置地建宅，留下了一大批有规模的民居。

南方炎热，苏州住宅屋檐深挑，室内高敞，以利隔热通风。天井则尽量狭小，避免过多阳光射入，升高宅院温度。为满足用房需求，苏州住宅一般采用纵深式平面布局，共布置若干进，每一进设房屋三间左右，配以浅小的天井或庭院。这样，房间数与北京四合院相等情况下，光照量却小得多。由于宽度较窄，屋内高敞，取得较好的拔风效果。特别在炎热的夏天，自然风经过狭长阴凉的住宅通道，迅速降温，使居住者获得大量凉风。

较富有的宅主安排轿厅、花园和楼房。在中轴线上安排次序为：大门、轿厅、客厅、正房（或楼房）。轴线两侧安排花厅、书房、卧室和花园。所以，苏州城镇民居都具备相当规模，富庶人家更是讲究装饰，体现身份。

建筑象征符号较集中于附件和装修。如每一进门楼上的砖雕；房身上的泥塑；门、窗、梁的木雕；各类金属建筑附件及用具的纹饰。这些雕刻装饰，象征主人的志趣爱好、人品抱负以及驱邪祈福的愿望。苏州东山春在楼是一个典型例子。

布满象征图案的雕花楼——春在楼

春在楼集苏南建筑雕饰艺术于一身，楼体布满雕饰，因此得美名“雕花大楼”，被奉为“江南第一楼”。现为江苏省重点文物保护单位。通过春在楼，可以详细了解江南民居建筑附件和建筑装修中的象征寓意。

春在楼占地5000多平方米，耗资3741两黄金，用工26万多个，费时三年（1922—1925年）。建成后，共有大小房间近百间。春在楼坐西向东，沿中轴线布置影壁、门楼、前楼、中楼、后楼和观山亭。前楼和后楼两侧布置厢房，每一进设天井。

门楼外向，浮雕灵芝、牡丹、菊花、兰花、石榴、佛手等吉祥植物。古书中记载灵芝生长于东海中的仙岛上，有起死回生的功效，被看做长生不老的仙草。绘画中鹤嘴衔一株灵芝，象征长寿。灵芝还有性兴奋的药用功能。魏晋时期医学家皇甫谧曾亲自体验灵芝的药力，服用后，立即使自己沉湎于音乐与快乐中，因而，绘画中灵芝又出现在鹿嘴上，“鹿”谐音“乐”（苏州方言），鹿与灵芝象征快乐。

牡丹，花朵重瓣体大，花容艳丽，形态华贵，有花王之称。长期被宫廷引种，因而象征富贵。宋代周敦颐《宋濂溪·周元公先生集·爱莲说》：“自李唐来，世人甚爱牡丹，……牡丹，花之富贵者也。”有人更是题诗赞曰：“落尽残红始吐芳，佳名唤作百花王，竞夸天下无双艳，独占人间第一香。”长期以来，牡丹地位崇高，被看做中国国花。牡丹花被奉为国花，与一则传说有关。清代小说《镜花缘》中写到，武则天在冬天突然想赏花，下诏令百花第二天同时开放。慑于女皇威仪，宫苑内百花果然竞相开放，飞雪之中春意盎然。惟独牡丹枝芽冷落，傲然抗命。女皇下令焚烧牡丹，逐出宫苑花圃。这则传说象征牡丹卓尔不群的高傲品格。图案中，牡丹与芙蓉画在一起，象征荣华富贵；与海棠画在一起，表示光耀门庭；与桃、松树、石头在一起，寓意“富贵长寿”；与水仙花一起，象征神仙富贵；与十个钱画在一起，叫作十全富贵。

佛手是柑橘类水果，产于福建广东一带，冬季结果。其色泽金黄，香味浓郁，形状如手指张开的纤巧玉手，使人想起大雄宝殿释迦牟尼的手势，故称“佛手”。“佛”字谐音“福”字，象征幸福。绘画中与桃、石榴一起名三多图，象征多福、多寿、多子。

兰花为淡紫色，姿态婀娜，香气优雅，象征美丽女子。年轻姑娘住房称“兰室”。兰花又象征高尚，《易经》中说：“二人同心，其利断金，同心之言，其臭如兰。”屈原《九章·悲回风》：“故荼荠不同田亩兮，兰茝幽而独芳。”高尚的品格使人习惯把它与梅、竹、菊放在一起，称“四君子”。

门楼内有砖雕“八仙庆寿图”，表示吉祥。神话说在昆仑山中居住一位女神仙，俗称王母娘娘。她拥有不死之药，还掌管仙桃园。桃子成熟那年三月三日设蟠桃会宴请各路神仙，民间熟知的八仙：吕洞宾、汉钟离、李铁拐、韩湘子、何仙姑、蓝采和、张果老、曹国舅那天各携宝贝赴宴庆寿。

八仙庆寿图下浮雕 10 只形态不一的鹿。鹿在方言中谐音“乐”，普通话又谐音“禄”，象征快乐和发财。再下面雕“郭子仪做寿图”。郭子仪是唐朝重臣，借回纥兵，平定安史之乱。他生有 7 个儿子，8 个女儿，无疾而终。画面描写了子孙满堂的祝寿景象。郭子仪被看做福、禄、寿、子、乐集于一身的吉祥人物。

门楼顶端正中塑万年青，象征万年永昌。万年青下塑鳌鱼，意独占鳌头。两边一对蝙蝠，寓意洪福齐天。再有天官赐福和恭喜发财两个天官。天官旁边是龙头鱼身塑像，寓意主人龙门跳过，事业有成。

左右两端又有浮雕“尧舜禅让”和“文王访贤”故事，分别寓意“明德”和“礼贤”。

再下面平台上有三根望柱，雕刻内容为“福、禄、寿”。寓意“三星高照”。平台栏杆上雕四只玉兔，兔子在中国传统文化中与月中嫦娥相伴，为仙界动物，有吉祥之意。

平台下端装饰万字形挂落，象征福寿绵长。垫拱板上透雕双喜、古磬、如意，象征双喜临门，喜庆如意。五寸宕两端外葫芦图案，取葫芦多子意，象征子嗣昌盛。

门楼南侧浮雕锦鸡荷花，寓意“挥金护邻”，北侧浮雕凤穿牡丹，寓意富贵双全。两旁垂柱上端浮雕和合二仙，象征和谐合好。

门楼两侧厢楼山墙上，开八角窗，左窗上方塑和合二仙，右窗上方塑牛郎织女，寓意百年好合，终年相望。围墙上又开四扇漏窗，图案用板瓦筑“百花脊、果子脊”，寓意花开四季、多子多孙。

过门楼，到前楼。前楼屋脊东侧中央置聚宝盆，左右塑万年青。室内承重搁栅雕福、禄、寿三星、八仙过海、和合二仙、万年青等图，都象征吉祥。

万年青聚宝盆

前天井门窗用铜质钮，为双桃形图案。门槛用蝙蝠形销眼，寓意伸手有钱，脚踏福地。天井四周饰有葡萄、卷叶、绶带、挂落，寓意源远流长。

主人金锡之，东山本地人，在上海经商棉纱，获得很大成功，拥有巨额资财，但他从没进过官场。在主楼大厅梁上，雕刻古代官帽，象征自己富贵可比官家。

除此之外，春在楼还雕凤凰 172 只，合 86 对，谐音“百乐”。花篮 120 只，合 60 对，寓意六六顺。狮子 16 只，合 8 对，寓意“发”。还有二十四孝、二十八贤等故事以及无数瑞兽祥鸟吉利图案雕于建筑各个部位。身处春在楼，脚踏铺地、门坎、手推门窗，起居行坐，触目之处，无不具象征图案。

雕刻大楼的丰富象征义，通过伶牙俐齿的本地导游小姐讲出，连贯而有趣：

看完砖雕、木雕、金雕，主要记住六句好话，

伸手有钱

蝙蝠谐音“福”，脚踏有福

第一句话是门上的钱币形拉手，“伸手有钱”；第二句话是门槛上的蝙蝠，“脚踏有福”；第三句话“抬头有寿”，就是门楼上的“蟠桃会”、“八仙庆寿”；第四句话“回头有官”，里面的官帽厅显示做官人家的气派；第五句话“出门有喜”，请看门外照壁上刻有“鸿禧”两个字；最后一句“进门有宝”，就是主楼门楣中间的“聚宝盆”。这六句话内包含着“福、禄、寿、喜、财”五个字。[10]

导游词把我们引入了一个建筑象征世界。

春在楼有两个明显特征：一是布置主要涉及祈福内容，避邪内容极少。建筑坐西向东，与风水术无关，反映主人事业成功后的自信。二是福禄寿喜财主题突

木雕官帽梁，象征富比官家

进门有宝

出，与商人身份及目标一致。因而春在楼的象征世界是商人的精神世界。它有别于苏州城内的古典园林，古典园林的象征世界则是文人的精神世界。

**注释**

[1]《诗经·公刘》。

[2] 俞晓群：《数术探秘》，三联书店 1994 年版，第 165 页。

[3]《国语·周语下》。

[4][5] J.L. 弗里德曼等著，高地、高佳译：《社会心理学》，黑龙江人民出版社 1984 年版，第 56 ～ 62 页。

[6] 王昀：《浅谈“气”与四合院建筑形制的发展》，《新建筑》1988 年，第 19 期。

[7] 王昀：《四合院建筑形制的同构关系初探》，《新建筑》1987 年，第 3 期。

[8] 刘克宗、孙仪主编：《江南风俗》，江苏人民出版社 1991 年版，第 138—140 页。

[9] 李长杰主编：《中国传统民居文化》三，中国建筑工业出版社 1995 年版，第 78—84 页。

[10] 潘新新：《雕花楼》，哈尔滨出版社 2001 年版，第 165—173 页。

# 第六章
# 镶嵌性文化的传统建筑

建筑被誉为“凝固的音乐”、“立体的画”、“无形的诗”和“石头写成的史书”。存留下来的建筑见证了人类文化的方方面面，当然也包括性文化。本章从建筑遗存中的性文化表现、公共性交易与建筑、私密空间与性、宗教建筑与性、中国历史上的贞节牌坊等五个方面阐述建筑与人类性文化。

## 一、建筑遗存中的性文化表现

**人类性文化与建筑表现**　原始人类的基本活动集中于生产活动和性活动，所谓食色性也，反映人类基本的本能需求，许多原始民族的语言中，吃和性交都用同一个词表达。性能力关乎到氏族繁衍，性崇拜出现在那个时代就不足为奇了。古代巴比伦城巨塔里面供奉的高大性交偶像、南美俯拾皆是的印第安人的性交崇拜图画、印度的卡久拉霍（Khajuraho）性爱神庙……，性崇拜文化遍及全球早期人类的遗迹之中。

人口繁衍价值取向为我们留下了生殖器崇拜遗物和遗迹，乃至现实生活的行为，例如巴西印第安人通常裸露生殖器。《圣经》也有反映古人对生殖器的重视，《旧约·申命记》第二十五章记载：“若有二人争斗，一人的妻前来握住打她丈夫的人的‘下体’，要救丈夫脱离打他的人的手，你就当砍断那妇人的手，而不可怜恤她。”

在古代希腊和罗马的雕像中，都突出了男子的生殖器。古希腊的黑梅斯神像，就是木制或石制的男子阳具立像，竖立在路旁或树下，妇女奉之为怀孕神。

意大利各处还将大阳具模型装在花车上，覆以花环，民众排成行列游行街市。

印度卡久拉霍神庙性文化雕塑

印第安人图腾柱对人类生殖繁衍的崇拜

**中国性文化与建筑表现**　作为人口大国的中国，性文化十分丰富，汉唐强大和繁荣带来的自信，以及佛教中的欢喜佛影响，中国人性观念表现出东方式从容，袒胸露乳形象十分常见。及至民间，更是自由，所以在建筑中留下了大量的性文化遗存。今天还可以看到保留完好的古代青楼、浴池和建筑构件等。贞节牌坊的出现与特定的经济形态有关，特别是晚清鼓吹妇女为亡夫守节，出自保全家族财产和势力的目的，皇家敕封起到了推波助澜的作用。

中国建筑构件中的性文化

## 二、公共性文化建筑

人类从群婚到一夫一妻制，象征人类文明的进步，作为制度，表现了社会公共原则的制约性。然而，任何制约总会受到被制约一方企图突破的冲击，在一夫一妻（包括一夫多妻）制国家，总是存在某些不安于婚姻制约的人，特别是从事商业活动的人对性的需求，于是公共性交易场所以性补充角色出现了。性交易虽然违背道德原则甚至违背法律，但是出于性商业的高额税收利益，得到了某些地方法律的认可或者地方政府的默许，在商业发达的国家和城市更是如此。

**性建筑起源**　妓院是人类进入父系社会以来的社会事实，已无可回避。据史书记载，中国最早的妓院始建于春秋时期的齐国，是中国早期改革家管仲的杰作，并由此成为中国妓院的滥觞，也成了古代城市不可缺少的公共环节。虽然妓院早已成为一些国家城市不可缺少的公共建筑，但在中国古代，却没有建筑学家专门研究妓院建筑的设计。倒是西方人把妓院列为设计的重要篇章，法国18—19世纪建筑师勒杜（Ledoux Claude Nicolas），因为设计了一个平面呈男性生殖器形状的妓院，被称为“隐喻风格”和“表现主义”的先驱，说他开创了“会说话的建筑”先例。

风流总被雨打风吹去，中国昔日红粉飘香的烟花柳巷早已成为历史遗迹。正是建筑的可保留性，残存下来与性文化纠葛的建筑，为我们提供了解过去性文化仅有的一个窗口，古代青楼就是一个实例。

**古代青楼**　青楼建筑风格大致是：建筑多为两层，既分隔又贯通，分隔适应隐秘的要求，贯通适应服务的要求；建筑重雕饰布置，通过艳丽布置营造欢娱气氛，大城市和商业重镇尤其如此。中国以外的东方国家妓院，虽然在建筑结构上与中国妓院建筑有所差异，但在私密性、服务性以及娱乐性三个功能方面大致相同。

青楼一词，原来的意思是用青漆粉饰的楼。清代袁枚《随园诗话》中说："齐武帝于兴光楼上施青漆，谓之青楼"，并指出："今以妓院为青楼，实是误矣。"可见，"青楼"起初所指并非妓院，仅仅是比较华丽的屋宇，有时甚至作为豪门之家的代称，《太平御览》、《晋书》和魏晋南北朝的许多诗文中的青楼都是这个意思，故三国时曹植有诗云："青楼临大路，高门结重关"，在汉魏时期，青楼应是褒义词。

由于"华丽的屋宇"与艳丽奢华的生活有些关系，所以不知不觉间，青楼的意思发生了偏指，开始与娼妓发生关联。最早称妓院为青楼则出自南梁刘邈的《万山采桑人》一诗，内有"娼女不胜愁，结束下青楼"。至唐代，青楼两种意义仍参杂错出，甚至有一人之作而两意兼用的例子。如韦庄《贵公子》"大道青楼御苑东，玉栏仙杏压枝红"，与大道、高门相关，而与艳游、酒色无涉；而杜牧《遣怀》诗："十年一觉扬州梦，赢得青楼薄幸名。"《警世通言·杜十娘怒沉百宝箱》："〔孙富〕生性风流，惯向青楼买笑，红粉追欢。"和《捣练篇》"月华吐艳明烛烛，青楼妇唱捣衣曲"，则指妓院。宋、元以后，青楼的偏指大行于世，反而成了烟花之地的专指，不过比起平康、北里、章台、行院等词更为风雅。清纪昀《阅微草堂笔记·槐西杂志四》："姬蹙然敛衽跪曰：'妾故某翰林之宠婢也，翰林将殁，度夫人必不相容，虑或鬻入青楼，乃先遣出。'"

中国古代妓院有许多别称，一、二等妓院的名字以"院"、"馆"、"阁"命名，如潇湘馆、莳花馆、松竹馆、环采阁、云良阁、鑫雅阁、满春院、美仙院、美锦院、新凤院、凤鸣院、群芳院、美凤院、贵喜院、怡香院、贵香院、聚千院等。三、四等妓院多以“室”、“班”、“楼”、“店”、“下处”命名。如金美楼、金凤楼、燕春楼、茶华楼、兰香班、泉香班、三福班、四海班、桂音班、金美客栈、久香茶室、双金下处、全乐下处、月来店下处等。青楼较之妓院的其他别称多了些许形象感和风雅气息。

明朝人张岱《陶庵梦忆》中记述了秦淮风月建筑：“秦淮河河房，便寓、便交际、便淫冶，房值甚贵，而寓之者无虚日。画船箫鼓，去去来来，周折其间。河房之外，家有露台，朱栏绮疏，竹帘纱幔。夏月浴罢，露台杂坐。两岸水楼中，茉莉风起动儿女香甚。女各团扇轻纨，缓鬓倾髻，软媚着人。年年端午，京城士女填溢，竞看灯船。好事者集小篷船百什艇，篷上挂羊角灯如联珠，船首尾相衔，有连至十余艇者。船如烛龙火蜃，屈曲连蜷，蟠委旋折，水火激射。舟中镦钹星铙，宴歌弦管，腾腾如沸。士女凭栏轰笑，声光凌乱，耳目不能自主。午夜，曲倦灯残，星星自散。”

中国古代几个尚可寻迹的青楼建筑是：

余家冲康乐门绍兴班。位于湖南洪江古商城余家冲康乐门，始建于清咸丰末年（1860年），是清代高级妓院“堂班”之一，专供豪商巨贾、达官贵人声色娱乐，其间妓女多为高级艺妓，才貌俱佳，尤以“琴、棋、诗、画”四大名妓闻名遐迩。整个建筑三进三层，层楼走道封闭，分隔有致，隐蔽性强，每层均单开出入道口与楼梯，称为“暗道”。楼内装饰用料讲究、富丽堂皇，建筑风格具有鲜明的行业特征。现绍兴班已整旧如故，内辟有中国古代青楼文艺表演，是了解我国青楼文学、文化与社会生活的实例。

皤滩古镇春花院。位于浙江省仙居县城西约25公里处。早在公元998年前，这里就因水路便利成为永安溪沿岸的一个繁华集镇，至今仍保存三华里长，鹅卵石铺砌的“龙”形古街。春花院外墙上“色赛春花”四个字至今依稀可辨，院内雕栏玉砌犹存。春花院有房三十多间，大小天井三个，后花园一个，占地五亩多。春花院的建筑与古街上其他建筑不同，带有古代妓院的特色：正堂屋檐下的地面上，用鹅卵石镶嵌成九个铜钿，环环相扣，暗示这里是有钱人来的地方；中间一朵鲜花，暗示这里的姑娘十分漂亮。还有一种说法，这朵鲜花，象征着姑娘的芳心，只要你有钱，就能得到她；正堂檐下的角柱上雕饰着双喜字样，意思是你踩上脚下的九连环，得到小姐的芳心，你一定会大喜过望；正堂八扇大门上的漏窗中心，都有一组雌雄配对的动物；中院厢房为喝茶听歌场所，相当今天的包厢。梯形的天井用鹅卵石镶嵌成双狮争钱图案，后花园过道的天井又是一幅九连环叠钱图案，其铜钿直径为1米以上；二楼有高及一尺的美人靠，当年不少年轻女子曾在此倚栏卖笑，春花院磨损严重的地板记录了往昔喧闹的场景。

宏泰坊。位于有“小汉口”之称的湖南省望城县靖港镇，1733年开张营业。“宏泰坊”为砖木结构建筑，共三进，建筑面积达到788.8平方米，是湖南省最早的休闲娱乐场所之一，现临街前栋已被完全拆除。

花居雅舍。位于浙江省海宁县盐官镇。传说宋朝名妓李师师，在徽、钦二宗被俘后，为金兵统帅闼懒所得，吞金簪自杀，后被一老尼救起，逃往浙江。这期间，李师师曾在盐官流落一年，开设“青花醉月楼”，教习歌舞，使盐官妓业兴盛一时。后来，这座楼屡毁屡建，却始终保留了浓浓的脂粉气息。现存“花居雅舍”为清代建筑。李师师虽为青楼女子，在金兵统帅面前却表现出坚贞气节。盐官古镇还收容过董小宛和冒辟疆，冒辟疆所著《影梅庵忆语》记载两人曾在逃难途中流落到盐官，居住过一段日子。至于二人与“花居雅舍”有否联系，则无史可查。

花居雅舍为两进两楼的木结构建筑，前后各有一个天井，而前后两进房子，无论楼上楼下，四周环通。花居雅舍修复后已开辟为青楼文化陈列馆对外开放，两进分别布置“青楼”和“红粉”内容。第一进“青楼”部分主要展示与青楼及青楼女子相关的内容，楼上楼下各两个厢房分别展示青楼与音乐、文学、名士、历史有关的物件，底楼和二楼的大厅重现当年的公共娱乐场所的情景；第二进“红粉”部分主要展示青楼女子的生活场景，包括她们洗澡的浴室、敬神的场所、睡觉接客的房间等，同时还辟出有关性文化的陈列室。

浙江盐官青楼

## 三、建筑的私密空间

原始人类的居所，大部分都仅有单独一间，遮蔽简单。随着物质条件改善和文明进步，内部开敞的居住模式逐渐走向消亡，取而代之的是建筑走向功能分区，特别重视私密布置。私密空间相对于客厅、起居室、餐厅、厨房这些共享空间而言，特指浴室、卧室、梳妆间，建筑的私密空间出现是告别群婚制后一夫一妻制的必然结果。

**浴室** 世界许多地方有男女共浴的风俗，在当地人看来，男女共浴只是一种寻常的社会习惯。欧洲国家、中国、日本则有自己独特的洗浴文化，建筑为我们提供了性观念的记录。

中国公共浴室与性关联的记载几乎没有，只见唐代唐玄宗与杨贵妃共浴华清池的记载。华清池作为古代帝王的温泉浴室已有三千多年的历史，相传西周的周幽王已在这里修建离宫，后秦、汉、隋各代先后重加修建，到了唐代又数次增建，名曰汤泉宫，后改名

华清池

温泉宫。因华清宫在温泉上面，所以也称华清池。有一建筑在冬天利用温泉水在墙内循环制成暖气，每当雪花飘舞时，到了这里便落雪为霜，故名飞霜殿，它曾是唐玄宗和杨贵妃的寝殿。华清池经历代战争，原来的建筑都已毁塌，现在的建筑均按照历史记载于1959年重建而成。

华清池温泉共有4处泉源，在一石券洞内，现有的圆形水池，半径约1米，水清见底，蒸汽徐升，脚下暗道潺潺有声，温泉出水量每小时达113吨，水无色透明，水温常年稳定在43度左右。水源一处发现于西周公元前11世纪—前771年时代，另外三处是建国后开发的。水内含多种矿物质和有机物质，有石灰、碳酸钠、二氧化硅、氧化铝、硫磺、硫酸钠等多种矿物质。骊山温泉、千古涌流，不盈不虚。温泉水不仅适于洗澡淋浴，同时对关节炎、皮肤病等都有一定的疗效。沐浴场所，设有尚食汤，少阳汤，长汤，冲浪浴等高档保健沐浴场所，经不断扩建，现浴池建筑面积约3000平方米，各类浴池一百多间，一次可容纳近400人洗浴。

“海棠汤”，俗称“贵妃池”，始建于公元747年，因平面呈一朵盛开的海棠花而得名。杨贵妃在这浴池中沐浴了近十个春秋。“莲花汤”是玄宗皇帝沐浴的地方，占地400平方米，是一个可浴可泳的两用汤池，充分显示了至高无上、唯我独尊的皇权威严。改建的池底有一对双莲花喷头同时向外喷水，并蒂石莲花象征着玄宗、贵妃的爱情。“星辰汤”修建于公元644年，是唐太宗李世民沐浴的汤池，池壁模仿自然界山川河流的造型修建。传说原为露天，沐浴可见天上星辰，故名“星辰汤”。“太子汤”是专供太子沐浴的汤池。“尚食汤”是专供尚食局官员沐浴的汤池。

老汤池

据记载，唐玄宗从开元二年（714 年）到天宝十四载（755 年）的 41 年时间里，先后来此达 36 次之多。唐代诗人白居易在《长恨歌》中用“春寒赐浴华清池，温泉水滑洗凝脂。侍儿扶起娇无力，始是新承恩泽时”的诗句，来描写杨贵妃在芙蓉汤沐浴后的娇态。

**卧室** 卧室是供人睡觉、休息或性生活的地方。据统计，已婚夫妻 93% 的性活动时间在自家卧室中度过，为此卧室的私密性很重要。卧室要求安静、隔音，须采用吸音性好的装饰材料；门上最好采用不透明的材料完全封闭。卧室装修布置体现以下共同特点：装修风格简洁。卧室属私人空间，不向外人开放，所以卧室装修简洁实用；色调、图案搭配和谐，装饰材料偏暖色调，给人以欢快、喜庆、典雅、温和的感觉；照明多用黄色的灯光给卧室增添愉悦浪漫情调。

从性心理学角度讲，夫妻对卧室环境要求有安全感、温馨感和有性刺激的布置。古代新婚嫁妆中会有

春宫画

性启蒙

一些性生活启蒙的书画，如汉代新婚卧室的屏风后挂与性相关的字画；妻子用的铜镜后面有性交图样；还有各种性交姿势图例的房中术书籍放在新娘的嫁妆中，以此作为性生活引导，至19世纪，春宫图卷仍是新娘嫁妆的一部分。

**卫生间** 厕所来源于古语，厕同侧，所以厕所修在院子的最边处。古人上厕所叫如厕，这一叫法沿用至清朝。洗手间和卫生间只是现代人文明的说法。

性研究发现，性快感与美感的发生一样，来源于“异”，所以卫生间有时也会成为人类性行为的场所。2007年6月美国联邦参议员拉里·克雷格在明尼苏达州明尼阿波利斯—圣保罗国际机场的卫生间涉嫌做出“猥亵行为”，当场遭便衣警察逮捕。这个事件从一个侧面充分说明这点，以此推论，任何空间都可能成为人类发生性行为的地方。

## 四、贞节牌坊

牌坊是古代官方的称呼，俗称牌楼，是中国纪念性建筑，贞节牌坊则是中国性文化的标志性建筑。据考察分析，牌坊在周朝的时候就已经存在，旧称“衡门”。《诗·陈风·衡门》：“衡门之下，可以栖迟。”可以推断，衡门——以两根柱子架一根横梁的结构至迟在春秋中叶已经出现。贞节牌坊则是从一个侧面记录了所在时代的性文化片段。

封建社会妇女为夫守节陋习，自宋朝中期以后开始盛行，明、清愈演愈烈，成为中国历史上禁欲最甚、对女子性压迫最严重的时期。宋朝中期的程朱理学实际上是推手，《近思录》有一段记载：“孀妇于理，似不可取；如何？”伊川先生（即程颐）曰：“然，凡取以配身也，若取失节者以配身，是己失节也。”又问：“人或有居孀贫穷无者，可再嫁否？”曰：“只是后世怕寒饿死，故有此说。然饿死事极小，失节事极大。”归结为一句话就是“存天理，灭人欲”。

统治阶级大力提倡女子为夫守节，编写“女子读物”如《内训》、《训女宝箴》、《古今列女传》、《闺范人》、《母训》等；明太祖朱元璋颁布了中国有史以来第一个嘉奖贞节的特别命令，规定：“凡民间寡妇，三十以前，夫亡守志，五十以后，不改节者，旌表门闾，除免本家差役。”《大明会典》卷七十八：《旌表门·大明令》中许多奖励形式，如立贞节牌坊、烈女祠，甚至以“诰命”褒奖“相夫教子”或“立节完孤”的女子。

**安徽歙县贞节牌坊**　歙县，古称徽州，是徽州文化的发祥地。歙县牌坊是徽州文化的重要遗存，据不完全统计，自唐至清，歙县建有牌坊140余座，为全国罕见。目前，保存完好的牌坊仍有80余座，其中著称于世的节孝坊35座，忠义坊30座。这些牌坊表面大同小异，细察则各具特色，形象各异，有冲天柱、有两柱、四柱，也有八柱。由于造型优美，与徽州的古祠堂、古民居被人们誉为徽州三绝。

安徽歙县棠樾贞节牌坊群

据《民国歙志》记载，徽州妇女节烈之风尤甚，有“相竞以贞，故节烈著闻多于他邑”之说。在安徽歙县棠樾村，明清时成功的商人集中出现，有的甚至成为世袭的官商门第，“上交天子”，“藏镪百万”。这些富商出巨资在棠樾故里，大量修造宗祠和牌坊，维系宗族势力和秩序，光宗耀祖。

在棠樾村东端甬道上，井然有序地屹立着七座牌坊，蔚为壮观，这七座牌坊中，明代三座，清代四座。每座高 11 米，宽 9 米左右，均为明清时代徽商大贾鲍氏家族所建。牌坊按忠、孝、节、义顺序展开，都有皇帝御表，一律青石结构。每个牌坊按内容刻有“脉存一线”、“立节完孤”、“矢贞全孝”、“节劲三冬”等字，表彰儿子为母亲守节事迹。《民国歙志》记载，棠樾家族入志的烈女竟然高达 59 位。

四川隆昌贞节牌坊

**四川隆昌贞节牌坊** 隆昌位于四川东大门，从明代至清末，数百年间隆昌奉旨建起70多座石牌坊，现在还存留有17座保存完好的石牌坊。

隆昌牌坊群大多为四柱三门三重檐五滴水石质牌楼式建筑，平均面阔9米，通高11米，坊间距离最近处仅10余米。隆昌牌坊种类繁多，计有德政坊、百岁寿坊、功德坊、节孝坊、贞节坊、山门坊、镇山坊、嵌瓷坊等九个种类。

历史上隆昌县记载的节妇烈女很多，在清咸丰五年（公元1855年），朝廷颁旨旌表的隆昌县的节妇就达187名。光绪四年（公元1878年），皇帝又下诏旌表隆昌县的节妇161人、烈女1人、贞女1人、孝子1人。于是就出现了“多人共坊”和“男女共坊”的特殊景观。节妇烈女集中出现与官府引导有关，记载说当时由县令牵头，名流集资，成立“恤嫠会”，对凡是愿意守节的寡妇给予资助：十余岁、二十余岁守节者，每月帮钱六百文；三十余岁守节者，每月帮钱五百文……

贞节牌坊为维系社会稳定和家族秩序以及防止家族财产流失起到特殊作用，因此受到上至朝廷，下至家族的格外重视。

# 第七章
# 集体意识的公共建筑

公共建筑的特征是公共性，既不属于官家，也不属于个人。由于处于公共场所，反映出官家与私人以外的第三种文化状态，折射出人类文化一个重要侧面，蕴含了一个民族的社会习俗、集体意识，建筑文化只有包含公共建筑文化，才算完整。

## 一、华表：从“意见簿”到皇家建筑标志

元代以前，在道路口出现作为指示标志的木柱，顶部安有十字形木板，上方立木刻白鹤，远看似一朵花，汉字“花”通“华”，“表”通“标志”，故称华表。

后来华表改为石制，其作为道路指示的功能开始退化，演化成装饰性建筑附件，如卢沟桥头的华表。另一方面华表逐渐为皇家宫殿、陵墓专用，望柱周身刻有云龙纹，象征等级和地位。

**民谏君**　奴隶制形成前有过一个部落民主政治时期，相传尧、舜、禹为了沟通与民众的对话途径，在交通要道和朝堂上树立木柱，让人在上面书写建议，称这个木柱为“谤木”，意思是发表建议的木柱，谤木象征政治民主。“谤木”是华表的前身。

**天安门华表**　天安门前后各有一对华表，华表顶端立石犼，犼性好望。天安门前一对华表的石犼面向外，寓意要帝王经常走出宫门，关心民众，不要沉湎于宫内生活，因而叫“望君出”。天安门后一对华表的石犼面向内，意思是提醒帝王不要迷恋外面世界，及早回宫处置政务，叫“望君归”。天安门前后的华表象征民众对君主的希望。

天安门前一对华表的石犼面向外，寓意要帝王经常走出宫门，关心民众，不要沉湎于宫内生活，因而叫“望君出”。

天安门后一对华表的石犼面向内，意思是提醒帝王不要迷恋外面世界，及早回宫处置政务，叫“望君归”。

走过佛教主殿前的桥，象征洗净凡俗世界尘土，然后进入圣洁的彼岸世界

## 二、桥：巫术与宗教信仰的实践

桥梁是江河两岸的连接物，具有供行人由此及彼的交通功能。由于桥梁连接此岸与彼岸，行人过桥意味着空间转换的完成，这种现象为精神世界借用，构成特殊的意象。在精神世界，桥意味着人事转折并向美好愿望方向发展。在佛教中，更有特殊的涵义。

**走桥习俗**　如农历正月十五，汉族有过桥求生育习俗，求生育妇女在这天晚上，走街串巷，凡桥必过，过桥时要用

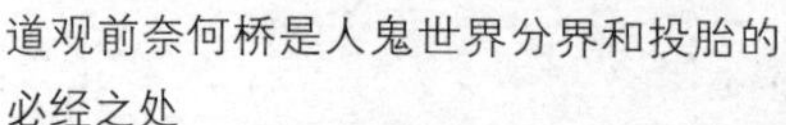

道观前奈何桥是人鬼世界分界和投胎的必经之处

紫禁城金水桥暗喻宫中帝王为神灵

手抚摸栏杆或捡桥面上砖块，以获取生育能力。许多地方又有农历正月十六连续走过三座桥的习俗，以此避瘟神和祈求新年顺利。

**宗教解释**　桥的象征义更多的为宗教利用，宗教界借用桥梁由此及彼的意象，象征凡俗世界进入神界的标志性界线物。宗教总是设计神鬼两套系统，神仙系统吸引你，鬼系统吓唬你，一拉一打引诱你虔诚皈依宗教。道教的鬼系统中有座奈何桥，守桥神灵叫“血河大将军”，两侧配有日游神和夜游神。奈何桥是进入鬼世界的第一道关卡，桥下阴森可怖，爬满了可怕的虫蛇，生前作恶太多的人将掉入桥下受惩罚。信仰者拜鬼神时，先在奈何桥前烧香焚纸，求死后神灵保佑顺利过桥。佛寺大雄宝殿前的香花桥和三世佛背面海岛观音塑壁上的仙桥，是进入神界的象征性标志。

台湾人对桥的神秘魔力迷信达到了顶峰，台南县每年举办大规模的过七星桥活动。七星桥也叫七星灯或平安桥，也有称呼为“祥龙桥”、“金龙桥”，该活动真正的全称是“七星桥解运消灾大法会”。传统做法是经过一套仪式步行过七星桥以获神佑平安。北斗七星的概念由“五斗星君”而来，即东南西北中五方斗宿，台湾人认为“星神就是文官武将的神魂”，故顶礼膜拜。七星平安桥是座木桥或铁皮桥，传统的七星桥外观是有栏平桥或拱桥，七个台阶象征七星，桥面样式按五行五方铺设画有符箓的“五色布”，为青、红、白、黑、黄，台南市鹿耳门天后宫则用全黑布，取北方玄武黑帝之意。整座七星桥缀满彩球、彩灯或宫灯、黄纸、符纸、八仙彩及写有星名的三角形“北斗七星旗”，桥顶一般不布置，隆重的则盖上五色布、七色布或大红布。

桥头设龙门作为入口，桥尾设虎门为出口，寓意除魔驱邪、纳福消厄。门前放一生火炭烘炉，供行人跨步，可以辟邪净身。桥头尾两柱书写对联，增强气氛，如台南市土城圣母庙七星桥的对联为：

佛圣法刀消灾厄隆祯祥合家平安

桥登心静除凶星布遐福满门吉庆

七星驱邪佑平安

法桥步上消百劫

台南县北门乡蚵寮保安宫的七星桥对联为：

保我步桥赐百福

安心礼佛庆消灾

台南县北门乡永华村兴安宫七星桥对联为：

兴邦国龙门桥多渡众

安心神虎口架见消灾

台南县麻豆镇南势里义衡殿的七星桥对联为：

金光灿烂添富贵

祥龙飞舞兆丰年

桥下正中央依北斗七星的方位排列七盏油灯（或蜡烛），斗柄朝北，灯心朝外，长燃不熄。油灯两旁依次陈列四果、酒和小三牲，桥头熟食供神明，桥尾生食供星神。四周用布块、木板圈围，严禁闲人打扰。

香案的位置各地不同，香案上供祀庙宇主神和具有招神最高法力的“五雷号令”配合七天真君，增强神力。

祭桥或安桥的仪式，有道士、乩童、手轿、四轿主祭等多种，除了道士、“红头仔”尚有念咒安符请神，其余都仅作绕桥和上桥仪式，主祭者过桥后表示“好星招降临，歹星走离离”，跟着就开放通行。

过桥仪式有几个步骤：

1．烧金点香拜神明。

2．缴费领取解厄纸。解厄纸即解运纸，象征解运者的本命元神，亦即以纸人作为“替身”，缴费统一价格有50元和100元两种，“自由乐捐”的“添油香”者另外自定数额。

3．跨过烘炉过龙门。

4．漫步过桥拜星神。循桥而上，一一点头或躬身祭拜代表星神的“北斗七星桥”。

5．步出虎门跨烘炉。由虎门走出，再跨门前的烘炉，以求“红焰”永远旺盛。

6．解运消灾报平安。主持解运者一面以手中法器在善信身体前后上下擦拭、围绕，接着在厄纸上哈气，一吐往日的秽气，最后再接受代表主神的手擦点香增强神力。

7．衣盖神印喝符水。解运后，接受庙中神职人员在衣服上盖主神红印，以示神明永随在侧，然后喝一杯含有香灰的符仔茶。

8．香火过炉添香油。最后领取“符仔纸”或“香火袋”，在神坛的香炉上绕三圈，以示“过炉”附着神力，携身保平安。

1987年元旦是台南县麻豆代天府重建三十周年纪念日，这年的七星桥活动规模特别大，别出心裁在人行桥两侧用水泥砌出陆桥，一侧供摩托车通行，另一侧供轿车通行，以此吸引远客驾车前来。过桥费是：人行七星桥每位100元，摩托车过七星桥每辆200元，轿车过七星桥每辆300元。有采访者作了现场描述：

摩托车、轿车先缴过桥费，领取装饰香火练，驱车上桥，在桥上停留片刻，接受星神庇荫。下桥后在神坛前停车，将香火练交给管理员绕炉三圈，行过炉仪式，神坛供奉五王副身，人行桥神坛多两支能召唤神灵的"五雷号令"。在神坛前行了过炉仪式后，就象征香火练从此开始具有五王神力，放在车上可永保平安。

人行七星桥方面，善信缴费后领取香火袋和所属十二生肖的解厄纸一张，如属蛇即拿蛇形纸。上桥后向诸位星君鞠躬或膜拜。十二生肖解厄纸与生肖相对，共十二张，印有生肖形，高18厘米、宽7厘米，用竹片支撑，代表人的本命之神，相信今世的晦气厄运，可由其代为承受而消失。

走过七星桥后，在桥尾坛前接受道士的解运。道士头戴黄色道帽，身穿黄色道袍，一手拿拂尘，一手执五营旗，解运时一面挥动五营旗在信徒身体前后或所持衣物上下作法，一面口念解厄咒："奉请天官解天厄；地官解地厄；水官解水厄；火官解火厄；四神解四时厄；五帝解五方厄；南神解本命厄；北斗解一切厄，敕！"

"敕"时，挥动拂尘绕头一圈，以扫信徒霉运，由信徒张口在解厄纸上哈气，吐尽此前所有秽气，最后香火袋绕香炉三圈行过炉仪式而结束。

家喻户晓的牛郎织女故事也与桥象征相关。故事说凡间有一贫苦孤儿，以放牛为生，备受兄嫂虐待。但他勤劳忠厚，一天，貌美善织的仙女（王母娘娘的外孙女），下凡在河中洗澡，牛郎在老牛帮助下，拿走织女衣服，最后两人发生爱情。婚后男耕女织，生下一儿一女，生活十分幸福。天帝获悉大怒，将织女捉回天庭。牛郎情急之下，披上牛皮随后追去，半路被王母娘娘拦住，并用金簪将夫妻二人划在银河两边。每年七月七日夜晚，银河两边由许多喜鹊搭起一座桥，供牛郎织女相会。颐和园十七孔桥两岸以此故事为蓝本布置。鹊桥象征夫妻分居，相会困难。

桥在风水术中有特殊意义。风水术严禁住宅西北方向架设桥梁，认为桥对住宅形成冲克，会使家人怯弱或财产损失。《阳宅十书》写道："一桥宅厅前，左右相同后亦然，不出三年并五载，家私荡尽卖田园"。相反，个别方位建桥却能招福，如南面有桥不忌，东面有桥人家平安。村镇水流入口处更要架桥，用来关锁"生气"，为全村镇风水之关键。苏州甪直唐朝诗人陆龟蒙的墓地，在两侧各建有小砖桥一座，这是明代根据风水先生指点增设，认为如此可改善风水，使后代荣华富贵。

**上海立交桥龙柱**　上海延安中路重庆路高架桥墩上装饰的鎏金龙纹向为市民街谈巷议的话题，成为上海大都市的一道独特风景线。相传20世纪90年代中，上海为了实现贯穿上海市东西南北中的"田"字格局，进行重庆路高架桥建设，当工程进行到关键的东西高架路与南北高架路交叉联接的接口时，高架路主柱的基础地桩无法打下去。无奈之下请出静安寺大和尚作法，事毕大和尚告知打桩时辰，不日，便神秘圆寂。工程队按照大和尚吩咐，地桩竟然顺利打了下去，完全符合设计标准，高架工程终于完成。这段传说难以证实，但是柱身的龙纹还是留下了多种议论，有的认为在高度现代化的上海，惟有重庆路高架桥墩采用了传统的龙纹样，既突兀又与环境不协调。也有称赞这

上海延安中路重庆路高架桥柱以龙纹装饰，象征某种愿望

是象征上海是一条正在腾飞的巨龙。上海延安路重庆路高架桥龙柱证明建筑是功能、人的心理活动和历史文化的综合体。

### 三、中山陵：革命没有远离传统

中山陵位于南京紫金山南麓，是中国民主革命的伟大先驱者孙中山先生的陵墓。紫金山一带，山峦重叠，蜿蜒起伏，当年诸葛亮看后，曾赞叹道："钟山龙盘，石城虎踞，真帝之宅。"后明朝朱元璋就在南京建都，并建陵墓于紫金山麓，是为明孝陵。

1912 年，孙中山辞去临时大总统一职，一日，约胡汉民等人出游，经过紫金山麓时，深觉气象不凡，不禁对胡汉民等人说："待我他日辞世后，愿向国民乞此一抔土，以安置躯壳尔。"孙中山逝世后，国民党决

定，遵照孙中山遗愿在紫金山麓兴建中山陵，供世人瞻仰。

**警世钟**　中山陵平面形似一口大钟，设计者吕彦直在他撰写的设计说明中说："其范界略呈一大钟形。"[1] 评委们对此大感兴趣，李金龙说："……适成一大钟形，尤为有趣之结构。"[2] 另一位评委凌鸿勋在评判报告中也提到这点，他写到："且全部平面作钟形，尤有'木铎警世'之想……"[3] 吕彦直设计方案中的平面象征义成为中标的重要原因之一。孙科在向国民党二大报告关于中山陵建造筹备情况时特意介绍说，陵墓形势，鸟瞰若木铎形，中外人士之评判者，咸推此图为第一。

中山陵建筑平面图像警钟，警钟长鸣象征孙中山为革命奔走呼号，唤起民众的战斗生涯

大钟形平面，恰好在寓意上与中山陵内容相合。孙中山先生革命生涯中始终为"唤起民众"奔走呼号，警醒世人，领导国人摆脱落后。他领导的一系列革命活动，充满了曲折，经常告诫大家："革命尚未成功，同志仍须努力。"钟形平面象征"警钟长鸣"。

中山陵建筑的民族风格象征中华民族精神。《征求陵墓图案条例》强调祭堂经采用中国古式而含有特

传统建筑风格象征中华民族精神，石阶象征三民主义和五权宪法

殊纪念性质，其他不可与祭堂建筑风格悬殊太大。整个建筑除墓室借鉴西洋做法，其他如祭堂、牌坊、陵门、碑亭、华表、石狮、铜鼎等建筑都富有民族特色。中山陵建筑和孙中山先生一样，象征中华民族的精神。评委凌鸿勋把中山陵看做具有政治意义的象征物，他说："窃以为孙中山先生之陵墓，集吾中华民族文化之表现。世界观瞻所系，将来垂之永久，为近代文化史上一大建筑物，似宜采用纯粹中华美术，方足以发扬吾民族之精神。应采用国粹之艺术，施以最新建筑之原理，恐（巩）固宏壮，兼而有之，一足以表现孙先生笃实纯粹原（？）之国性，亦足以留东方建筑史上一纪念也。"[4]

中山陵许多建筑部分也具有象征义。从碑亭到祭室，花岗石石阶共 290 级，分八段，上层由三段组成，下层由五段组成。三段象征三民主义，五段象征五权宪法。《大中华文化知识宝库》一书说石阶共 312 级，象征孙中山 3 月 12 日忌日。陵门设三拱门，同样象征三民主义。祭堂有黑色石柱 12 根，象征一年 12 个月。

陵门以青色琉璃瓦作顶，青色与国民党旗帜青天白日图案寓意一致，象征清明

铜鼎象征气象更新和新生革命政权

石狮象征守卫

孙中山背影像口钟，象征“唤起民众”的革命生涯

陵门以青色琉璃瓦作顶，青色与国民党旗帜青天白日图案寓意一致，象征清明。陵门前一对石狮，表示守卫；平台上置铜鼎，象征革命政权。

**风水术眼光** 中山陵地址由孙夫人宋庆龄和孙科亲往紫金山勘察选定，没有风水先生参与，当然就没有所谓风水迷信成分。但有的人习惯以风水术眼光看陵墓，肇庆市周易学会在网站发表彭鸿峰《中山陵风水之我见》一文，文章写道：

中山陵位于紫金山中茅峰一高坡处，气势恢宏、古朴壮观，人称“风水好”。但按我的肤浅认识：我认为中山陵在“风水学”的角度是不合有关“好风水”的要求。现在就从龙、砂、水、朝、案几方面结合我们所学的知识进行分析。

所谓龙，中山陵背靠方山如屏，既是土星应是高大宽厚雄壮方可取，但此座屏风山确实太薄了，如“牛背屏风”，没有多大的气势。并且西边来龙，其灵气已在西边（即紫金山南麓）的梅花山北落脉，为明孝陵所得。此乃为紫金山第一灵气。余气经中山陵背而过，向东直散。

关于中山陵的砂、水：对于砂、水，前人有论：“山欲其凝，水欲其澄。山来水回，富贵丰财。山止水流，虏王囚侯；山顿水曲，子孙后代仟亿；山走水直，从人寄食”。意思是“墓周山凝、山来、山形顿回，止水澄清，流水绕曲，方留得墓穴生气，万代子孙兴旺发达”。再者，古有：“东山起焰，西山起云，穴吉而温，富贵绵延。其相反是，子孙孤贫。”

除了龙要势奔，砂要形止，龙要连绵起伏，砂要龙虎抱卫，即砂环水抱外，还需从阴阳配合，水火交媾的角度着眼。取其阴阳两气郁蒸而成吉穴。此为穴吉穴温之说也，不能如是不可为穴。现中山陵墓的砂左右不护——砂不环；水飞奔直去——水不抱。砂不环，水不抱便只有靠造林木作砂，实乃砂飞水走。

再说中山陵的朝与案：远为朝，近为案。朝山有正朝、横朝、物朝、斜朝、朝山重叠、孤朝、拱朝等。以排势生动、尖秀方圆、或重叠或朝拱有情为吉；以斜、孤、射、反背为凶。根据实地堪察，朝山无方圆重叠，无朝拱、也无斜、无射、无孤、无反背之象。故朝山方面不作凶论，也不足为吉。…… 我认为国民党的败北，土崩瓦解，不可收拾，与中山陵墓明堂倾泻旷野是很相像的。这便是一种应验。这对国民党及国民党政府来说，当然就是坏事，证明中山陵的“风水不好！”

这段文字穿凿附会，代表了风水术爱好者的眼光，不足为信。

**注释**

[1][2][3] 南京市档案馆、中山陵园管理处编：《中山陵档案史料选编》，江苏古籍出版社 1986 年版，第 51 页。

[4] 孙中山先生葬事筹委会编：《孙中山先生陵墓图案》，民国 14 年 10 月印。

# 第八章
# 涵义晦涩的装修及附件

相对而言，装修和建筑附件是反映生命愿望和等级较直观的部分，它不像数字、方位那样高度抽象，而是以具象的方式表达，一幅图案或一件东西背后总有故事或传说作寓意。内容集中于房主最关心的三类问题：防火、驱邪、吉祥。

## 一、象征防火

传统建筑都是砖木结构，失火事件频频发生，防火成为古代人考虑的首要问题。建筑许多部位出现象征性布置，希望借助神秘力量遏制火灾。

脊饰像鱼尾激浪，象征压火

用金属做门扣，相信金生水可以压火

**脊饰** 《唐会要》中说："汉柏梁殿灾后，越巫言海中有鱼虬，尾似鸱，激浪即降雨，遂作其像于屋上，以厌火祥。"西汉时用作脊饰。脊饰作鸱尾激浪降雨状，象征压火。

**悬鱼** 古建筑悬山、歇山顶的山尖部分设博风板，刻鱼形和水草图案象征水，叫"悬鱼"和"惹草"，以压火。

**藻井** 宫殿、寺庙或重要建筑室内顶棚常装饰成井字凹进面，并绘上水草，象征水井压火。

**金属构件** 五行说认为金能生水，建筑多用铜柱、铜泄水漕溜、铜门楣、铜铰链等金属构件象征压火。

## 二、象征驱邪

古代人不能解释某些现象，陷入宗教迷信之中。他们特别畏惧鬼魂和其他神秘力量作祟，祈求平安免遭横祸成为生命中的一件大事。与人生活密切的住房，安排各种符号图案甚至建筑附件表示驱邪。

**山墙** 是双坡屋面房屋两侧上部墙面，呈山尖形，用以搁置檩条。用于隔火时，叫封火墙。许多地区把山墙做成金、木、水、火、土五种星形，星形的选取，按阴阳五行相生相克原理，视房屋周围环境和房屋方位而决定。取山墙星形象征驱邪祈福。

**兽环** 即门环，相传鲁班在河边等候螺从壳中钻出，把它画下来，但螺始终紧闭不出，也无法打

视房屋五行情况选取山墙星形，象征驱邪祈福。网师园山墙属五行“金”，取金生水之意，克制火灾发生

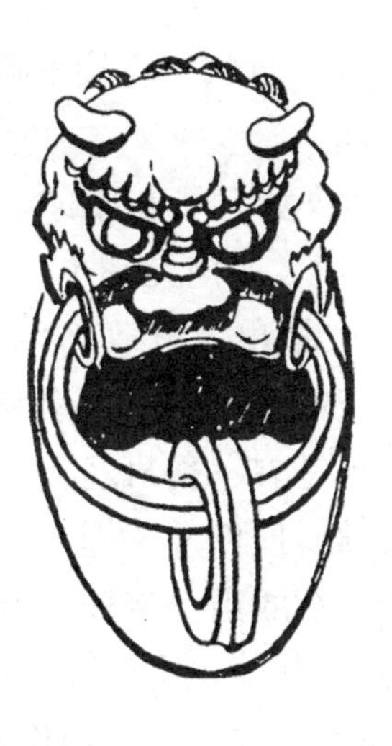

门扣用猛兽形象借以驱邪护宅

开，鲁班受到启发，用螺的头形做成门环寓意大门紧闭保险。后人又做成虎、螭、龟、蛇等各种形象，借其寓意镇宅辟邪。虎，《风俗通义·祀典》：“虎者阳物，百兽之长，能执搏挫锐，噬食鬼魅。”汉唐画虎于门，以镇妖邪。螭，山神兽形，若龙而黄，被奉作辟邪神物。宋祁《笔记》卷上：“会天子排正仗，吏供洞案者，设于前殿两螭之间，案上设香炉。”龟和蛇象征吉祥和保护平安。

**石敢当**　若家门正对桥梁、路口就要立一石碑，上刻“石敢当”三个字，可以禁压不祥，防止凶煞长驱直入家门作祟。除此也立于沿海、山区作平浪、压风之用。

民间传说在黄帝时代，蚩尤联合南方苗民企图推翻黄帝。蚩尤有 81 个铜头铁额的兄弟凶猛无比，头角所向，玉石难存，黄帝迎战屡遭失败。一日蚩尤登泰山，自称“天下谁敢当?”女娲遂投炼石以制其暴，上镌“泰山石敢当”。于是黄帝遍立泰山石敢当，蚩尤军队胆战心惊，望石而逃，终于兵败涿鹿。民间还传说石敢当为一人名，山东泰山人氏，他胆大勇猛，善捉妖邪。

泰山石敢当辟邪

四方乡邻请其捉拿妖邪，石敢当应接不暇，遂想出石刻其名立于当冲处辟邪。

石敢当考证出自西汉黄门令史游的《急就章》，唐颜师古注解释说："敢当，所向无敌也。"又宋王象之在其书《舆地纪胜》中指出，石敢当用来"镇百鬼，压灾殃"，可使"官吏福，百姓康，风教盛，礼乐强"。石敢当制成石碑状，尺寸在《鲁班经》中有记载：高四尺八寸，宽一尺二寸，厚四寸，埋入土中八寸。上刻"石敢当"或"泰山石敢当"字样，沿海地区常有"止风"、"止煞"字样。其他也有刻"太极八卦"、兽头等图案。立石敢当必依《鲁班经》而作：

> 凡凿石敢当，须择冬至日后甲辰、丙辰、戊辰、庚辰、壬辰、甲寅、丙寅、戊寅、庚寅、壬寅，此十日乃龙虎日，用之吉，至除夕用生肉三片祭亡，新正寅时立于门首，莫与外人见，凡有巷道来冲者，用此石敢当。

**门神**　门神有很多，但不出驱邪、祈福两类。北京民居院门口的武将门神多为唐代名将秦琼与尉迟恭。传说唐太宗即位后，身体极差，夜间多做噩梦。常见

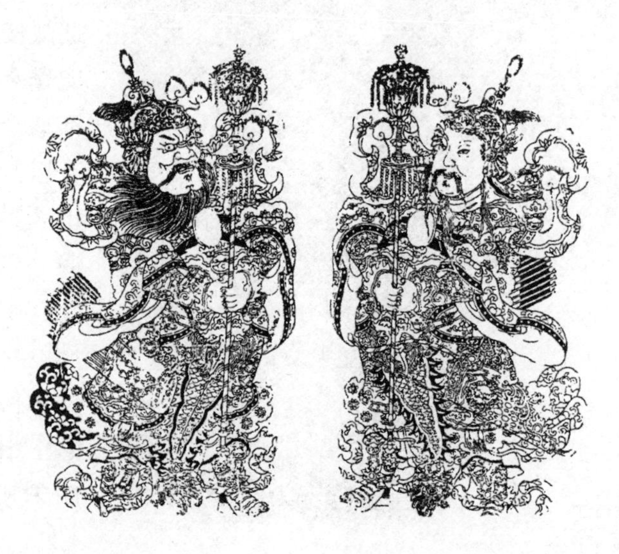

门神驱邪

神荼、郁垒在桃树下审查百鬼，成为桃木辟邪的来历

群魔在寝殿内外抛砖扔瓦，凄厉呼叫。群臣建议让元帅秦琼与大将军尉迟恭二人每夜披甲持械守卫于宫门两旁，果然，太宗不再梦见闹鬼。太宗念秦琼、尉迟恭二将日夜辛劳，便让宫中画匠绘制二将戎装像，怒目发威，手持鞭锏，悬挂于宫门两旁。后流传民间，人们在画像两边添加一副对联："昔为开国将，今作镇宅神"，与画像一起贴在门上，镇守宅门。

门神在台湾与灶神同列为民间祭祀的对象。门神的职责是看门护家，拒绝邪恶进门，他被画成双目怒视，左手握大刀，右手攥拳的武士形象。最早的习俗是把一块桃木放在门上作为门神，古人认为桃木能驱邪逐鬼，用桃木做剑就可以斩妖除魔，门上挂块桃木即可保全家平安，这块桃木人称"桃符"。这一信仰的产生与一则传说有关。据说上古时候，东海度朔山上有一棵巨大的桃树，蟠屈千里，桃树北边是鬼门关，阴间鬼魂都从这里出入，玉帝派神荼、郁垒两兄弟守候门前，立在桃树下审查百鬼，抓坏鬼出来喂虎，不让转世骚扰民间。人们据此用桃木板刻成两尊神像，或刻上两神名字挂在大门上以求平安，这是桃木辟邪的来历。后来为求省事，把两神直接画在门板上，再后来干脆印在纸上张贴。有的人家穷得连纸画也买不起，就在除夕晚上用一把扫帚、一根黑炭棒顶在门后，让鬼以为是秦叔宝和尉迟恭黑白二神，不敢进屋作祟。

影壁旨在屏障大门和阻挡直线行走的厉鬼进门

门神的形象很多，还有如钟馗、穆桂英、四大天王等。台湾的保生大帝、关帝庙的门神多为太监，称为“双护太监”。衙署的门神是“朝官朝将”，朝官手捧爵、鹿、冠、簪花，武将手捧蝠蟢、马鞍，意思是加官晋爵。

与其他神祇相比，门神所受礼遇较差。每逢新年，户主买一张新画像，把旧的撕掉，然后贴上就算完事，所谓“旧桃换新符”，没有供品也没有鞭炮迎送。

**影壁**　据说，厉鬼只会直线行走，为了避免厉鬼长驱直入家门，就在正对宅院大门的对面建一影壁阻挡。其实，影壁更多的是阻挡外人窥视，专制制度下防人甚于防鬼，围墙上唯一的洞门令主人感到不安，立影壁加以屏障，起到填补大门——围墙缺口的作用。因而，影壁是安全心理的外化表现。由于客人出入第一眼看到的就是这座壁面，主人十分重视装修。主要装点部位为壁心，这部分由斜置的方砖贴砌，雕刻内容多以四季花草、岁寒三友、福禄寿喜为题材，在中心花部位还常附砖匾，其上刻“吉祥”、“福禄”、“鸿喜”、“迎祥”、“纳吉”、“戬穀”等词语象征吉利。

**阿弥陀佛止煞** 阿弥陀佛石碑大都立在和石敢当一样的地方，用以驱邪。这里的阿弥陀佛不再是满脸笑容，而是变作满脸凶相，专门震慑鬼魂。

兽牌用以驱逐房屋前方侵入的邪鬼

**兽牌** 兽牌用以驱逐房屋前方侵入的邪鬼。如房屋对着道路、电线杆、屋脊、山的门户要安置兽牌，放置位置可在门楣中央，也可在墙壁等处。犯煞的地方，周围120里内的房子都要挂兽牌。据记载，兽牌形状为梯形，上宽八寸象征八卦；下宽六寸四分象征六十四卦；高一尺二寸象征十二时辰；两边之和二尺四寸象征二十四节气。兽牌上刻狮子或虎的头像，嘴中含七星宝剑，怒目前视。宝剑上的七星用玻璃或金属镶嵌，闪闪发光以惊邪魔。狮子口中的宝剑也象征驱邪，剑锋利，是防身杀敌武器，被道家引用为法器。葛洪在《抱朴子》中说，涉江渡海身佩宝剑，就能使蛟龙、巨鱼、水神不敢靠近。八仙之一吕洞宾的神器就是降妖宝剑。道士的降妖宝剑与普通宝剑不同，它必须经过特殊处理，据说是将怀着男婴的孕妇之血涂在剑上，然后口念符咒，在火炉中重新锻造。道士也用具有驱鬼象征义的桃木做宝剑，做法时挥舞起来，可使百鬼惊惧，四散逃离。悬挂兽牌并非儿戏，须请道士主持“开眼”，再经过读经、奏乐、送煞、挂狮头等步骤才告完成。

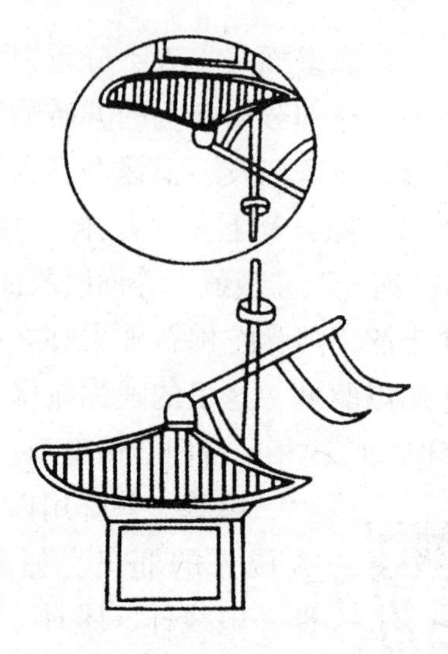

凹镜使人与物都成倒像，使厉鬼不能进屋

**镜**　古人认为镜象征天意，自商周起，成为神器之一而陪葬。从出土的铜镜看，图案和纹饰相当丰富，有八卦、瑞兽、吉祥纹等。道士更是把镜当作重要法器随处运用，大肆渲染。传说以前黄帝铸镜十五面，采阴阳精气，取乾坤五五妙数，隐含日月明光，通晓鬼神行意，防止魑魅幻影，修整残疾苦厄。镜能反照有形之物，取其意用镜使山精鬼魅遇镜原形毕露，称照妖镜。民宅门上悬挂镜称镇煞门镜，此镜较为特殊，四周高中间低，人与物都成倒像，使厉鬼不能进屋。当人家屋脊或不祥之物正对自家大门，被认为十分不吉利，这时，家门外也要悬挂镜辟邪。

**瓦将军**　房屋顶上安放瓦制的武人坐像，作持弓按矢状，称为“瓦将军”。瓦将军是东岳大帝黄飞虎，用作辟邪的来历是《三国志》：“泰山治鬼，不得治生人。”故而塑其人像安放屋顶辟邪治鬼。

瓦将军人像安放屋顶辟邪治鬼

**姜太公** 姜太公原名姜尚，应辅佐周文王得天下闻名历史，关于他的神奇故事在民间广为流传，被百姓看做有奇异能力的神灵，请为护宅。

姜太公护宅

**镇宅平安符** 民宅中的厅堂、房门、厨房、谷仓常贴有黄条护宅符，写道："凡人家宅不安，或凶神邪作怪，此符镇之大吉，或夜行带此符，诸邪不敢近。"

驱邪字符

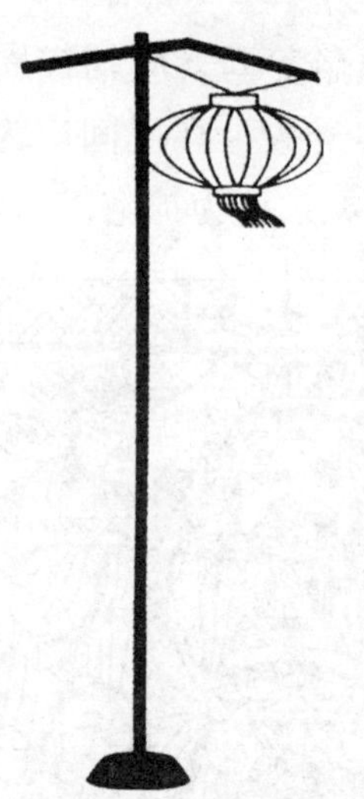
吉竿可以化凶为吉

符纸上还盖上符令，从道观中请到家中前须在神前香炉上熏过三圈香火，才能生效。也有在符纸上写与厌胜（古代方士的一种巫术，以诅咒制服人或物）有关的文字，如敕、神、斩、虎等变体字，加上一些五行八卦类符号。后来不限于纸，也有刻写在绢、木、石等材料上，内容分类详细，针对性强。如用于镇宅的有：镇多年老宅祸患不止符、土府神煞十二年镇宅符、镇分房相克符等多达几百种，做到应有尽有，完全适应民间需求。

**吉竿** 俗信自己的房屋对面有更高大的房屋或树木时，家运会受影响而衰微，在屋前竖一根竹或木杆，上悬灯笼，可以化凶为吉。故称吉竿。

## 三、象征吉祥

与驱邪并列的愿望是希望吉祥降临，建筑的另一套符号图案和附件就表达房主的迎祥愿望。

**脊饰** 先秦的脊饰主要是鸟形。古神话说，太阳每天从东到西是由一只鸟背负而运行。又说商的始祖契是母亲吞食玄鸟之卵所生。还说西王母身边有三只青鸟（西王母被视作长生不老之神），《艺文类聚》："七月七日，上问东方朔。朔曰：'此西王母欲来也。'有顷，王母至，有二只青鸟如乌，挟持王母旁。"鸟被看做神灵，是先秦用鸟作脊饰的原因。汉代，凤和鸟雀仍是最流行的脊饰，因为汉高祖刘邦是崇拜凤鸟的楚国人，在楚国，鸟象征生命力，是崇拜的图腾。元曲家睢景臣在讽刺作品《高祖还乡》中描写刘邦当上

三足乌象征太阳和生命力

皇帝回到家乡时的排场，仪仗队中有一面旗帜的图案就是乌："匹头里几面旗舒：一面旗白胡阑套住个迎霜兔；一面旗红曲连打着毕月乌……"红曲连打着毕月乌指图案画了一个太阳中的三足乌。神话相传，远古时期天上有十个太阳，气候炎热，不堪忍受。首领尧派射技高超的后羿射落太阳，结果射落九个，太阳中的九只鸟随九个太阳坠落而死。留下一个太阳中的鸟有三只足，称三足乌，驾日车巡天，为先民视作日精而崇拜。三足乌化身为光明，象征太阳和生命力。

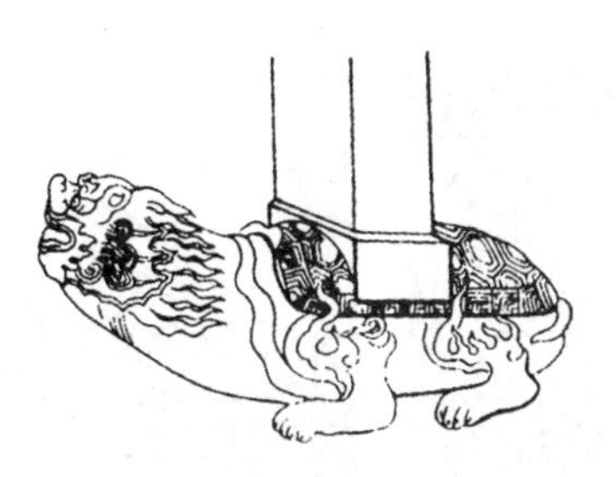

赑屃好负重

蒲牢性好吼，作钟钮

神话说龙生九子，它们各自的特性被转换成象征义，按其象征义被安排在建筑（包括建筑附件）相应部位。赑屃好负重，位石碑下；螭吻（鸱尾）性好望，厌火，位于屋脊，象征压火；蒲牢性好吼，作钟钮；狴犴威猛，形象画在牢狱门上；饕餮好饮食，立鼎盖；蚣蝮性好水，作桥柱；睚眦好杀戮，作刀环；狻猊好烟火，位于香炉；椒图性好闭，作门环。

龙为建筑装饰较早出现在春秋时的吴国，因为"吴在辰，其位龙也。"[1] 按周易原理吴国在龙的位置，龙在吴国人心目中被看做保护神。后范蠡建越城，

“西北立龙飞翼之楼，以象天门。”[2] 出现龙吻脊饰是在金代，明清时龙吻脊饰普遍见于宫殿、陵墓、寺庙等建筑，这时龙脊饰的象征义除了厌火，还象征天、皇权、国家和吉祥。

脊饰还用板瓦叠成各种祥瑞花卉、仙人、瑞兽、暗八仙等，脊的两端多做成佛手、石榴、寿桃。翼角上装饰水浪、回纹和各种图案。这些图案各有喻意，龙凤象征福祥，松鹤象征长寿，蝙蝠象征福到，凤凰牡丹象征富贵吉祥，鲤鱼跳龙门象征仕途通畅。岔脊上布置脊兽，多为吉祥镇邪的神兽，数量视等级而定。帝王宫殿等级最高，布置11个，分别是仙人骑凤、龙、凤、狮、天马、海马、狻猊、押鱼、獬豸、斗牛和行什（猴）。

脊饰麒麟象征仁德

故宫太和殿檐角脊兽

**瓦当** 是屋檐筒瓦顶端下垂部分，起庇护屋檐免遭雨水侵蚀作用，瓦当装饰始于西周，图案富有象征涵义。东周王城瓦当上饕餮纹具有几重象征意义：饕餮是想象中的猛兽，多用作原始祭祀礼仪的符号，象征神秘、恐怖、威吓，具有超人的威慑力量和肯定自身、保护社会、“协上下”、“承天体”的祯祥意义。神话类瓦当如龙纹瓦当图案具有吉祥象征意义。

饕餮是想象中猛兽，象征威慑

鸟纹瓦当图案表达祈求神灵保佑的意愿，青鸟、朱雀、凤凰一类都是鸟纹的题材。

鹿纹瓦当，鹿被看做善灵之兽，可镇邪。鹿又象征长寿，葛洪《抱朴子》：“鹿寿千岁，满五百岁则其色白。”李白《梦游天姥吟留别》中诗句：“且放白鹿青崖间”。“鹿”与“禄”谐音，象征富贵，画寿星、梅花鹿和蝙蝠叫做“福禄寿三星”。

獾性机警，读音与“欢”相谐，把獾与喜鹊画在一起，表示“欢天喜地”，獾纹装饰瓦当，具有吉祥喜庆色彩。

蟾蜍象征长寿，神话说羿从西王母处得到长生不老药，其妻盗吃成仙，入月宫化作蟾蜍。民间传说五月初五可以捉到活了一万年的蟾蜍（叫肉灵芝），食后长寿，所以也有蟾蜍纹装饰瓦当。

菊花象征长寿，“菊”近音“据”，“蝈”近音“官”，画一只蝈蝈在菊花上涵义是官居一品。菊花又有去邪秽的作用，《澄怀录》：“秋采甘菊花，贮以布囊，作枕用，能清头目，去邪秽。”故有菊花纹瓦当。

西汉出现文字瓦当，所用文字都属吉祥颂祷之类，如：“长乐未央”、“千秋万岁”、“延年益寿”、“与天无极”等。

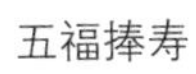

五福捧寿

佛教传入中国后，莲花图案大量出现在瓦当

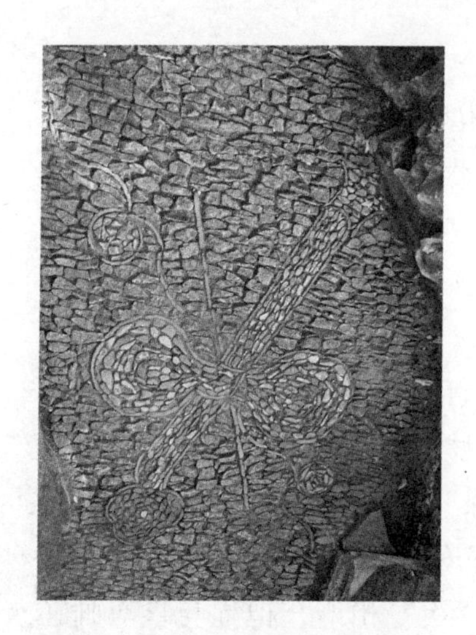

八仙手中的法器象征驱邪迎祥

上，主要象征祥瑞。因佛祖端坐在莲花座上，莲花也表示对佛教的信仰。汉代以后瓦当的象征主题与上述大致相同。

**铺地**　用砖瓦、碎石、卵石、碎瓷片、碎缸片组成各种纹样，铺地的图案一般都有象征涵义。如金鱼，“鱼”与“余”谐音，金鱼象征发财富贵，把金鱼与莲花组成画面，表示“金玉同贺”。扇子，八仙之一汉钟离手中的法器，能驱妖救命。传统文化中还有多种不同用途的神扇。“扇”与“善”谐音，送给旅人，寓意“善行”。建筑铺地用扇子图案，寓意驱邪行善。蝙蝠，“蝠”谐音“福”，被看做福的象征。两只蝙蝠构成的图案寓意双倍的好运气，五只蝙蝠构成的图案表示“五福捧寿”和“五福临门”，五福指长寿、富贵、康宁、好德和善终。蝴蝶，繁衍力强，民间年画有“百蝶图”，象征子孙兴隆。蝴蝶与猫画在一起，谐音“耄耋”，耄耋为70～90岁年龄的称呼，猫和蝴蝶的图案象征长寿。鹤，生存年寿很长，《淮南子·说林训》：“鹤寿千岁，以极其游。”鹤因长寿，广受欢迎，组成的吉词如鹤寿、鹤龄、鹤算等等。绘画中常与松、石、龟、鹿组成画面，鹤龟一起

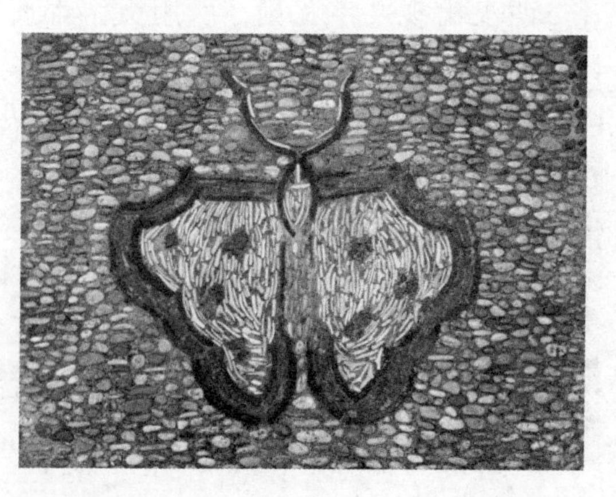

拙政园铺地图案，蝴蝶旺盛的繁殖力象征子孙兴隆

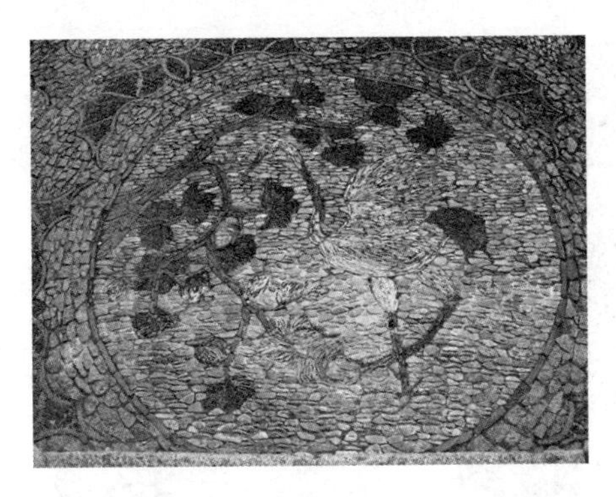
松与鹤象征长寿

题名“龟鹤齐龄”，鹤立松下称“松鹤长春”。鹤又象征“升迁”、“成仙”，画着两只鹤向着太阳飞的图画表示“高升”。一群口里衔着树枝向海边亭子飞去的鹤意思为“向往蓬莱仙境”。羊，《说文解字》：“羊，祥也”。羊又通“阳”，画三只羊叫做“三阳开泰”，作为岁首颂辞。

**雕刻** 雕刻是建筑装饰手段之一，分木雕、石雕和砖雕三种，见于宫殿、寺庙、陵墓、牌坊、祠堂、门楼等建筑物的柱础、柱头、梁枋、楣罩、琴枋、雀替、擎檐撑、门、窗、罩、栏杆、抱鼓石、裙板等部位。象征驱邪祈福内容的有以人物为题材的蟠桃盛会、麻姑献寿、郭子仪上寿图、文王访贤等。有以祥禽瑞兽为题材的如龙凤、狮子、麒麟、鹿、鹤、喜鹊、蝙蝠、松鼠、鱼等等，并组成丹凤朝阳、狮子滚绣球、五蝠捧寿、凤穿牡丹、喜鹊登梅等图案。有以植物为题材，雕刻佛手、桃、石榴、牡丹、紫藤等。有以器物为题材，如雕刻瓶寓意平安。有以绵纹为图案，广泛用于门窗、挂落、栏杆、罩，如卍字寓意吉祥，龟背纹象征长寿，盘

苏州网师园门楼

网师园门头砖雕左部，郭子仪上寿图

冰裂纹窗格象征坚贞品格和即将到来的春天

宝瓶形洞门象征平安

葫芦形洞门象征子孙万代

长喻意福寿绵长。也有以暗八仙和佛八宝为题材，寓意求仙得道。

**窗和洞门**　窗格图案以绵纹和动植物相配合而成，如梅花和竹衬以冰裂纹，象征春天。具有象征意义的洞门有宝瓶形和葫芦形。“瓶”谐音“平”，宝瓶形洞门象征平安。葫芦，八仙之一铁拐李的法器，又是传统画老寿星手中之物，葫芦繁殖力很强，结果时十分繁茂，有“子孙万代”的象征意义，葫芦被民间视为吉祥物。

**注释**

[1][2]《吴越春秋》。

# 第九章
# 园林：观念形式、精神家园

对园林的认识仅仅停留在建筑空间或形式美层面是远远不够的。其实人类任何建筑，都是出于实用功能考虑和受文化观念影响的结果，甚至还包括人的心理体验活动，所以从更高层面看，园林实质是人类的精神家园。西方建筑史对建筑的总结是：源自古希腊柏拉图的真善美，建筑具有“实用、坚固、美观”特质，后来发展为“形式、功能、意义”。这里“美观”“意义”也就是精神层面。可见中外园林建筑的发展路径是一致的，只是我们缺乏从哲学层面对园林进行如此认识，本章把园林置于文化哲学层面，看做“有意义的形式”，对其做一番考察和概括。苏州私家园林是中国私家园林最高典范，下文多以苏州为例，以便说明问题。

## 一、文化观念下的园林发生

园林是怎样发生的，中国园林史说得很清楚：为了满足王的狩猎需要，把风景优美的地圈起来，后来把部分行政功能建筑移入，游憩兼顾办公，早期代表就是大家熟知的秦汉时期皇家园林——上林苑。那么上林苑为什么是这种样式而不是那种样式，这里存在一个必然的原因，就是决定上林苑样式背后的文化观念。

**样式与观念**　东汉文学家、史学家班固在《西都赋》中说西汉皇家建筑：“其宫室也，体象乎天地，经纬乎阴阳，据坤灵之正位，仿太紫之圆方。”他又写道，上林苑昆明池：“左牵牛而右织女，似天汉之无涯。”把昆明池象征为天上银河，反映汉代上林苑承继秦代模仿天象的建筑手法继续发展。

发生于天象的观念以及其他文化观念如何支配园林建造，以上林苑为例，可以总结出园中布置包含的几种主要观念：“一池三岛”布置，出于秦始皇的求仙观念；“复道”出于“地法天”观念；园内有九条河流穿越，出于“道法自然”观念；建筑巍峨出于象征君威国威的“国家政治”观念。

从私家园林看，取法自然，做到“虽由人作，宛如天成”，当然是实现中国人的核心世界观“道法自然”。但是，在极度威严的专制制度控制下，人的“自然”天性被无情地剥夺干净，被扭曲得“极不自然”，表达一概模糊，导致审美走向内敛含蓄。园林表达不仅含蓄，甚至晦涩，完全走向象征主义。但是中国知识分子对精神自由的追求还是通过种种表象表达了出来，园林中的布置提供了很好的佐证。

苏州拙政园裸露的树根和石板是自然主义和自由主义精神的表达

拙政园不经雕饰的石块和黑土、蔓草布置，同样是自然主义和自由主义思想支配下的杰作

拷问生命意义的生命观，在私家园林中比较突出，布置上多有个人对生命意义的思考。法王维的辋川别业，自觉不自觉地渗入佛教、道教思想，晦涩而有意

中国人喜欢联想，由光影消逝想到人的生命短暂

味。做到一木一草、一石一水，甚至地势高低、枯枝败叶、铺地材质、粉墙投影、水中虚幻、天上掠过、自然声色皆有文章。如留园西部东头粉墙午后的树木投影，随着太阳西斜消淡，我们面对粉墙光影移动渐逝，如同当年黄河边的李白面对东逝黄河水，可以感悟到生命的一去不复返。

悟生命必然离不开宗教信仰，私家园林中的宗教题材很丰富，有道教的神仙文化，如苏州园林拙政园的一池三岛、网师园的梯云室庭院和集虚斋。也有佛教的参悟文化，如留园的闻木樨香轩、亦不二亭、静中观，狮子林的立雪堂、卧云室、问梅阁，拙政园的雪香云蔚亭等，其深刻程度远胜于日本枯山水庭院。

体现在私家园林装修上的生命观既有雅的如隐居自省，佛道参悟；也有俗的如祈福禳灾，即追求财富、长寿和子嗣，避免贫困、疾病和绝后。这些观念广泛出现在铺地、栏杆、挂落、墙面、门窗、家具、槅、罩等方面。

**影响园林的主要观念** 那么究竟有哪些文化观念在影响园林？总的看来主要有宇宙观、生命观、价值观、审美观、国家政治观等，这些观念成为园林形式背后的无形之手，决定了园林的面貌。

由上可以总结，影响园林形式的观念主要有以下几个方面：

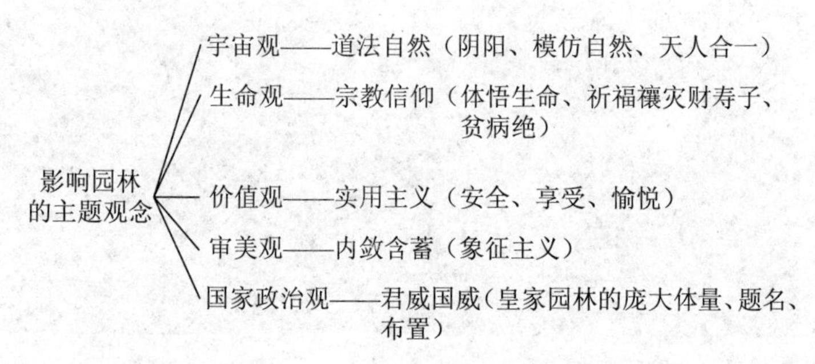

影响园林的主题观念
宇宙观——道法自然（阴阳、模仿自然、天人合一）
生命观——宗教信仰（体悟生命、祈福禳灾财寿子、贫病绝）
价值观——实用主义（安全、享受、愉悦）
审美观——内敛含蓄（象征主义）
国家政治观——君威国威（皇家园林的庞大体量、题名、布置）

## 二、精神家园

苏州园林园主大都从官场退下来，有的和陶渊明一样，倦怠了官场，有自动退出之意，如清乾隆时光禄寺少卿宋宗元“倦游归来”修筑了网师园，梁章钜《浪迹丛谈》写道：“盖其筑园之初心，即藉以避大官之舆从也。”官至光禄寺少卿的宋宗元从官场“倦游归来”，借故址万卷堂“渔隐”之名，自比渔人，以“网师”命园名表示自己只适合做江湖中渔翁，换取个属于自己的精神世界。

较多的是官场失败者把园林作为疗伤之所。如沧浪亭主人苏舜钦，因获罪罢官，旅居苏州，营建沧浪亭。拙政园主人王献臣，因官场失意，还乡造园隐居。退思园主人任兰生因营私肥己被解职返乡。艺圃主人文震孟因反对魏忠贤独揽大权，被削职为民，隐居于内。其中王献臣受到的侮辱最大，史书记载他曾受东厂两次诬陷，一次还被拘禁监狱，受杖三十。这类人带着强烈的情绪由入世无奈转为出世，受伤的心灵亟需休养抚慰，于是园林的花草树木、山石水池、亭台楼榭、题额字画以及小品铺地布置等都成为他们的寄情之所，重蹈当年王维之辙，效辋川别业之法，经营自己的精神家园。

有的园主笃信宗教，如留园主人徐泰时虽官为明代太仆寺卿，但他和儿子都醉心佛教，园中布置“伫云庵”、“亦不二亭”、“静中观”“闻木樨香轩”等研习佛理的景点，其子徐溶更是将西园舍作佛寺，他们像王维一样，以居士的身份在园林中寻找精神归宿。

私家园林与人生仕途起伏纠结在一起，自觉不自觉地信奉宗教，便决定了园林的精神属性，园林必定是情感的产物，所以，园林的实用功能是表面的，精神属性是本质的。寄情园林，寓意布置可以从五个方面进行解析，看出里面有一条循着人生走向终点的脉络。

**自慰**　园主因仕途、人生波折引起内心失衡，为了恢复内心平静，采用古人惯常手法，自励慰藉。具体有比德、附比、标榜、宣泄等方式，作为园林形象地记录了这种表达。

比德，以事物附比人的德行，借物励志，起到自我激励的作用。园林中常用梅花象征文人不畏坎坷、荷花象征洁身自好、流水象征智慧、山象征仁爱等，以此表白心曲。如拙政园待霜亭，额名取唐韦应物诗“书后欲题三百颗，洞庭须待满林霜”句意。亭周围多种吴县洞庭山橘树，这种橘树果实小而皮薄，霜降后开始变红，以“待霜”名亭，附比橘特征，寓意凌寒坚贞，不怕摧折的文人骨气。拙政园留听阁，名取唐朝诗人李商隐诗“秋阴不散霞飞晚，留得残荷听雨声”句意，池中残荷象征园主的坚贞精神。荷叶是藕的水面可见部分，藕才是生命本体，残败荷叶只是表面现象，只要本体不死，来年必然新枝嫩叶焕然一新，以此激励对未来的向往。所以，私家园林中的一草一木非比寻常，皆赋予了人文意义。

附比，还有一种自励通过附比圣贤高人，自我标榜来完成。留园五峰仙馆，庭院内堆一数峰耸立的假山，象征庐山五老峰；庭院以石板铺地，象征山的余脉；馆后有清泉，加强山的意象。五峰仙馆名借李白《望五老峰》诗之意："庐山东南五老峰，青天秀出金芙蓉；九江秀色可揽结，吾将此地巢云松"。馆名暗喻园主隐遁山林，不为官宦的心态。堂内作对联以自励：

历宦海四朝身，且住为佳，休辜负清风明月；

借他乡一廛地，因寄所托，任安排奇石名花。

厅内楹联又写道：

读《书》取正、读《易》取变，读《骚》取幽，读《庄》取达，读《汉文》取坚，最有味卷中岁月；与菊同野，与梅同疏，与莲同洁，与兰同芳，与海棠同韵，定自称花里神仙。

"五峰仙馆"布置，园主借《望五老峰》诗意，自比李白。

此类附比标榜俯拾皆是，如耦园的"织帘老屋"附比南齐隐士沈驎士，少时织帘，后辞官隐居；留园"濠濮亭"附比庄子在濠水濮水隐居；留园"东山丝竹"附比东晋谢安隐居会稽山。园主通过这类附比使自己精神得到升华。

标榜，标榜性布置也不少，留园"恰杭"题名取杜甫"野航恰受两三人"诗句意，标榜清高。拙政园"与谁同坐轩"借苏东坡词句："与谁同坐，清风、明月、我"，轩内仅布置两只石凳象征清风和明月，借此标榜自己孤高傲世无人可与之为伍，借此自持尊严，

拙政园“与谁同坐轩”只邀请明月和清风

独守空寂。

以上看来像是文字游戏，却真实反映出园主对自身存在价值肯定的渴求，通过附比标榜把自己装扮成一名“光荣的失败者”，抵消仕途失败感，在一定程度上起到精神慰藉的作用。

宣泄，通过比德、附比、标榜稳住了失落心理的阵脚，为远离官场闲居市井找到了一个体面的理由——隐居。然而，像王献臣这样受过奇耻大辱的人来说，比德、附比、标榜还难消胸中怨气，需要另外一些宣泄情绪的途径，于是采用自我解嘲、借物讽时方法，借题名、花木尽情宣泄。拙政园名“拙政”，自嘲不善为官之道，只好躬耕田亩，行孝友兄弟。园主王献臣在园中遍植荷花，借荷花出污泥而不染把官场比喻为污秽不堪的泥潭，将所有的官僚通骂一遍，同时把自己比喻为远离污秽、亭亭玉立一尘不染的莲花。他还在水池边建造主厅堂名“远香堂”，借周敦颐《爱莲说》文中“香远益清”意，标榜自己不向权贵妥协的精神，实在是非如此不足以宣泄胸中恶气。

沧浪亭苏舜钦，北宋仁宗宰相杜衍的女婿，由于屡次上书议论时政，倾向范仲淹为首的改革派，最终被保守派罢官，带着一股怨气到苏州，出四万贯钱买下五代广陵王钱元僚旧池馆，以“沧浪亭”名命园，自号“沧浪翁”，日日“向沧浪深处，尘缨濯罢，更飞觞醉”，方觉“迹与豺狼远”。同样是采取扬己抑彼来宣泄情绪。

艺圃园主是文徵明曾孙文震孟，明天启元年（1621年）考中状元，时已50岁。后官至礼部左侍郎兼东阁大学士，为天启、崇祯两帝讲课，态度严正，为人刚直。由于抵触魏忠贤及其遗党，终于被排挤削职，回乡后第二年便抑郁而亡。此园原名“醉颖堂”，易手文震孟后，改名“药圃”。“药”有双关语意，第一层意思指香草，另一层意思暗含“医病”的意思，宣泄自己对朝廷政治不健康的强烈不满。

**情调**　不少苏州园林主人曾为官僚，拙政园主人王献臣，明弘治进士，历任御史、巡抚等职。沧浪亭主人苏舜钦，曾任县令、大理评事、集贤殿校理，监进奏院等职。留园主人徐泰时为嘉靖年间太仆寺卿。网师园主人宋宗元为乾隆光禄寺少卿。退思园主人任兰生清代任凤（阳）、颍（川）、六（安）、泗（州）兵备道。耦园主人为清末安徽巡抚沈秉成。可见，园林主要是由文人出身的退休官僚经营，他们脱不了官僚习气，虽打着隐居旗号，却少不了迎来送往的应酬，所以要有与身份匹配的排场。拙政园的远香堂、留园的林泉耆宿之馆、耦园的载酒堂等布置华丽，家具规格高做工考究，体现园主的官僚身份。因为是读书人出身，园林布置和设计讲究文人情调，题名、碑碣、装修、布置无不体现文化内涵和文人趣味。气派豪华和文人雅趣两者结合，构成了亦官亦文的士人情调。

**回家** 人生的终极限制是年龄，不管是仕途得意者还是人生落魄者，最终面对衰老与死亡问题时，都会寻找最后一站作为告别生命的落脚点，然后在生命的最后站点中留下自己对人生的终极思考和对生命意义的拷问，园林布置忠实记录了园主们对“回家”的思考。

也许，生命周期律是个令人不愉快的话题，不过有许多文人还是禁不住破题哀叹：李白：“黄河之水天上来，奔流到海不复回。高堂明镜悲白发，朝如青丝暮成雪”。苏东坡：“哀吾生之须臾，羡长江之无穷”。说得最揪心的是晏殊：“无可奈何花落去，似曾相识燕归来”，把人生一世，草木一秋说得通明透彻，而且是如飘零落花般的无可奈何，这是何等的无言伤痛。《红楼梦》八十回也好百二十回也好，千言万语的香艳富贵到头来都中了一个谶语——空，合了《金刚经》一句话：“凡所有相，皆是虚妄。”繁华园林的背后同样也脱不了这个悲情本质，园林流转了千百年，几经毁建，屡易其主，王献臣之辈而今安在哉！其实，当年他们在园中莳华弄草闲步吟唱时，或会友宴请欢声笑语间都已深知这个“空”字，只是大家无奈讳言罢了，无言之痛乃真痛，看花开时知花落，人之悲剧也。当然，游园林要看出这点，还须年龄、阅历再加上自己用心慢慢去悟，悟了，就看出了园林中的悲情符号。李白在《望庐山五老峰》一诗末尾写道：“吾将此地巢云松”，道出了他晚年疲惫的心声，以此作苏州园林的注解最是合适。留园五峰仙馆内对联“历宦海四朝身，且住为佳，休辜负清风明月；借他乡一廛地，因寄所托，任安排奇石名花”则作出了绝妙的呼应。

**解脱** 出于本能，人类都眷恋生命，恐惧死亡，如何减少对死亡的恐惧成为全人类都在考虑的问题。

结果方法千奇百怪，最后，宗教以轮回转世（佛教）、神仙世界（道教）、天堂复活（基督教）、后世永生（伊斯兰教）等方案胜出，加上其他宗教信仰，信众达到全人类总人数的 80% 以上，宗教信仰成为人类解决终极问题的一种选择，这就决定园林不可能游离于宗教信仰之外。园主如何通过布置寄托或反映自己对生命未来的愿望和思考是园林布置中最为晦涩和费解的部分。

留园东部有一处颇富禅意发人深省的建筑，那就是静中观，静中观是东部建筑群的核心，庭院不过 40 平方米，四周墙廊回复，交错互叠，虽有走廊可循、洞门空窗相望，但近在咫尺的可望之景，不可一步抵达。由于廊、洞门、空窗对视觉的引导，使人觉得四面空透，景外有景，延伸无尽，丝毫无逼仄局促的感觉，为此向来被视作古典园林建筑的佳笔。且不管建筑上的艺术性，倒是静中观的建筑现象可以激发禅的思考。刘禹锡诗“众音徒起灭，心在静中观”，面对繁复的建筑变体，若能心怀平静，无欲、无念，那么繁复错乱之象、咫尺美景则何扰于我，怎动我心？这是

繁复的建筑启示你远离徒生烦恼的红尘世界

接引你进入“止息杂虑”的境界，唯有如此，才能从红尘欲念的纠缠困厄中解脱出来。

留园亦不二亭名出自《维摩诘经·入不二法门品》，文殊问维摩诘，何等是不二法门，维摩诘默然不应。文殊曰：善哉，善哉，乃无有文字语言，是真人不二法门。此公案意为不假语言文字，靠自己“悟”直接入道。亦不二亭象征园主已找到入门解脱之道。

亦不二亭位于留园东部，与园主家庵伫云庵、参禅处构成一长方小院，为园主宗教生活的场所。院中植有竹林一片，精心养护，氤氲着佛教气氛，游客驻足竹林，微风乍起，顿觉心灵澄澈，感受异于别处。此处的竹子象征园主对佛教的信仰。竹与佛教有很多关系：节之间的空心，是佛教概念“空”和“心无”的形象体现；竹叶发出的飒飒声，一些大师看做是神启的信号。据说释迦牟尼在王舍城宣扬佛教时，归佛的迦兰陀长者把自己的竹园献出，摩揭陀国王频毗娑罗就在竹园建筑一精舍，请释迦牟尼入住。释在那里驻留了很长时间，那幢建筑就与著名的舍卫城祇园并称为佛教二大精舍。这则传说使竹在佛教界身价百倍，被看做圣物，出现在所有的佛教寺庙中，居士、信徒

亦不二亭实际上是园主的解脱之门

也在家园中引种竹子，表达对佛教的信仰。可见亦不二亭实际上是留园主人的解脱之门。

同样可以总结，隐藏在园林形式背后的除了观念外，还有园主的丰富情感世界，他们的精神内容构成了园林的本质。

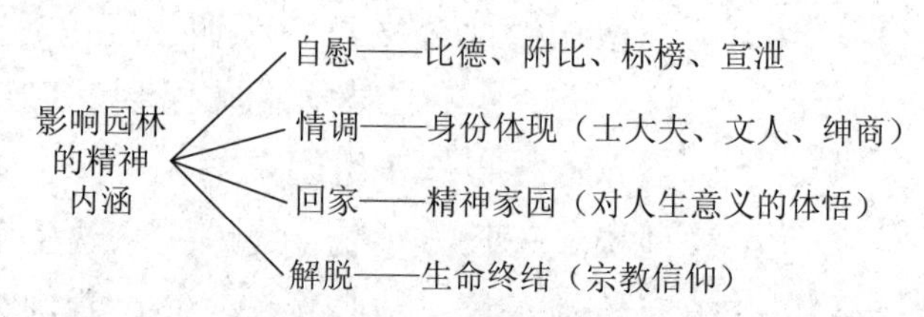
影响园林的精神内涵
自慰——比德、附比、标榜、宣泄
情调——身份体现（士大夫、文人、绅商）
回家——精神家园（对人生意义的体悟）
解脱——生命终结（宗教信仰）

由上可见，园林是观念的形式，精神的家园。古典园林中不排除存在像克莱夫·贝尔（Clive Bell）所说的“有意味的形式”，即偏于感性创作的无意义的形式美，但在笔者的研究中，中国古典园林形式中大都赋予了“意义”，由多层意义叠加而成的文化符号，这是中国特定的历史文化决定的，因而中国文化更多的是有意义的形式。我们传承园林艺术时，切忌抛弃意义一面作纯粹形式的拼凑。

# 第十章
# 国家观念的皇家园林

园林既属于建筑范畴，又相对独立。园林包含的建筑因素涉及山石、水池、植物、房屋建筑及文化产品，大大多于单一的土木结构建筑物，因而园林的文化涵义比房屋建筑丰富得多。皇家园林尽管吸收私家园林内容，总体上还是保留了皇家个性，以“壮丽”体现显贵地位，皇家园林和其他皇家建筑物一样，离不开政治象征的主题。

## 一、上林苑：秦汉王朝形象

上林苑始建于秦始皇，汉武帝扩建。据记载，上林苑范围南傍终南山，北临渭水，西至周至县界，周围200多里，为中国历史上最大的皇家园林。上林苑瑰丽宏大，是秦汉强大的象征。秦始皇完成统一六国伟业后，继而击匈奴、逐胡人、征南越，辟桂林、象郡、南海三郡，疆土空前辽阔，中央集权坚强有力，帝国霸业世界无双。接着，西汉在开国初休养生息政策濡养下，逐渐民富国强，到汉武帝时，匈奴隐患消除，诸侯力量削弱，思想文化统一于儒术，再度出现四海归一的强盛局面。强大的政治、经济、军事、思想文化大一统局面培育了秦汉帝王的雄阔视野和自信心，也造就了上林苑的宏大气魄与瑰丽。

模仿天象建造城市，园林同样如此，以象征凡俗帝王的神圣与权威，达到挟天神而令天下的目的。

**帝国象征** 建筑规模宏大，空前绝后，象征大一统的国威、君威。秦始皇统一全国，疆土空前辽阔，权威达到巅峰，各种建筑都以宏大反映帝国的气魄。

已出土的兵马俑以实物证明秦帝国的大气与威严。秦灭六国后，在咸阳北坂上复制六国宫殿，环列秦宫四周，象征征服者的绝对权威和被征服者臣服和侍卫秦国的卑微。上林苑同样以令人咋舌、难以想象的规模象征泱泱大国风度，以雄伟壮丽的建筑衬托铁血帝国的威严。据《关中记》记载："上林苑门十二，中有苑三十六，宫十三，观三十五。"而且各宫苑又自成一组独立建筑群，规模同样令人吃惊。如《三辅黄图》说阿房宫"规恢三百里，离宫别馆，弥山跨谷"。又说"阿房前殿，东西五十步，南北五十丈，上可坐万人，下可建五丈旗"。唐著名诗人杜牧在《阿房宫赋》中，对阿房宫之大更是极尽描写之所能：

覆压三百余里，隔离天日。骊山北构而西折，直走咸阳。二川溶溶，流入宫墙。五步一楼，十步一阁；……盘盘焉，囷囷焉，蜂房水涡，矗不知其几千万落。长桥卧波，未云何龙？复道行空，不霁何虹？高低冥迷，不知西东。……一日之内，一宫之间，而气候不齐。

其中"隔离天日"、"不知西东"、"一日之内，一宫之间，而气候不齐"诸语把"大"的形容词用到了极致。长期以来我们把这种描写当作文学夸张，不予置信。但是，兵马俑出土展现的场景，不得不使我们认真的重新考虑《阿房宫赋》对阿房宫规模记载的真实性，也许杜牧是对的。

上林苑在秦朝基础上继续扩建。未央宫仅是上林苑中一处建筑，实际上和阿房宫一样，是一组建筑群，内有宣室、麒麟、金华、承明、武台、钩弋等殿。另殿阁三十有二，如寿成、万岁、广明、椒房、清凉、永延、玉堂、寿安、平就、宣德、东明、飞雨、凤凰、通光、曲台、白虎殿等。[1]《西京杂说》更是说未央宫有台殿四十三，其三十二在外，十一在后宫。

汉武帝时建造的建章宫同样规模宏大，它紧邻未央宫，周围三十里，有宫殿建筑二十多座。宫北部为太液池，池中堆叠蓬莱、方壶、瀛洲三岛，象征东海三神山。太液池面积不小，班固的《西都赋》描写道："前唐中而后太液，览沧海之汤汤，扬波涛于碣石；激神岳之嶈嶈，滥瀛洲与方壶，蓬莱起于中央"。

上林苑中的水，也反映园林的宏大。司马相如在《上林赋》中描写道：

> 且夫齐楚之事，又乌足道乎！君未见睹夫巨丽也？独不文天子之上林乎？左苍梧，右西极，丹水更其南，紫渊径其北。终始灞、浐，出入泾、渭；酆、镐、潦、潏，纡余委蛇，经营乎其内，荡荡乎八川分流，相背而异态。东西南北，驰骛往来：出乎椒丘之阙，行乎洲淤之浦，经乎桂林之中，过乎泱漭之野。汩乎混流，顺阿而下，赴隘狭之口。触穹石，激堆埼，沸乎暴怒，汹涌澎湃。毕弗宓汩，偪侧泌节，横流逆折，转腾潎洌，滂濞沆溉；穹隆云桡，宛潬胶盭；逾波趋浥，涖涖下濑；批岩冲拥，奔扬滞沛；临坻注壑，瀺灂賈坠；沈沈隐隐，砰磅訇磕；潏潏淈淈，湁潗鼎沸。驰波跳沫，汩急漂疾。悠远长怀，寂漻无声，肆乎永归。然后灏溔潢漾，安翔徐回；翯乎滈滈，东注太湖，衍溢陂池。

司马相如大赋的洋洋洒洒和极力铺陈夸张早为人知，然而上林苑确实是大，令人意外的是竟有八条河流确确实实在园内穿越，水风景千姿百态：这里水流湍急，"汹涌澎湃"；那儿水池深阔，"沉沉隐隐"，各条河流水势浩荡，奔流周围四十里的昆明池而去。一园之内拥有包括关中大河渭水在内的八条河流和水势

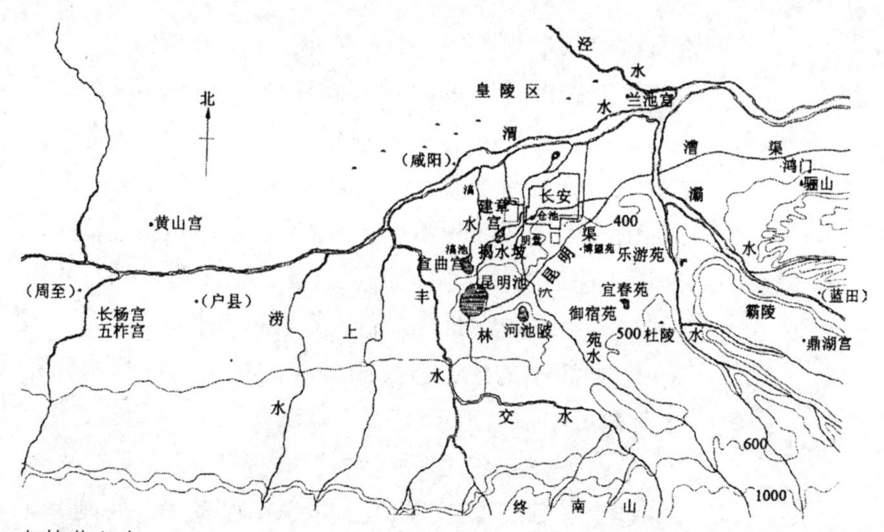


上林苑之大，象征了秦汉两代帝国的强盛和气魄

浩浩荡荡的昆明池、太液池，怎能说上林苑不是一个“大”字！

如果说巍峨重叠的建筑群给人以壮美感受，奔腾恣肆的水势给人以生命脉动的视野，那么，汉武帝狩猎场面让人体味到上林苑的另一种象征义——君威——对无数生灵（狩猎人和猎杀对象）的恣意驱使和猎杀。司马相如在《上林赋》中对上林苑狩猎场面作这样描写：以泰山作瞭望楼；追杀猎物时的车骑声如响雷滚动，震天动地；参加狩猎的兵卒多如密布天空的云和降下的雨滴；追赶猎物的队伍消失在看不到尽头的天边；最后，被步卒骑兵踏死的禽兽、走投无路疲惫不堪的禽兽、还有惊恐而不能站立的禽兽，纵横交错满山遍野，“填坑满谷”！把残杀生命当作游乐，就像古罗马皇帝观看角斗士互相残杀一样。对生命生杀大权的掌握，就是“威严”的最高象征。

上林苑中水之长、地之广、狩猎人之多、歌舞场面之巨，显示了帝国的强盛和帝王的威严。

**求仙通神** 权力的魅力使帝王惧怕死亡，希冀长

隐于海市蜃楼间的蓬莱仙山，求之不得，只好在园中叠石造山作为象征

生不老，永坐王位。秦始皇听信东海之中三座神山，上有长生不老之药传说，他求仙心切，多次派人甚至亲临东海寻觅仙踪，回都后引渭水为池，池中堆叠三座岛，象征东海蓬莱、瀛洲、方丈三神山。从此，“一池三岛”成为中国造园史上的一种经典模式，苏州拙政园、承德避暑山庄都有重现。

神仙居住天上，古人建高台以通神明。建台通神明可以上溯至夏商以远。上林苑以挖池之土建造许多台，供眺望游观之用，其中一部分则用作通神。通神的台特别高大，如汉武帝时建造的神明台高五十丈，台上建有九间房屋，居住上百个道士。后来，为了改善与神仙接触的条件，用木材搭建高楼。做法是用横木逐层向上堆叠，叫“井干楼”，目的是请神仙入住。《长安志》记载上林苑中井干楼“积木为楼，高五十余

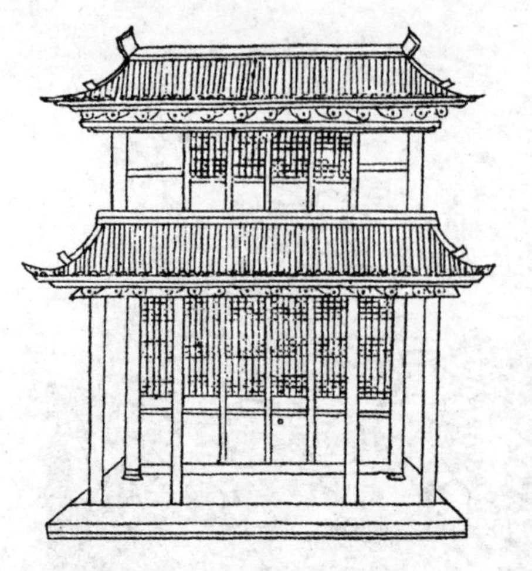

建楼是因为更接近天神

丈”，名“凉风台”，位于建章宫北面。“井干楼”是土台向木结构楼转变的中间过渡形式。从建筑功能看，楼高爽敞亮，更适合人居，东汉以后，通神的井干楼逐步发展为人居的楼阁建筑。由于楼从通神建筑转变而来，楼多被用作与神发生关系的宗教寺院，所谓“南朝四百八十寺，多少楼台烟雨中”。说明寺庙多楼台，绝非偶然。按此推论，最初用作人居的楼阁同样蕴涵着主人邀神仙同住的通神目的，所以，能住楼阁的人非贵即富，或者是宗教信仰人士。楼阁过了很长时间普及为寻常百姓民居，漫长的时间逐渐使通神的象征义从人们头脑中逐渐消失。

**二、承德避暑山庄：象征大一统**

承德避暑山庄始建于康熙四十二年（1703 年），建成于乾隆五十五年（1790 年），历时 87 年，是清代皇帝夏日避暑和处理政务的场所，为我国著名的古代帝王宫苑，也是我国现存最大的园林，占地面积 564 万平方米。

避暑山庄包括宫殿区、苑林区。苑林区内安排湖景区、平原景区和山景区，湖景区浓郁的江南情调、平原景区的塞外景观和山景区的北方名山身影象征疆土。宫墙周长约 20 华里，采用有雉堞（女墙）的城墙形式，象征长城。园外东部和北部的外八庙各具汉、藏、蒙、维民族建筑风格，与山庄内建筑意蕴呼应，象征清王朝对多民族国家的统治。因此，承德避

避暑山庄建筑其实是政治符号

暑山庄和外八庙建筑蕴涵的政治象征义大大高于一般行宫的游憩意义。乾隆在《避暑山庄百韵诗》序中写道："我皇祖建此山庄于塞外，非为一己之豫游，盖贻万世之缔构也"。可见，避暑山庄和外八庙建筑象征清统治者的国家观念。通过建筑，可以看到这种国家观念主要有两个方面：一是以满族为多民族国家的核心，居最高统治地位，推动多民族和睦共存的大一统局面形成；二是积极吸收汉族文化，在保持满族文化相对独立性前提下，利用汉族文化维持国家政治正常运行。这两点贯穿了整个清统治时期。承德避暑山庄和外八庙以建筑象征的形式忠实记录了这两点政治内涵，因而具有不同于其他皇家园林的历史价值。

**象征维护国家统一和满族的最高统治地位** 山庄的宫殿区制式为缩小的紫禁城，坐北向南，以万岁照房为界，分前朝和寝宫两部分。皇帝在前朝处理朝政、举行庆典、接见王公大臣、少数民族政教首领及外国使臣。正宫有一条中轴线，全部建筑分九进安排，象征帝王"居中"、"至高"的尊贵地位。

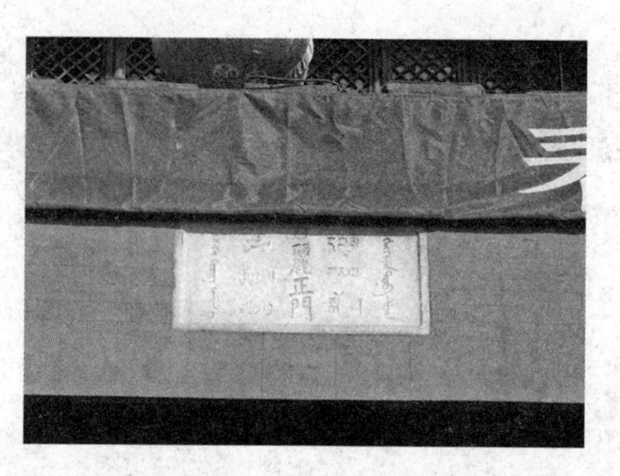

“丽正门”三字用满、藏、汉、维、蒙五种文字镌刻，象征全国各民族和睦相处，祖国统一

山庄正门名“丽正门”，为正宫中轴线的起点。位置正南居中，属后天八卦离位。《说卦传》：“离为火为日”。又：“离也者，明也。万物皆相见，南方之卦也。圣人南面而听天下，向明而治，盖取诸此也。”其意与北京城正阳门相同，象征光明正大，元朝时北京城南中门就叫丽正门。“丽正门”三字用满、藏、汉、维、蒙五种文字镌刻，象征全国各民族和睦相处，祖国统一。

丽正门后是午门，康熙、乾隆曾在那里多次检阅侍卫的步射技巧，所以又称作“阅射门”。门厅墙壁上镶嵌着乾隆的三首阅射诗和一首策马诗，记述了乾隆十二岁时在此练射，二十箭中九箭的情景。“阅射门”象征帝王肯定“骑射”对创建和巩固清王朝的重要作用，弘扬满族以“骑射”为主要内容的“尚武”精神。

平原区主要是草地和树林。区内建有不同规格的蒙古包二十多座，其中最大的一座直径七丈二尺，是

平原区内的蒙古包象征蒙古是中华民族的一个重要组成部分

外八庙象征各民族团结和对以满族为核心的中央政权的拱卫

皇帝临时办公的地方，乾隆经常在此召见少数民族国家使节，象征团结蒙古和各民族。

从康熙到乾隆这段时间内，是边疆多事之秋。蒙古准噶尔部势力在噶尔丹率领下，一直到达天山南路，并自称可汗，向康熙提出北方统治权的要求。乾隆时期，居住在新疆天山南路的维吾尔族发生大和卓、小和卓叛乱。针对边疆问题，康熙、雍正和乾隆采取武攻文治张弛兼用的办法，康熙先后两次在乌兰布通和昭莫多打败噶尔丹，平定叛乱。乾隆也派兵镇压了大和卓、小和卓叛乱，同时，重视与各民族修好关系，和睦共处。外八庙建筑特别体现了“文治”策略的象征义。

“溥仁寺”建于康熙五十二年（1713 年），是唯一现存的康熙时期兴建的寺庙。建庙前不久，清政府平定了噶尔丹的叛乱，又逢康熙的六十寿辰临近之际，“众蒙古部落，咸圣阙廷，奉行朝贺，不谋同辞，具

普宁寺象征民族大融合，普天之下同享安宁

疏陈恳，愿建刹宇，为朕祝厘”，康熙以此为由，兴建溥仁寺。寺庙寓意施仁政于远荒，取名“溥仁”。溥仁寺的兴建，象征康熙皇帝对巩固边疆的高度重视，寺内有碑文说：“念热河之地，为中外之交，朕驻跸清暑，岁以为常，而诸藩来觐，瞻礼亦便……”。反映康熙加强对厄鲁特、喀尔喀等蒙古地区的行政管理，以及中央政府与蒙古各部联系的考虑。同时建造的还有“溥善寺”。

“普宁寺”，俗称“大佛寺”，寺名象征“普天之下永远安宁”。建筑前部依汉传佛教传统的“伽蓝七堂”方式布置，主殿大雄宝殿内供奉三世佛。后半部建在九米多高的台基上，模仿西藏的三摩耶庙，以大乘之阁为中心，按“须弥山”和“九山八海”的格局构筑，具有鲜明的藏族建筑特点。主建筑大乘之阁高 36.75 米，外观正面六层重檐，阁内的千眼千手观音菩萨立像高 22.23 米，用松、柏、榆、杉、椴五种木材雕成，是我国现存最大的木雕像之一，具有汉族建筑风格。普宁寺融会汉、藏建筑风格，又兼容汉、藏两地对佛教的不同理解，象征了民族大融合，普天之下同享安宁的愿望。

“普佑寺”建于乾隆二十五年（1760 年），为庆贺乾隆皇帝五十大寿、皇太后七十大寿和清军平定西北边疆叛乱而建。普佑寺为经学院，分为显宗、密宗、医学、历算四大部，反映乾隆对宗教和文化的重视，并借此保佑天下太平。

欢喜佛与普乐寺寓意契合

“安远庙”，仿新疆伊犁固尔扎庙而建，俗称“伊犁庙”。乾隆二十二年（1757年），阿睦尔撒纳叛乱，达什达瓦率部投归清政府，乾隆皇帝为了安抚达什达瓦部落，将他们迁徙到承德定居，并在驻地山冈上建安远庙。安远庙落成后，不仅成为达什达瓦部众进行宗教活动的场所，也是清王朝用来举办边疆各少数民族政治活动的场所，象征安抚远方各民族，巩固北部边防，维护国家统一。

“普乐寺”，建筑布局分前后两部分，前部由山门至宗印殿为汉族寺庙的传统形式。后部为坛城，城墙三重，第二层墙上四角和四面正中各置琉璃喇嘛塔一座，体现藏族建筑风格。主体建筑“旭光阁”，重檐圆顶，与北京天坛祈年殿相仿。阁内须弥座上置大型曼陀罗模型，曼陀罗上供双身立姿铜质“欢喜佛”像。欢喜佛原为印度古代传说中的神，佛教密宗沿用，在藏传佛教中为密宗本尊神，即佛教中“欲天”、“爱神”，塑像呈男女裸身相抱之状。男像正面对磬锤峰，表示“智慧”。女像遥对永佑寺舍利塔，表示“禅定”，此是佛教密宗最高修炼形式。整个建筑充分反映多民族建筑融会风格，融会的建筑风格与欢喜佛像象征“普天同乐”。

“普陀宗乘之庙”，“普陀宗乘”是藏语“布达拉”的汉译，建筑仿西藏布达拉宫而建，有“小布达拉宫”美誉。普陀宗乘之庙的建筑风格象征清王朝对藏民族的重视。普陀宗乘之庙位于山庄外面，与其他庙宇成拱卫山庄之势，象征臣服清的统治。此庙落成时，从伏尔加河流域率众返回祖国的土尔扈特部首领渥巴锡，来承德朝见乾隆皇帝，为此乾隆皇帝亲笔御书《土尔扈特全部归顺记》和《优恤土尔扈特部众记》，刻巨石立碑于庙内，象征四海来归，天下统一的强盛局面。

“殊像寺”，建于乾隆三十九年（1774 年）。乾隆二十六年（1761 年），乾隆帝同他母亲钮钴禄氏去山西五台山朝拜进香，五台山是文殊菩萨的道场，专门供奉文殊菩萨。佛教称文殊菩萨“智慧”、“辩才”第一，塑像骑狮子，手持宝剑，暗喻智慧即力量，智慧如利剑如猛兽，无往而不胜。文殊菩萨含有的寓意引起一向重视文治的乾隆注意，回到北京后特在香山静宜园仿五台山殊像寺建“宝相寺”。接着又在乾隆三十九年（1774 年）夏季于避暑山庄普陀宗乘之庙西建造殊像寺。殊像寺象征乾隆以“文治”替代“武攻”的治国方略，反映满族统治者从马背攻城略地的匹夫之勇到重视先进文化治国的转变。

“须弥福寿之庙”，“须弥福寿”是藏语“扎什伦布”的汉译，因建筑仿西藏日喀则扎什伦布寺而得名。乾隆四十五年（1780 年），六世班禅长途跋涉两万余里，从日喀则来到承德，庆祝乾隆七十寿辰，乾隆皇帝对此极为重视，认为这是清王朝“吉祥盛世”的象征，命仿六世班禅居住的扎什伦布寺建造此庙。

避暑山庄建筑的汉族风格象征清朝统治者对汉文化的认同和吸收

**象征积极吸收汉族文化** 接受和利用汉族文化是满族一入关就采用的方针，并延续到清末。用人方面从吴三桂、洪承畴到曾国藩、李鸿章，汉族官员在稳固清政权方面起到了不可取代的作用，这是清统治者的明智之处。康熙、乾隆不但没有丝毫削弱尊重汉族文化的既往方针，而且随着时间推移，包括他们自己在内的满族，汉化程度愈来愈深，康熙三十六景和乾隆三十六景的布置及题名、题词充分说明了他们的汉学修养已达到了相当水平。从另一个角度而言，康熙、乾隆之喜欢舞文弄墨，到处题词，恐怕不是单纯为了炫耀学识，而是象征尊重汉文化的态度和多民族融合的方针，这与“我皇祖建此山庄于塞外，非为一己之豫游，盖贻万世之缔构也”的建园初衷是一致的。

“水芳岩秀”，建筑面阔七间，进深两间，坐落于山石水景边。因山庄内泉水甘甜绵软，康熙有诗赞曰“岩秀原增寿，水芳可谢医”。更有对联描绘其环境优美：“自有山川开北极，天然风景胜西湖。”康熙曾选作寝宫。

“曲水荷香”，按王羲之《兰亭序》意境建造，重设兰亭雅事场景，附庸风雅。康熙诗云：“兰亭曲水也虚名，空设流觞金玉羹。”

“香远益清”，康熙说此处“出水涟漪，香远益清，不染偏奇”，引用周敦颐《爱莲说》文意题名“香远益清”。乾隆也题诗赞道：“春光六月天，照影濯清涟。逸韵风前别，生香雨后鲜。”

“水流云在亭”，取杜甫《江亭》中“水流心不竞，云在意俱迟”诗意。康熙为亭题字：“雨后云峰澄，水流远自凝。岸花催短鬓，高年寸寸增。”感慨年华流逝。

“芝径云堤”，长堤把湖面分成左右两半自然天成。相传，康熙初来此赏景时，跑来一只梅花鹿，嘴里衔着一株三茎三头的大灵芝，跑到康熙皇帝面前哞哞鸣叫，并围着他转了三圈才离去。民间向来把梅花鹿看做瑞兽，灵芝是仙草，康熙当即命人按灵芝形状修建长堤。此传说象征康熙是圣人下凡。

“沧浪屿”，仿苏州沧浪亭意境而建，园内有康熙题名的“双松书屋”。

“澹泊敬诚殿”，意取诸葛亮对联：澹泊以明志，宁静以致远。殿面阔七间，为举行重大节日庆典活动之所。该殿康熙年间建成，乾隆遵从祖父康熙淡泊名利的祖训，放弃扩建改造，并名“澹泊敬诚”。殿内收藏古今图书大全一万余册。“宁静斋”，依山构建三间建筑，远山近水，环境幽静，为清帝读书之所。象征淡泊宁静，无为而治。

“烟雨楼”，仿浙江嘉兴烟雨楼而建，乾隆御书烟雨楼匾额。一天，乾隆登楼观雨，即兴赋诗一首：“最宜雨态烟容处，无碍天高地广文。却胜南巡凭赏者，平湖风递芍荷芬。”

除上面提到的几处景点外，在康熙三十六景中，还有如烟波致爽、梨花伴月、风泉清听、濠濮间想、水流云在等，在乾隆三十六景中还有冷香亭、采菱渡、澄观斋、玉琴轩、临芳墅、知鱼矶等题名和布置都能做到风雅有致，有的深得汉文化之堂奥，竟无丝毫马背民族粗俗之气。当然，这些题名许多脱胎于江南园林，或出自于御用文人，不一定出自康熙、乾隆之口，但作为满族帝王能在汉文化环境中过消夏生活，或不时题对联点景、补白、寓意，感悟汉文化的精神，说明他们已经是汉文化的部分接受者了。至于前述“阅射门”象征帝王肯定“骑射”对创建和巩固清王朝的重要作用，弘扬满族以“骑射”为主要内容的“尚武”精神，这是清朝统治者的另一方面态度，即保持满族文化独立性，以保证满族的统治权。一直到 1910 年“皇族内阁”成立，“满族为体、汉族为用”的态度仍然没有改变，终于使清王朝走向覆亡之路。两种政治态度和治国策略，表明了清朝统治者的复杂心态。

## 二、颐和园：国家式微

**慈禧营园**　颐和园位于北京西北郊，最早金朝皇帝完颜亮在该地建行宫。后元朝扩建成寺庙园林。清乾隆十五年（1750 年）为母亲六十诞辰祝寿，动工修建清漪园，1764 年完成。第二次鸦片战争，英法联军将清漪园尽数毁坏。光绪十四年（1888 年），慈禧太后挪用海军军费 500—600 万两白银完成重建工作，以“颐养太和”，改名“颐和园”。1900 年，八国联军入京，将颐和园大肆毁坏，慈禧太后从西安返回北京后，下令修复。

由于晚清外强压境，自身不思图新求进，社会动荡。慈禧经历英法联军和八国联军两次洗劫，自觉力单难抗，日渐心灰意懒，特别西安逃亡归来，更转向求助神灵保佑，颐养天年。通过今天颐和园布置，可以窥见慈禧晚年的精神状态，由于慈禧的把持，颐和园中不乏慈禧个人意向，作为皇家园林的国家形象遭到改变。

**拜神求寿** 颐和园由宫廷区、万寿山和昆明湖三部分组成。宫廷区以仁寿殿为中心。慈禧求寿心切，将“勤政殿”改名为“仁寿殿”，为帝后听政的地方。皇座后屏风刻有226个不同写法的寿字，殿内有一外形为九只仙桃的熏炉，表面刻有九只蝙蝠，桃象征“长寿”，蝙蝠谐音“福”字，九为极数，帝王专用数，合起来象征“福寿无疆”。

仁寿殿前露台上，铜凤在中，铜龙在旁，象征慈禧权高于皇帝。慈禧居仁寿殿后的乐寿堂，堂内绣品“百鸟朝凤”象征慈禧太后这位女性掌权者的神圣地位。

万寿山主要蕴涵求神拜佛的多神教信仰主题。万寿山高58.59米，面南中间沿中轴线而上，有云辉玉宇坊、排云门、排云殿、德辉殿、佛香阁、智慧海等建筑。从题名看，佛道并列，象征天上仙界。“云辉玉宇坊”，“玉宇”是传说神仙的住所。“排云殿”、“排云门”中的“排云”，语出晋郭璞《游仙诗》：“神仙排云出，但见金银台。”排云门广场置十二块太湖石，象征古人把周天划分的十二个天区，暗喻万寿山是宇宙中心。“佛香阁”为八面三层四重檐楼阁，高41米，建于21米的石台上，成为万寿山最高点，象征须弥山顶（佛祖所在地，佛教神山）。佛香阁内供奉阿弥陀佛，阿弥陀佛为西方极乐世界教主，接引念佛人前往“西方净土”。供奉阿弥陀佛表明慈禧对神界永生的向往。智慧海建筑全用砖石，无一木梁，以“无梁”谐

逐渐上升的建筑使人联想到天国

十二块太湖石，暗喻万寿山是宇宙中心。

佛道混合，带有实用主义色彩的中国式信仰

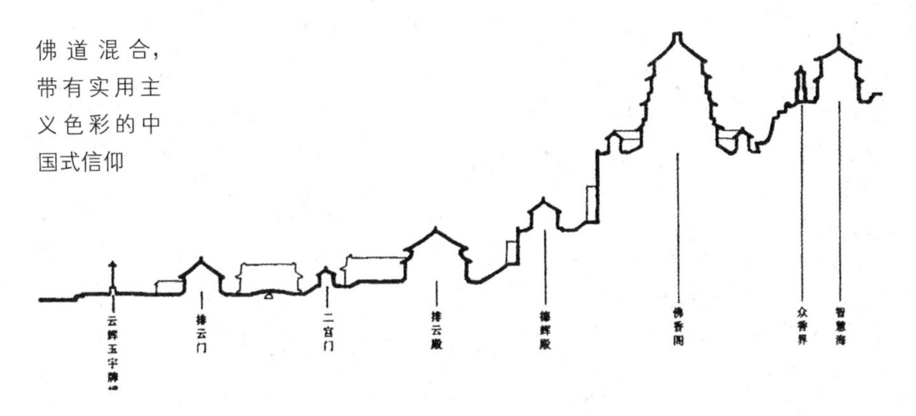

佛香阁象征须弥山顶，供奉阿弥陀佛象征慈禧对西方极乐世界的向往

音“无量”（阿弥陀佛有十三个名号，如无量寿佛、无量光佛、智慧光佛等等）。“智慧海”名称和“无梁殿”谐音“无量”，都表示虔诚供奉阿弥陀佛的意思，慈禧希望能获接引，前往西方极乐世界。

万寿山后山中

万寿山后四大部洲象征围绕须弥山咸海中的四洲，建筑用藏式象征藏民族对中央政权的拱卫

央部位建大型佛寺须弥灵境，北半部为汉式建筑，有配殿、大雄宝殿等。南部为藏汉混合式建筑，有香严宗印之阁、四大部洲殿、八小部洲殿、日殿、月殿、四色塔，体现藏传佛教建筑特色。四大部洲殿名引用佛语，佛教称须弥山坐落于四方咸海之中，咸海中有四洲。后山这些建筑象征日、月、四洲环绕须弥山。建筑用藏传形制，象征藏族服从满族统治，统一于神圣的佛教。同时象征清王朝对藏民族的团结。

下至万寿山后麓，有一条模仿江南的“苏州河”，岸边设商业买卖街，全长270米，象征凡间尘世。与万寿山象征须弥山布置合成一幅天上人间，似幻似真的象征画卷。暗合佛道“虚空”二字真义。

从植物看，万寿山前山松、柏成林，象征“长寿”、“永久”。

万寿山后苏州河及繁华的买卖街象征佛、道家眼中的虚空世界

受上林苑影响，昆明湖中建有三岛，象征东海三神山

“昆明湖”模仿杭州西湖，筑两堤把湖面分成三部分，即堤东大湖、堤西养水湖和西湖。受一池三岛建园传统影响，三湖中设三岛，象征东海三神山。

“十七孔桥”宽 8 米，长 150 米，连接东堤与南湖

十七孔桥象征鹊桥，昆明湖象征天河

岛。桥两头分别为“铜牛”和“耕织图”，整个布局以神话牛郎织女为蓝本，铜牛和耕织图象征牛郎和织女，十七孔桥象征鹊桥，昆明湖象征天河。耕织图为石刻，嵌于十七孔桥北端延赏斋壁上。附近是一组建筑群，蚕神庙供奉蚕神，织染局从事养蚕、缫丝、织染锦缎。空闲之地，遍种桑树，象征帝王重视农桑。

**注释**

[1]《三辅黄图》。

# 第十一章
# 精神家园的私家园林

中国皇家园林体现了国家政治观念，由富豪、官僚建造的私家园林则体现园主个人的精神内涵。唐朝王维成功地建造了文人园林，使私家园林内涵发生重大蜕变，原先私家园林具有的比富、奢侈享受特征逐渐消退，文人精神的表白取而代之，私家园林成为文人怨诉、辩白、标榜、自励或者粉饰的场所。这样，私家园林像博物馆一样，会聚了各种文化产品。中国没有其他文化艺术能像文人园林那样，由那么多的文化因素构成，且相互融会。确切讲，私家园林是一个中国文化的综合体。文人优雅含蓄的自白使私家园林充满了文化内涵。

## 一、私家园林的文化内涵：文人的精神困境

私家园林与皇家园林趣味大相径庭，即使有相同处，也是皇家园林截取私家园林中的片断移植而成。帝王是皇家园林主人，因而皇家园林必然反映天朝威仪、四海统一、皇权巩固的主旨，文人式的游赏布置只是简单模仿和点缀。从本质上讲，皇家园林是“集体”性质的，私家园林是“个体”性质的，所以，皇家园林重国家政治，较少表现个性化的主题。

私家园林是个人私有的，是充分个性化的园林。但五彩缤纷的私家园林有一个共同特征：标榜隐居。因而，要从本质上理解私家园林文化内涵，必先透视一番隐居文化。

**象征性隐居**　唐朝白居易把隐居分成三种：大隐隐于朝，中隐隐于市，小隐隐于山。大隐，身在官场，

有为中求无为，以巧妙的方法保全自己，躲避来自同僚的伤害，其中不定因素最多，难度最大。中隐，身居市廛，虽不在官场，却免不了与官场人物接触，要保持清静无为，不为人事干扰，难度中等。小隐，卷起铺盖一走了之，远远的找座名山寄居起来，从此音信隔断，自然没有干扰，难度最小。这种分法根据隐居难易程度而定，缺陷是没有揭示隐居者的动机。

动机是本质内容，弄清隐居者动机，对深刻理解以隐居装饰的私家园林有极其重要的意义，不妨作些分析。所谓大隐者看重名节，注意朝野口碑，对金银、豪宅等有形资产不屑一顾，但实质上已有的名声、地位是很有价值的无形资产，他们在表面清苦的背后往往能够名声、地位、利益兼而得之，故大隐者难免虚伪。

中隐者是一群被朝廷或同僚抛弃的失败者，他们内心充满失落、愤懑、痛苦和无奈，但他们手中尚有钱财，不愿就此落荒入山，受苦后半辈子。他们采取模仿自然山水的办法，把自己置于象征性的隐居场景之中，既有隐居的包装，又能继续享受富裕的物质生活。东汉仲长统的《乐志论》道出了中隐的全部秘密，他说：

富裕的物质生活使中隐者气定神闲

使居有良田广宅，背山临流，沟池环匝，竹木周布，场圃筑前，果园树后。舟车足以代步涉之难，使令足以息四体之役，养亲有兼珍之膳，妻孥无苦身之劳。良朋萃止，则陈酒肴以娱之；嘉时吉日，则烹羔豚以奉之。踟躇畦苑，游弋平林，濯清水，追凉风，钓游鲤，弋高鸿，讽于舞雩之下，咏归高堂之上。安神闺房，思老氏之玄虚，呼吸精和，求至人之仿佛。与达者数子，论道讲书，俯仰二仪，错综人物。弹南风之雅操，发清商之妙曲。逍遥一世之上，睥睨天地之间，不受当时之责，永保性命之期。如是，则可以凌霄汉，出宇宙之外矣，岂羡夫入帝王之门哉！[1]

所以，中隐群体选择城郊建造私家园林，实行象征性隐居实在是他们的一大发明。

五代巨然《雪景图》的冷寂场面足以使绝大多数隐居者望而却步

小隐之所以不太受欢迎，是因为要从闹哄哄的官场突然转入冷寂清苦的山林生活，反差太大。而且等待朝廷召唤的侥幸心理，不愿因躲到一个不为人知的地方而失去可能东山再起的机会。只有心如死灰，财力不济的人才真正接受小隐，躲进山野等待老死。

可见，白居易的隐居三分法尽管向为世人接受，但说得不太正确。应该分为真隐居和

采薇图只是画家的理想化想象，并没有吸引多少人步伯夷、叔齐后尘，走上真隐居的不归路

象征性隐居两类：真隐居，他们不仅愤世嫉俗，而且能了断尘缘，与世裂决，隐入大山深林，甚至遁入空门，为僧为道；象征性隐居，借隐居旗号，把自己包装起来，既获得精神满足，又继续保持物质享受，隐于朝的和隐于市的即是。

真隐居是十分不易的，先说入山自我禁锢，与世隔绝的隐居就难以教人效仿。举最早的隐士为例：商末伯夷、叔齐弟兄俩因谦让继承王位，一齐投奔到周。后周武王灭商，弟兄俩又逃避到首阳山，不吃周提供的粮食而饿死。他们在首阳山中的景况令人寒慄，留下的诗写道：

> 登彼西山兮，采其薇矣。以暴易暴兮，不知非矣。神农虞夏忽焉没兮，我安适归矣。吁嗟徂兮，命之衰矣。

他们不吃周提供的粮食，在山中以采集一种名叫做巢菜的豆科草本植物充饥，虽然苗叶可当蔬菜食用，或者豆荚中的荚果也可充饥，但不久终于衰亡。他们弟兄俩入山隐居，实迫于无奈，充满了家国灭亡的痛心和对周“以暴易暴”的怨愤。更严重的是投奔的周灭了自己国家，初始躲避做官的高尚行为最后变成了投靠敌人，“神农虞夏忽焉没兮”，完全陷入精神崩溃边缘。这个隐居故事以生命的代价保全了弟兄俩的名节，但谁愿自觉走入这条阴差阳错的绝路呢?

寒山落魄滑稽的形象使意欲隐遁佛门的人止步不前

再说出家，出家情况有多种，官宦、富豪、文人出家大都有一段迫不得已的情节为背景，就平常人而言，也难以效仿。如唐代五台山名僧寒山，出家前热衷科考，并寄予厚望，但他不属于应试型人材，历经四五次考试均名落孙山，受到包括妻子在内的家人冷落，“却归旧来巢，妻子不相识”。弄得一个意气风发的青年心灰意懒，35岁那年到浙江天台县境内隐居，后几经挣扎，终于皈依佛门。沉重的打击使他落拓不羁，倍遇冷落，有记载云：

> 寒山子者，世谓为贫子。风狂之士，弗可恒度推之。……时来国清寺，有拾得者，寺僧令知食堂。恒时收拾众僧残食菜滓，断巨竹为筒，投藏于内，若寒山子来，即负而去。或廊下徐行，或时叫噪凌人，或望空曼骂。寺僧不耐，以杖逼逐。……然其布襦零落，面貌枯瘁。以桦皮为冠，曳大木履。……[2]

如此落魄，足使徜徉于佛门外的人止步不前。

以上两例说明入山不出，遁入空门的真隐居者，大多有一段生死裂决的人生重大变故。他们不到重大挫败时不会选择真隐居这条道路。

象征性隐居者在城郊购置园林，自比上古隐逸圣贤，把自己打扮成一名光荣的失败者，一方面建筑豪华园林继续享受红尘浮华生活，另一方面借题寓意超然出世。苏州许多园林就是这类“隐士”矛盾心理的产物。苏州沧浪亭在园主苏舜钦手中充分表达了这类隐士的内心独白。

苏舜钦被罢官后，因久慕“吴中渚茶野酝，足以消夏；莼鲈稻蟹，足以适口；又多高僧隐君子，佛庙胜绝”。[3]他在《过苏州》诗中写道：“绿杨白鹭俱自得，近水远山皆有情”。出四万贯钱买下五代广陵王钱元僚旧池馆构亭北琦，修建成现貌。感于身世多变，悟出“随缘任运”的人生之道，想起《沧浪之歌》：“沧浪之水清兮，可以濯我缨，沧浪之水浊兮，可以濯我足！”遂以“沧浪亭”命名园，自号“沧浪翁”，从此“与风月为相宜”或“扁舟急桨，撇浪载鲈还”，仿

其实苏舜钦等文人并不想成为马远《秋江渔隐图》场景中心死如灰的老翁

做一名渔父，避世隐居似乎找到了归宿。宋杰《沧浪亭》诗赞道：

沧浪之歌因屈平，
子美为立沧浪亭。
亭中学士逐日醉，
泽畔大夫千古醒。
醉醒今古彼自异，
苏诗不愧《离骚》经。

沧浪亭园内又有“面水轩”、“观鱼处”、“明道堂”等几处加强隐居主题，但是真的把苏舜钦看做已经心如死灰，安于做渔父的“隐士”那就大错特错了，因为苏舜钦向有“丈夫志”，“耻疏闲”，他借居沧浪亭其实是在等待朝廷重新启用的召唤。当这种等待幻想彻底破灭后，他已不能自持，日日“向沧浪深处，尘缨濯罢，更飞觞醉”，终因难以排遣郁闷，于41岁英年早逝。苏舜钦的词《水调歌头》可作为他的心理注解：

潇洒太湖岸，
淡伫洞庭山。
鱼龙隐处烟雾，
深锁渺弥间。
方念陶朱张翰，
忽有扁舟急桨，
撇浪载鲈还。
落日暴风雨，
归路绕汀湾。
丈夫志，
当景盛，
耻疏闲。
壮年何事憔悴，

华发改朱颜?
拟借寒潭垂钓,
又恐鸥鸟相猜,
不肯傍青纶。
刺棹穿芦荻,
无语看波澜。

词中遭受排挤的痛苦心情，为国效忠的一片赤诚和疏闲隐居的无奈交织在一起，不仅反映了苏舜钦的复杂心理，也反映出一大批从官场上被排挤下来后成为“隐士”的共同心理特征。苏舜钦和沧浪亭说明，苏州园林主人以避世隐居自称只是表面姿态，闲居的无奈和等待东山再起才是这类“隐士”的深层本质。

**意境** 从造园角度讲，在小面积宅院内叠山凿池，模仿自然山水，建造具有居住、游赏、象征三重功能的私家园林必须借用山水画理，因为山水画式的移山缩水写意手法成功地把高山江湖缩写在数尺画纸上，做到了“小中见大”。造园借此手法创设意境，标榜隐居者的精神。

沧浪亭寄寓了苏舜钦复杂的隐居心态

那么，写意手法究竟如何把千里江河、体伟昆仑装进三尺画纸的？宗炳在《画山水序》中解释说：

> 且夫昆仑之大，瞳子之小，迫目以寸，则其形莫睹；迥以数里，则可围于寸眸。诚由去之稍阔，则其见弥小。今张绡素以远映，则昆阆之形，可围于方寸之内。竖划三寸，当千仞之高；横墨数尺，体百里之迥。

明代岳正《江山秋霁图记》从读画角度证明了中国画移山缩水的功能，他评价《江山秋霁图》道：

> 其空阔澄明，或沦或澜，或涌而浪，激而涛，荡而潋滟，漫衍而涟漪者，为大江。江之中，或举网而渔，或乱流而渡，或缆而泊，橹而进，篙而退，遡帆而风御者，为舟楫之多。其渊泓而纡回者，为江潭。凫雁翔集、菰蒲芦荻萦被而映带者，为江渚。其或连绵而屋比纷、而阁架列、而市肆分张，篱而园圃隔、塍而田区、委而巷蔽者，为江村。其或平田漾沙、崩崖陡绝而昂伏不齐者，为江浒。去浒渐远而渐高，其或岭耸而坡平、岩巉而壁立，或障而屏蔽、峰而秀立、巘而奇迭，或壑而有容、谷而能虚、麓而从薄、冈阜而蜿蜒，其或远而黛抹、近而剑植、既断而复续、迤迤重沓、杳莫究其所极者，为岸江之诸山。山有泉，或悬或注；山有石，或蹲或卧。或深而涧流，或曲而溪萦，危而桥横。或草莽翳而雉兔跧伏，或林木郁而禽鸟巢栖。或佛寺，或道院。或樵或牧，或士女之嬉游。其掩映蔽亏、吞吐隐约、千态万状，得之心想而口舌不能道者，不与也。昔者予尝奉使南服，由汉沔出浔阳，乘流而下，直抵扬子，而凡简册所纪载者，辄跻攀以穷其胜，虽流连累日，不辞也。今观是图，一瞬千里，坐而致

北宋王希孟《千里江山图》包含了山水画理的象征手法

之，能不使予恨相见之晚，而追悔夫曩昔之劳也邪！

“竖划三寸，当千仞之高；横墨数尺，体百里之迥。”就是散点透视的写意产生了“小中见大”效果，在宽不足一尺，长不足五尺的画纸上，记录了大江两岸所有景象：江水、舟楫、村庄、水岸、山石、禽鸟、佛寺、道院、樵夫、牧童、士女。

写意是中国艺术的重要表现手法，中国人的美感因地理环境、民族、时代、观念、心理活动诸因素影响而具有独特性，中国人在审美活动中对于美的主观反映、感受、欣赏和评价与西方往往大相径庭，集中体现在中国重个人精神表现与西方重客体再现的艺术观。由于中国绘画是个人精神表现的结果，欣赏者只能通过揣摸去体会作者的部分创作本义，而这时特别需要借助象征视角，因为写意画面充满了象征性。写意绘画以简练的笔墨勾勒出对象的形神，或抒发作者的胸臆。重神似，轻形似，对象的空间位置并不严格固定，可以按作者主观意图任意截取、衔接或作宏观缩小、局部放大，甚至对重点部分作夸张性创造，通过似像非像的形象传达作者的主观思想或即时情绪，作品中的线条粗细、墨色轻重、色彩冷暖、选择对象都可视作具有象征寓意的因素。因而，中国山水画很大程度上就是象征绘画。

花卉画同样采用象征手法。清画家八大山人为明宗室后裔，经历国亡、妻与子双亡创伤的严重打击，整日酗酒麻醉自己，或挥毫作画，陈鼎在《八大山人传》中写道：

> 多置酒招之，预设墨汁数升、纸若干幅于座右。醉后见之，则欣然泼墨广幅间。或洒以败帚，涂以败冠，盈纸肮脏，不可以目，然后捉笔渲染，或成山林，或成丘壑，花鸟竹石，无不入妙。

兰竹象征文人崇尚的品格

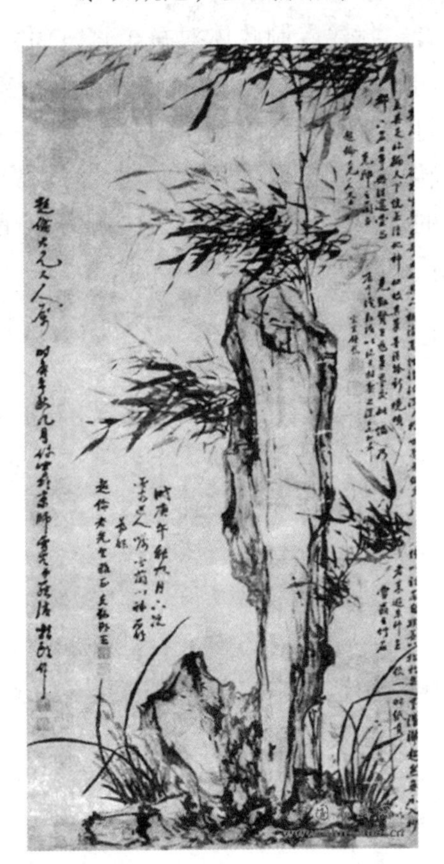

这类画在技法上称为泼墨大写意，所画内容无不包涵寓意，稍接触过中国画的外国人也发现这种现象。埃尔米·普雷托尤斯（Emil Preetorius）喜好收藏中国艺术品，对中国画深有体会，他说：

> 所有的东方绘画，都可以看做是象征，它们富有特色的主题——岩石、

水、云、动物、树、草——不仅表现了自己本身，而且还意味着某种东西，有些东西在自然界事实上并不存在，它们既非有机物又非无机物，也不是人造物，东方艺术家们不是看到了它们，而是以象征来隐喻它们。[4]

象征的绘画原理解决了私家园林空间狭小的问题，因此私家园林也就有了象征意味。

中国艺术具有象征意味与宗教影响大有关系，中国传统文化深深浸润于宗教之中，儒释道三教并存，长期作为国家政治的灵魂，是生于斯的每一个知识分子不可回避的现实，故成就大的文人都与宗教有着千丝万缕的关系。

再者，封建专制政体对每个官宦而言，充满着危险而不可把握的因素，随时的打击都可能是致命的，怎样从打击中解脱，求助于宗教变成唯一的途径。入世不成转出世，进取失败转向空，官场失败者接受看空人生的观点，借此平静自己失落的心理。正如白居易自述：

晓服云英漱井华，
寥然身若在烟霞。
药销日晏三匙饭，
酒渴春深一碗茶。
每夜坐禅观水月，
有时行醉玩风花。
净名事理人难解，
身不出家心出家。[5]

白居易佛道并举，药、酒、茶多管齐下，方才稳住阵脚。还有戴叔伦《晖上人独坐亭》：

萧条心境外，
兀坐独参禅。

萝月明盘石，
松风落涧泉。
性空长入定，
心悟自通玄。
去住浑无迹，
青山谢世缘。

郑谷也在《自遗》中写道：

谁知野性真天性，
不扣权门扣道门。
窥砚晚莺临砌树，
迸阶春笋隔篱根。
朝回何处消长日，
紫阁峰南有旧村。

时世凶险，只好问佛问道，独善其身，龟缩起来保全身家性命。

王维，唐朝进士。他精通山水画理，至于后人文震亨总结的山水画要义："山水林泉，清闲幽旷，屋庐深邃，桥约往来，石老而润，水淡而明，山势崔嵬，泉流洒落，云烟出没，野径迂回，松偃龙蛇，竹藏风雨，山脚入水澄清，水源来历分晓。……"[6]在王维的画中俱有，而且更高出一筹，苏轼评价王维道："诗中有画，画中有诗"。

安禄山叛乱，攻陷长安，王维出任伪职。平叛后，他受严厉处分，降职不久虽官复尚书右丞，但经此政治波折，打击不小，逐渐看空人事，转奉佛道，晚年在陕西蓝田境内修建辋川别业。他与裴迪互相酬唱，抚慰对方伤口，表现出对人生的极度无奈与失望："世事浮云何足问，不如高卧且加餐。"[7]这还不行，须用白居易多管齐下办法，方能平静内心，他终于转而问道奉佛，宁信人生一个"空"字："一生几许伤心事，不向空门何处消。”[8]

王维在精通诗歌、绘画和音乐的基础上，加上研习禅宗，诸般艺术和宗教相互交融，使他的诗画更上一层楼，创造出了意蕴深远的诗画。诗歌意象给人一种意境高远、空寂宁静、欲言难尽的感觉。山水画面空灵渺远，超尘脱俗，令人玩味无穷。

从艺术创造角度看，一切艺术都是情绪的产品。以前没有烟草、毒品这类兴奋物品，酒、宗教和艺术创造起了重要的安慰作用。文人的苦恼、落寞、无奈、彷徨、愤懑诸种情绪往往借助饮酒、学禅和艺术创作，特别是艺术创作，或书法、或绘画、或诗歌、或音乐、或戏曲、或小说，借题发挥，平衡心理。唐朝有李白放歌，张旭狂草，当然也有了王维的园林。

对私家园林意境创设具有重要影响的辋川别业

## 二、辋川别业：王维开创解脱之道

辋川别业在陕西蓝田县西南约20公里处，那里山

岭环抱，溪谷辐辏，王维依自然地势规划整治成园。今天，按《辋川集》中记录的20个景区和景点，可大致看出园林的内容。

唐代同时具备诗、文、书、画、宗教诸项修养不乏其人，但大多或贫或飘泊不定，真正能为自己建造别墅长期安居者寥若晨星，王维是极少数中的一个。王维耀人的才华，把私家园林艺术推向极致，特别是园林意境的创设，后代陈陈相因，很少超过。宋徽宗赵佶建艮岳，终究皇家审美离不开恢宏华丽，远不如辋川别业有意味。苏州拙政园初出于明代著名画家文徵明的画稿，园景“明瑟旷远”[9]，但王维“诗中有画，画中有诗”的高妙手法使文徵明笔下的拙政园也难与辋川别业相比。

**禅的意味** 诗情画意加禅理是辋川别业成功的关键。王维吸取禅宗的静坐默念，说法时以言引事物的暗示，以及色空观，使其诗歌读来奥深理曲，委婉含蓄，充满寂、空、静、虚的意境，再结合音乐的弱音、停顿，山水画的飞白，又使诗歌富有节奏变化。如《鹿砦》：

空山不见人，
但闻人语响，
返景入深林，
复照青苔上。

反映环境的虚空冷寂，空山中依稀听到的人语声却给山造成更大的空无感觉，空是绝对的，声是有条件和暂时的，人语声会随人去而消逝，山却长久空下去，人语打破寂静，显得山更静，这不是色空的演绎么？“复照青苔上”揭示静默世界中的无限轮回，全诗充满禅理的思考。

又如《竹里馆》：

独坐幽篁里，
弹琴复长啸，
深林人不知，
明月来相照。

竹与佛教有很多关系，竹节与节之间的空心，是佛教概念“空”和“心无”的形象体现；竹叶发出的飒飒声，一些大师看做是神启的信号。据说释迦牟尼在王舍城宣扬佛教时，归佛的迦兰陀长者把自己的竹园献出，摩揭陀国王频毗娑罗就在竹园建筑一精舍，请释迦牟尼入住，释在那里驻留了很长时间，那幢建筑就与著名的舍卫城祇园并称为佛教两大精舍。这则传说使竹在佛教界身价百倍，被看做圣物，出现在所有的佛教寺庙中，居士、信徒也在家园中引种竹子，表达对佛教的信仰。“独坐幽篁里”营造了氛围极浓的禅坐场景，王维一如释迦牟尼在王舍城禅思，思考的问题是如此深奥，以致难找对话者。“深林人不知，明月来相照”，深锁山林中的思想孤独者，惟有明月来相伴。“弹琴复长啸”，无奈，孤独者以琴声和吟唱寻觅知音。“知琴者，以雅音为正。……故能操高山流水之音于曲中，得松风夜月之趣于指下，是为君子雅业，岂彼心中无德，腹内无墨者，可与圣贤共语？”[10]但是，王维知音难觅，只好陷入孤独的禅思之中，惆怅至极时，仰天长啸几声。

再如《辛夷坞》：

木末芙蓉花，
山中发红萼；
涧户寂无人，
纷纷开且落。

在渺无人迹的地方，明月东升相照，芙蓉花开花落，周而复始，时间飞逝似乎失去了意义，一切在

花开花落知世界

自然法则中平静地运行，它启发人自然法则如此，人当顺应，进入自然运行轨道，顺乎天理，接受生命的寂灭，归为永恒的“空”。世界本就日落月升，花开花谢，交替无尽，万物皆如此，人的内心悟到这点不必再恐惧、再狂喜，除却一切欲念，内心归于平静、淡漠、寂灭。这个关于人生与自然关系的大题目产生了无限意蕴，像电影蒙太奇效果一样，人飞升到无限的想象世界中“冯虚御风”，任意遨游，在空间上冲破有形的“幽篁”和发“红萼”的山，在时间上穿透物的即时性，从而进入消失时空感的永恒世界。这首诗充分抒发了作为一个佛家居士对世界的看法，而且修养之深非一般僧人能比。有位著名禅师诗曰：“树叶纷纷落，乾坤报早秋。分明祖师意，何用更驰求。”《辛夷坞》表明王维已达到这位高僧的境界，完全领悟自然物象中蕴涵的禅机，可以从一片飘落的花瓣看透世界本源。

王维是那样深入禅理之中，致使随手翻读一首诗，都会觉得满口馥郁、经久不散。如《山中》：

荆溪白石出，<br>天寒红叶稀；<br>山路元无雨，<br>空翠湿人衣。

又如《书事》：

轻阴阁小雨，<br>深院昼慵开；

坐看苍苔色，
欲上人衣来。

再如《辋川闲居赠裴秀才迪》：

寒山转苍翠，
秋水日潺湲；
倚杖柴门外，
临风听暮蝉。
……

理所当然，充满禅意的王维所建园林必定不同凡响。

**诗情画意** 《中国古典园林史》作者周维权先生按王维和裴迪在《辋川集》中四十首诗的排列顺序关系，再现了辋川别业全景，不仿录于此，以体会王维式的诗情画意。[11]

孟城坳　谷地上的一座古城堡遗址，也就是园林的主要入口。裴迪诗："结庐古城下，时登古城上；古城非畴昔，令人自来往。"

华子冈　以松树为主的丛林植被披覆的山岗。裴迪诗："落日松风起，还家草露晞；云光侵履迹，山翠拂人衣。"

文杏馆　以文杏木为梁、香茅草作屋顶的厅堂，这是园内的主体建筑物，它的南面是环抱的山岭，北面临大湖。裴迪诗："迢迢文杏馆，跻攀日已屡；南岭与北湖，前看复回顾。"王维诗："文杏裁为梁，香茅结为宇；不知栋里云，去作人间雨。"

斤竹岭　山岭上遍种竹林，一弯溪水绕过，一条山道相通，满眼青翠掩映着溪水涟漪。裴迪诗："明流纡且直，绿条密复深；一径通山路，行歌望旧岑。"王维诗："檀栾映空曲，青翠漾涟漪；暗入商山路，樵人不可知。"

鹿砦　用木栅栏围起来的一大片森林地段，其中放养麋鹿。裴迪诗：“日夕见寒山，便为独往客；不知深林事，但有麋鹿迹。”王维诗：“空山不见人，但闻人语响；返景入深林，复照青苔上。”

木兰柴　用木栅栏围起来的一片木兰树林，溪水穿流其间，环境十分幽邃。裴迪诗：“苍苍落日时，鸟声乱溪水；绿溪路转深，幽兴何时已。”

茱萸片　生长着繁茂的山茱萸花的一片沼泽地。王维诗：“结实红且绿，复如花更开；山中傥留客，置此芙蓉杯。”

宫槐陌　两边种植槐树（守宫槐）的林荫道，一直通往名叫“欹湖”的大湖。裴迪诗：“门前宫槐陌，是向欹湖道；秋来山雨多，落叶无人扫。”

临湖亭　建在欹湖岸边的一座亭子，凭栏可观赏开阔的湖面水景。王维诗：“轻舸迎上客，悠悠湖上来；当轩对尊酒，四面芙蓉开。”裴迪诗：“当轩弥晃漾，孤月正裴回；谷口猿声发，风传入户来。”

南垞　欹湖的游船停泊码头之一，建在湖的南岸。王维诗：“轻舟南垞去，北垞淼难即；隔浦望人家，遥遥不相识。”

欹湖　园内之大湖，可泛舟作水上游。裴迪诗：“空阔湖水广，青荧天色同；舣舟一长啸，四面来清风。”

柳浪　欹湖岸边栽植成行的柳树，倒映入水最是宛约多姿。王维诗：“分行接绮树，倒影入清漪；不学御沟上，春风伤别离。”

栾家濑　这是一段因水流湍急而形成平濑水景的河道。王维诗：“飒飒秋雨中，浅浅石溜泻；跳波自相溅，白鹭惊复下。”

金屑泉　泉水涌流涣漾呈金碧色。裴迪诗：“萦亭

弹琴抒发胸臆是许多文人宣泄情绪的方式，包括画中操琴者宋徽宗皇帝

澹不流，金碧如可拾；迎晨含素华，独往事朝汲。”

白石滩　湖边白石遍布成滩，裴迪诗：“岐石复临水，弄波情未极；日下川上寒，浮云澹无色。”

北垞　欹湖北岸的游船码头，可能还有船坞的建置。裴迪诗：“南山北垞下，结宇临欹湖；每欲采樵去，扁舟出菰蒲。”

竹里馆　大片竹林环绕着的一座幽静的建筑物。王维诗：“独坐幽篁里，弹琴复长啸；深林人不知，明月来相照。”

辛夷坞　以辛夷的大片种植而成景的岗坞地带，辛夷形似荷花。王维诗：“木末芙蓉花，山中发红萼，涧户寂无人，纷纷开且落。”

漆园　种植漆树的生产性园地。裴迪诗：“好闲早成性，果此谐宿诺；今日漆园游，还同庄叟乐。”

椒园　种植椒树的生产性园地。裴迪诗：“丹刺罥人衣，芳香留过客；幸堪调鼎用，愿君垂采摘。”

可以体会到，辋川别业布局有很强的写意性和音乐节奏感。“斤竹岭”山径明灭隐现，“欹湖”浩淼晃漾，“竹里馆”和“辛夷坞”幽深寻不见。空间布局，高到“华子冈”，“斤竹岭”，低到“茱萸三片”；广有“欹湖”，细有“金屑泉”；“欹湖”是开敞布置，闭合布置则有“竹里馆”，或高或低，忽开朗，忽幽闭，这里静那里动，不正合了一部音高音低、快慢起伏、纤细与雄浑互错的交响乐么？

在空间有限的园林中，引入宗教思考后，把园林引向无限时空。园林本身外在的有限形式，因内容深化，开始急剧畸变、扩张。所以，园林空间不在乎占有多少亩土地，而取决于园林的内聚能量——思想性有多深。同理，一个阅历丰富、个性成熟的画家“胸中自有丘壑”，可将万里江山现于尺幅之中，传播万里渺远的气势，使读画者的感受突破尺幅之拘，进入一种比万里江山更旷远更宏大的想象时空中。所以，作为艺术，不管诗文、绘画、音乐、园林何种形式，一旦渗入佛道的空、无、灭、寂、静、旷、无极等思想，即时会给艺术品注入巨大能量，使艺术时空得以在观者头脑中借助想象得到自我扩张，艺术形式的“意味”性蔓延得无边无际，从而铸成东方艺术的最大特点——不可言传的含蓄和无限想象性。

如上文对王维诗歌分析可知，“鹿砦”、“竹里馆”、“辛夷坞”实际上是王维静虑参禅的地方，隐没于山岭，悄无人迹，居中可伴明月而友麋鹿，操琴吟诗，看花开花落，思考人生、宇宙的终极问题。这就是禅宗的神秘、道家的隐遁飘逸赋于辋川别业特殊的美感。如此观之，辋川别业最大成功——耐人寻味，正是得力于王维的佛道出世思想。

上述景点中最值得一提的是“竹”。竹有极其丰富的象征义，从时间上看，较早的象征义来自竹的外形、特质和发音。竹的外形纤细柔美，四季常青不败，象征年轻；竹节毕露，竹梢拔高，被喻为高风亮节。竹的特质弯而不折，折而不断，象征柔中有刚的做人原则；竹子空心，象征谦虚。“竹”与“祝”谐音，“爆”与“报”谐音，人们用竹做成爆竹，在喜庆节日燃放，驱邪祈平安。竹子丰富的象征意义和柔美的外形，为历代文人喜爱，自魏晋以来，敬竹崇竹，引竹自况，

沧浪亭“翠玲珑”竹林象征文人品格

相沿成风。《魏氏春秋》记载：

> 嵇康与陈留阮籍、河内山涛、河南向秀、籍兄子咸、琅琊王戎、沛人刘伶相与友善，游于竹林，号为七贤。

自此竹成为文人名节象征。辋川别业在竹里馆和斤竹岭大量引种竹，即借用竹的象征义标榜自励。

竹的品格在唐朝后一再受到文人颂扬，苏东坡说：“宁使食无肉，不可居无竹”。许多文人都赞同一句话：“人不食肉则瘦，居无竹则俗。”郑板桥更是画竹自励，讽贬时弊，托竹喻意，把画中竹子的象征意义推到极致的境界。所以唐朝后的文人（私家）园林都效仿辋川别业把竹当作布置的重要内容。如苏州古典园林布置竹最多的是沧浪亭。“翠玲珑”周围有近20种竹子，如矮秆阔叶的箬竹、碧叶披秀的苦竹、疏节长秆的慈孝竹、竹节环生毛茸的毛环竹、身染美丽黑斑的湘妃竹、青翠水灵的水竹、茂叶密披的青秆竹、宽叶浓荫笋蔓满地的哺鸡竹、秆皮黄色槽嵌绿条的黄金嵌碧玉竹和秆皮翠绿槽嵌黄条的碧玉嵌黄金竹等等。夏秋去时，绿荫蔽日，阴翳可人，冬春去时绿意满天，生机盎然。“仰止亭”布置在“翠玲珑”北侧，亭内石刻描画与苏州有关的名宦士人晚年在沧浪亭的生活片断，《诗经·车辖》云：“高山仰止，景行景止。”“仰止亭”取其意，表示对这些苏州名贤的高尚道德仰慕崇敬，并借“翠玲珑”一片竹子，赞誉这些名贤的品格。仰止亭内对联，可以为证：

> 未知晚年在何处；不可一日无此君。

“翠玲珑”、“仰止亭”一带成为文人雅游、觞咏作画之地，以示清高。

王维的“竹里馆”侧重佛教意境，提示我们对古典园林中布置的竹子要多一层理解，即除了竹具有点缀景点的功能和象征文人品格的意义外，竹子还象征对佛教的信仰。

## 三、江南园林艺术气质及其表现

江南一带，从晋室南迁以后苏州始见造私家园林的记载。随后特别从明嘉靖至清乾隆之间，历时三百年，造园活动达到一个新的高潮，其中尤以苏州、扬州两地为最。已经清楚，出现这种现象是江南优越的自然环境、经济发展条件和人文荟萃多种因素综合而成的结果。那么是什么原因使江南园林名扬世界呢，笔者认为环境造就江南人独有的艺术气质及其园林表现手法就是根本原因，下文就此进行分析。

**江南园林的艺术气质**　江南园林的艺术气质主要由文人气质、士大夫情调和无奈三者构成，然后混合成雅致、高贵、忧伤的表情，散发出强烈的感染力。

**文人气质**　中国私家园林的文人化肇始于唐朝王维的辋川别业。王维官至尚书右丞，精通诗画兼乐律，使得辋川别业充满诗情画意，空间布置开合有度，游线高低蜿蜒，景色山水相间，又极富音乐节奏感。最值得一提的是，王维把对佛教教理的认识融到景点布置中，使园林禅意氤氲，意味无穷。王维把竹林、清泉、芙蓉花、琴声和明月一系列具象的物质，变作关于生命意义沉思的思想载体，是辋川别业对中国园林艺术最伟大的贡献，王维开启了中国文人园林的先河，把园林变成最能体现中国文人气质的标识。

王维之后不断有文人参与园林建造，使园林的文人气质陈陈相因，不断充实。

山空无人，水流花谢，东方人对生命意义沉思的气质注入到园林建造中（沈周）

倪瓒，字元钲，号云林，江苏无锡人。性好洁而迂僻，人称“倪迂”。出身富家，终身不仕。水墨画造诣颇深，为著名元四家之一。倪瓒曾加入当时新道教，习静坐。50岁后复参禅学。元末变卖田产，常扁舟浪游苏州、无锡之间，或寄居田舍、佛寺，吟诗作画。由于逃避现实，作品意境清逸，多写疏林坡岸，浅水遥岭等平远风景，以幽淡为宗，反映了他孤高自赏，遁世嫉俗的思想。曾为狮子林僧天如禅师绘狮子林图卷。于是，假山即狮子，狮子即佛祖（佛经认为“佛为人中狮子”）的宗教思想借文化象征被融入园林，狮子林在佛家眼中就是须弥山。

文徵明，明代著名书法家。苏州拙政园园主王献臣被罢官后失意回乡，在苏州城内购下200余亩地，请文徵明设计，历时16年建成该园。文徵明在《王氏拙政园记》中说，最初的拙政园建筑不多，仅一楼、一堂和八间亭、轩。园主重在经营花坞、钓台、曲池、果圃，园林“明瑟旷远”，“茂树曲池，胜甲天下”。[12]于是壶中天地的哲学思想借中国画理缩龙成寸被融入园林。

文徵明后代又把文人刚正的气质融入园林。曾孙文震孟，明天启元年（1621年），殿试第一考中状元，

园林题名融入了文人坚贞立场的气质

官至礼部左侍郎兼东阁大学士，为天启、崇祯两帝讲课，态度严正，为人刚直。由于抵触魏忠贤及其遗党，终于被排挤削职，回乡后第二年便抑郁而亡。

弟弟文震亨，崇祯时授武英殿中书舍人，协理校正书籍事务。后因礼部尚书黄道周一事，受牵连入狱。后屡遭阮大铖、马士英的排挤打击，仕途坎坷，后辞官归苏州。明弘光元年（1645）六月清军攻占苏州，他避乱阳澄湖畔，后清廷下剃发令，文震亨闻而投河自尽，虽被家人救起，但绝食六日，呕血而死，终不屈服，其死也刚烈。文震亨在世时写就园林理论著作《长物志》。

文震孟痛感时弊积深，命名苏州的私宅为“药圃”（今艺圃），意寻求治国良方。其砖雕门楼额题为“刚健中正”，可谓浩然正气，这在充满书卷气的苏州古典园林中仅此所见，额题“刚健中正”四个字是文氏兄弟品格的写照。于是文人坚贞立场的气质借一座额题

“刚健中正”的门楼融入了园林。

李渔，原名先侣，字谪凡，号天徒，中年改名为李渔，字笠鸿，号笠翁。祖籍浙江兰溪县，出生地在江苏如皋，家境富裕，少年遍读诗书六艺，擅长辨审音乐和建造园林。他的造园思想主要集中在《闲情偶寄》中，兼谈生活情趣、审美趣味。李渔自云：“予性最癖，不喜盆内之花，笼中之鸟，缸内之鱼，及案上有座之石，以其局促不舒，令人作囚鸾絷凤之想。”他性爱自然，推崇“随举一石，颠倒置之，无不苍古成文，纡回入画”的叠山能手，提倡“宜自然，不宜雕斫”，“顺其性”而不“戕其体”。

李渔构建园林时，重视园林与大自然融合为一体。认为园林是通过造园家的“神仙妙术”，“以一卷代山，一勺代水”，集自然之精粹，浓缩天地之精华，收到咫尺山、勺水浩波之效。于是，文人细腻丰富、敏感创新以及借物寓意的气质借山石、水池、植物、摆件、小品、装修融入了园林。

**士大夫情调** 由于江南园林主人多半是退休官僚，把官场习性以及做派带进园林，厅堂追求气派，装修豪华，借此体现身价。结果造成建筑比例过大和单体建筑过大的弊端，园林空间显得逼仄局促。因为是读书人出身，园林布置和设计讲究文人情调，题名、碑碣、装修、布置无不体现文化内涵和文人趣味。气派豪华和文人雅趣两者结合，构成了亦官亦文的士大夫情调。

士大夫情调在官本位社会，必定受到追捧。拙政园在第一任园主王献臣时，文徵明设计的园景“水木明瑟旷远”，并无今天拙政园内那么多的建筑，因为他是遭贬斥被赶出官场，主题是隐居，不是功成名就衣锦还乡养老。拙政园后几次易主，不断加建建筑，所

陈设豪华，装修文雅，士大夫情调浓厚

以今天所见拙政园与王献臣时的初建拙政园相去甚远，远香堂的豪华布置更是南辕北辙。

扬州一些盐商园主的园林虽不及苏州园林精致入微，但也注意附庸风雅，即便是商人也显得儒雅，豪华则显亦官亦商本质。所以即便盐商的园林也体现士大夫情调。

士大夫情调有时是园林的根本本质，有时是附会装点，但都反映了江南园林的基本气质。

**无可奈何花落去**　江南园林还有一种基本气质就是“无奈”。园林的花容诗意表面下，掩藏着中国文人无可奈何的深层气质。这种无奈由封建制度、文化传统、个人际遇、终极思考等因素综合而成，结果是风花雪月的低吟浅唱；繁华富丽的及时行乐；标榜附会的自我安慰；借物寓意的自励平衡；暗喻佛道的精神解脱等，凡此种种无不反映中国文人对生命体验的无奈。

年轻时多少人考场得意，成为新贵，但其中一部分不谙官场陋习，随意指点，结果遭到排挤贬谪，落魄归乡。沧浪亭园主苏舜钦、拙政园园主王献臣即是。

明年花发虽可啄，却不道人去梁空巢也倾？

可怜苏舜钦年仅 41 岁便在等待中无奈死去。

有的参透生命本质，面对“天命”规律而无奈，对生命生出倦意。网师园园主宋宗元倦游归来，甘做一无聊的渔翁。留园园主问佛问道，平静走向生命终点，他们表面平静，实质无奈。

更多的园主安排豪华的物质享受，表面听戏吟唱的热闹，背后是及时行乐的空虚和无奈。

因此，无论园林布置是多么精巧雅致，题名是多么古奥晦涩，都难掩“无可奈何花落去”的丝丝悲凉，一种对生命运动规律无法抗拒和命运不可知的悲哀，从这一角度看，园中繁滋的花木乃是一个悲情符号。

就是这种隐约透出的丝丝无奈，就像一双含有些许忧郁神态的眼睛，凡接触到的人，瞬间都会在其恍惚之间被深深吸引。

**江南园林艺术的表现**　认识江南园林首先要分析造园的主人。苏州园林豪华精致，费用浩大，大都由富豪拥有，苏州向来是南北商业集散地，又是明清资本主义最早萌发地，拥有家财的商贾集聚，他们在城中花费资财建造园林，经营生意，享受人生。除此还有地方乡绅、官僚、文人。苏州中举做官的人多，“三年清知府，十万白花银”，去时一箱诗书，归时满船金银，从官场退休还乡的士人也加入购地造园的队伍。

这些拥有园林者的共同点是有钱，要享受。所以布置豪华，极尽享乐。不同点有很多：有钱人不一定肚内有文章，这样的人要面子，自己没读书却要装点得比读书人还有学问，不惜一掷千金，附庸风雅；地方乡绅秉持地方文化传统，忠实传承江南园林风格；从官场上退休的，端习惯的架子放不下，布置风雅豪华并重，风雅以示士人风度，豪华表示官僚身价；同为官场下来的人，有的是年老退休返乡养老，有的则是遭排挤贬斥，落荒而来。遭排挤贬斥，落荒而来的牢骚满腹，通过园林布置中的自嘲、标榜、附比、暗喻、象征等手法表现平衡自己；更有的入世无望，干脆吃斋念佛，亦佛亦道，佛道并举平静内心，园林布置中充满宗教的思考；沧浪亭主人苏舜钦把园林当作东山再起的暂居之地，到太湖游荡了几回，象征性的当了几天渔夫，最终没能如“沧浪之水清兮，可以濯我缨；沧浪之水浊兮，可以濯我足”那样潇洒，中年便在严重的失望中夭折了。综合考察，江南各个园林的内涵和表现存在很大差异，归结起来大致有以下几点：

其一，讲究排场体现身份。江南园林主人多为遭排挤或退休的官僚，拙政园主人王献臣，明弘治六年进士，历任御史、巡抚等职。因官场失意，乃卸任还乡造园隐居。寄畅园，明代正德年间兵部尚书秦金辟为别墅，初名“凤谷行窝”，后为布政使秦良所有。万历十九年，秦耀由湖广巡抚罢官回乡，着意经营此园。沧浪亭主人苏舜钦北宋庆历年间，因获罪罢官，旅居苏州，营建沧浪亭。留园为嘉靖年间太仆寺卿徐泰时私园。网师园为乾隆光禄寺少卿宋宗元所有。退思园是清代同里任兰生营造的宅第，任凤（阳）、颍（川）、六（安）、泗（州）兵备道，后因营私肥己被解职返乡。耦园主人为清末安徽巡抚沈秉成。以上可见，园林主要是有官僚身份的人经营，他们脱不了官僚习气，虽打着隐居旗号，还是少不了迎来送往的应酬，所以要有与身份匹配的排场。拙政园的远香堂、留园的林泉耆宿之馆、耦园的载酒堂等布置华丽，家具规格高做工考究，恰当地体现了文人出身的官僚身份。

扬州的园林主要是盐商宅第，园林布置规格毫不逊色于苏州园林，有的甚至更显气派，只是布置内容和趣味露出商人特性，少些含蓄和书卷气。

其二，模仿自然顺应天道。模仿自然首先是城市园林功能的要求，隐居城市目的既要保障物质生活需求又要不出家门能体味山林野趣，于是借鉴山水画理，缩龙成寸，模山范水，把自然风景引进园内。

人法道、道法自然的结果是园林布置模仿自然。园林模仿自然背后蕴藏的这种深刻思想内容，是中国文化中最基本的也是最核心的内容，表现时往往散漫又似乎不经意，其实这正是深入骨髓的影响表现，由自觉不自觉组成，世代相袭，了无声息。

拙政园远香堂
排场气派

微缩自然的难题由山水画理成功地解决，使园林山水“一峰则太华千寻，一勺则江湖万里”，深刻地表达对宇宙规律“自然”的敬畏。

其三，内敛含蓄。皇家园林反映天朝威仪，四海统一，皇权巩

曲园依曲池而建，面积仅4.2亩，取《老子》“曲则全”之意，顺应自然，敬畏天道

固的主旨，建筑规模和题名张扬显赫。江南园林不同于皇家园林，原先私家园林具有的比富特征逐渐消退，取而代之的是文人精神的表白，私家园林成为文人怨诉、辩白、标榜、自励或者粉饰的场所。然而，中国等级森严的政治制度又决定个人情绪表达不宜直白，故园林布置具有内敛含蓄特点。

园林大门注意朴素，既不高大也不显眼，与一般民宅没有差别，混杂于闾巷之中，就像谦谦君子，尽管肚中锦绣文章，外表却平常无奇。

园林的围墙都较高，园主希望高墙把自己掩藏起来，既低调又有安全感。

许多园主是遭贬斥的官场失败者，内心充满愤懑、失落和哀怨，这些情绪通过题名标榜、附会圣贤的主题布置，含蓄巧妙地把自己与先贤联系在一起，以此平定内心冲突，平衡情绪。如留园濠濮亭以庄子在濠水濮水的隐居故事，布置水池，放养鱼儿，将自己附比成拒绝楚王邀请出山做官的庄子；五峰仙馆以太湖石堆叠假山附比李白隐居庐山五老峰；曲溪楼借中部一泓池水，引出兰亭雅集的故事，附比兰亭聚集的君子……凡此种种，无不委婉含蓄，内中却又深藏风骨，

深处闾巷藏而不露

真实地体现中国文人复杂丰富的内心世界。

其四，象征表意。象征可以把一些难以言说的意思通过物象表达，比如送姑娘一支红玫瑰，表示爱慕之情。园林借物象表意是主要手法之一，耐人寻味。

植物象征很普遍，如留园中部划分水池的小蓬莱种植紫藤，每逢春天，紫色花串覆盖整个廊桥，象征祥瑞。因为天神居住在紫微垣，紫色为吉祥色。唐朝规定四品官以上才能着紫色袍服，故紫色又是富贵色。拙政园梧竹幽居植梧桐树和竹，传说凤凰只吃梧桐籽，梧桐被民间看做招引凤凰的吉祥树，竹节节向上，又有高风亮节的文化涵义，合在一起象征迎祥。深入推究，象征义不止这些，因为梧桐树中间空，为阴；竹节在外，为阳，古时出殡，女性长者拄梧桐木拐杖，男性长者拄竹拐杖，所以梧竹幽居植梧桐树和竹又象征阴阳相合，圆满完美。

以此观园林，园中植物如芭蕉、松柏、石榴、桂花、梅花、银杏、桃、紫薇、枇杷、菊、橘、荷花、玉兰等无不赋予象征义，与题名结合构成主题布置，如芭蕉主题的听雨轩；松柏主题的得真亭；桂花主题的闻木樨香轩；桃主题的又一村；枇杷主题的枇杷园；橘主题的待霜亭；玉兰主题的玉兰堂，这些景点分别象征雅趣、坚贞、悟道、仙界、富贵、坚守、才华。

留园闻木樨香轩铺地盘长借佛说象征内心回环贯彻，开悟通明：

宗教许多内容具有无法具象、不可再现的特点，所以借用物象象征表达特别多，如基督教教堂平面为十字形，象征信仰，红酒象征耶稣血液，面包象征身躯。江南园林的留园主人笃信佛教，不仅把西园捐赠作寺庙，还在留园内布置许多宗教主题景点，如亦不二亭、闻木樨香轩等，借用佛教故事和物象布置，意义晦涩，却又明灭可见，引人思索，幡然醒悟。狮子林原来就是佛寺，太湖石假山象征狮子，象征佛祖，象征须弥山。留园和狮子林是自觉布置，表达明显，拙政园等园林也有宗教题材布置，但多为不自觉布置，分散于点点滴滴，不易发现。

## 四、狮子林：佛俗一家

狮子林比较特殊，就其历史发展而言有两个阶段，第一阶段是作为寺庙园林的狮子林；第二阶段是转变为文人园林。下面我们先了解寺庙园林的来由，以帮助理解狮子林的演变。

**寺庙园林**　佛教初兴，始于洛阳白马寺。出于宗教需要，寺庙多建于城市。魏晋隐居之风，推动佛寺由城市向自然山林转移。东晋高僧慧远隐入庐山，依山傍水，建东林寺。有记载：

远创造精舍，洞尽人美。却负香炉之峰，傍带瀑布之壑。仍石叠基，即松栽构。清泉环阶，白云满室。复于寺内别置禅林，森林烟凝，石径苔生。凡在瞻履，皆神清而气肃焉。[13]

东林寺旁的自然美景，成为天界佛国的现实映像，使佛教更具号召力。自然山林寺庙中的和尚则尽享快乐，不羡王侯：

……种种劳筋骨，不如林间睡。……本自圆成，不劳机杼。世事悠悠，不如山丘。青林蔽日，碧涧长流。卧藤罗下，块石枕头。山云当幕，夜月为钩。不朝天子，岂羡王侯？……兀然无事做，春来草自青。[14]

文中反映出家人生活慵懒闲散，无忧无虑，天界佛国不过如此。

然而，佛教的对象毕竟是人而不是自然山水，寺庙还得回到人口集居的城市中去。魏晋以后，佛寺在城市普遍出现。佛寺经过魏晋自然山水化后，在城市建造时已完全不同于衙署式的白马寺，而是模仿自然，布置山石、水景、树木。由于受空间和自然条件限制，只好采用象征手法。日本接受中国文化，并发扬光大，把寺庙园林象征布置发展到极致，不妨去看看。

日本园林艺术和佛教都是从中国漂洋过海引进的舶来品，但两者很快在太平洋岛国融成一体，园林嬗变为佛理非常浓厚的所在，园林的休闲意义被大大削弱，很大成分作为传达高深禅理的媒介，其典型是京都的龙安寺庭园。它的布置是在一方耙过的白砂上安排由十五块岩石组成五组抽象作品，如何理解它的含义，许多外国学者发表了独特的见地：蓝敦·华纳说，“一组岩石也许可以看做老龙及其子女在瀑布或激流的水花之中翻腾嬉戏”；威尔·彼得森则将园中岩石比作

“十六罗汉”。不管这些比喻确切与否，说明这组岩石导引观者突破这一方砂子的空间，起了突破时空，由此及彼的想象作用，蓝敦·华纳说得好，“禅暗示观者依照他自己的想象去完成他自己的意念”。一座园林有多种要素构成，威尔·彼得森分析龙安寺时把宗教意识观念特别提出来作为强调：

> 在注视这片空的空间时，岩石亦不可忽视，岩石跟沙子以及沙子的属性一样，亦是日本美学中的一个基本要素；所有这些，以及其他的一些成分，都有助于在庭园的里面，造成一种错综复杂的重要联想。将造园艺术的无数优点带入这座显然单纯的花园之中，使之与丰富的宗教上、神话上、或意识上的观念，以及由许多世纪累积而成的历史关联发生化合作用，并非不可能之事，任何人，只要讨论到龙安寺这座庭园，如果不能把所有这些东西都列入考虑的话，都难免有以偏概全的危险。[15]

龙安寺没有明确答案，但十五块岩石布置隐含宗教思考不可否定，外国学者从禅的角度审视理解十五块岩石，其分析的切入点无疑是正确的，佛教主张自我觉悟，龙安寺十五块岩石布置的出发点恐怕即在此。

日本龙安寺十五块岩石布置有许多佛家的涵义

不过，中国寺庙园林与日本寺庙庭院不同，不仅空间大，而且内容要丰富得多，苏州狮子林就是一佳例。

**作为寺庙园林的狮子林** 狮子林最早建园在元至和二年（1342年），元名僧天如禅师维则的弟子在苏州“相率出资，买地结屋，以居其师”，因天如禅师的师傅中峰居住浙江天目山狮子岩，又《大智度论》说：“佛为人中狮子”，所以建园用“花石纲”遗下的湖石多叠假山，各拟狮子态。

整园前寺后园，取名狮子林，亦称狮子寺，1352年名“普提正宗寺”。明代叫“狮子林圣恩寺”，万历年间加建佛殿、经阁、山门。清代顺治年间重建经阁，经五六百年“经阁既成、大殿并峙”，一时香火旺盛，乾隆十二年，又改名“画禅寺”。狮子林全园假山构成上、中、下三层，有山洞21个，曲径9条，构建“山深重峨，峰高峦青，净土无为，佛家禅地”，把占地1.73亩的假山象征为佛家须弥山。

中国存在着多神教的信仰，特别佛教传入后，很快与本土道教并行相融，形成佛道互补局面。狮子林

须弥山意境

桥连接彼岸世界的须弥山

在假山中设一“棋盘洞”，典出于道教二仙吕洞宾和铁拐李对弈，就是佛道相融的表现。还有，狮子林把1.73亩地的假山象征为须弥山，也受道教“壶中天地”的影响。壶中天地典出晋葛洪《神仙传》卷五《壶公》中记载的一则故事：

壶公者，不知其姓名……汝南有费长房者，为市掾，忽见公从远方来，入市卖药，人莫识之。卖药口不二价，治病皆愈……常悬一空壶于屋上，日入之后，公跳入壶中，人莫能见，惟长房楼上见之……公语房曰：“见我跳入壶中时，卿便可效我跳，自当得人。”长房依言果不觉已入。入后不复是壶，唯见仙宫世界，楼观重门阁道宫，左右侍者数十人。公语房曰：“我仙人也。昔处天曹，以公事不勤见责，因谪人间耳。”

故事中的壶虽小却容纳了道教的仙宫世界，这则故事常被园艺家比喻小中见大的私家园林。

费长房与壶公

狮子林假山以小见大还借助石头的象征义。白居易在《太湖石记》中解释牛僧孺嗜石原因：

……石无文、无声、无臭、无味……而公嗜之何也？众皆怪之，吾独知之。……

壶中的神仙世界比喻小中见大

撮而要言，则三山五岳，百洞千壑，尔见缕簇缩，尽在其中。百仞一拳，千里一瞬，坐而得之，此所以为公适意之用也。

后北宋皇帝徽宗在《艮岳记》中对园中假山也道出其象征义：

而东南万里，天台、雁荡、凤凰、庐阜之奇伟，二川、三峡、云梦之旷荡，四方之远目异，徒各擅其一美，未若此山并包罗列，又兼其绝胜。……虽人为之山，顾其小哉！……则是山与泰、华、嵩、衡等同，固作配无极。[16]

既然一石一峰都能比作三山五岳，把占地 1.73 亩的假山象征为佛家须弥山就在情理之中了。

以小见大，禅味隽永，在于借助象征引人想象，在想象中悟道。“卧云室”也许是狮子林最富禅味的地方。“卧云室”是禅房，处假山中央顶端，开门便见峰峦环抱，但山体实为太湖石，人工堆叠而成，高止不过十几米，远不如真山气象，更无云可卧，但在这个特定环境中，“卧云”两字发人想象：云生高山，绕之峰腰，卧云者必居高山群峰间，这种想象如王维诗引起的想象那样由心的作用，移景、转换空间，狮子林假山变成真山，人飞升到几千米，真若高处云端。狮子林一堆湖石，道中人看来就是浙江天目山狮子岩，似像非像的石狮子就是佛像。狮子林面积广不过 16.7 亩，空间一粒芥子而已，却容纳了不止一座天目山，

卧云室象征远离凡尘，深居云雾高山中

而是整座须弥山和佛教的全部精神。如此站在卧云室再观狮子林，就会叹道：假山群峰何巍巍，白云在我禅房下；狮子林围墙何邈邈，宇宙在我内心中。狮子林虽处市廛，由于禅的引导，僧人在此却可达到止息杂虑、远离凡尘、归于寂静的境界。

狮子林作为寺庙园林，除了假山富含禅义外，还有许多其他宗教遗存，可从文字和布置两方面寻见。如燕誉堂对联：

具峰岚起伏之奇，晴云吐丹，夕朝含晖。尘刹几经年，胜地重新狮子座。

于觞咏流连而外，赡族承先，树人裕后。名园今得主，高风不让谢公墩。

燕誉堂北小方厅对联：

石品洞天标题海岳；钟闻古寺镜接琅嬛。

园内还有“禅窝峰”、“狮子峰”、“翻经台”题名都在文字上直接让人看出狮子林的寺院性质。用得较含蓄的宗教性题名有“修竹阁”，“修竹”取自《洛阳伽蓝记》：“永明寺房厂，连亘一千间，庭列修竹，檐拂高松。”以借名寺声望。

还有“立雪堂”，它取意《景德传灯录》记载：禅宗二祖慧可去见菩提达摩，夜遇风雪，但他求师心切，不为所动，在雪中站到天亮，积雪盖过了他的双膝。

阁边修竹表示聆听佛祖的神启

菩提达摩见他心诚，就收为弟子，授予《楞迦经》四卷。立雪堂原为僧人传法之所，所以用此题名，苏州多种导游手册以“程门立雪”故事解释，实为谬误。

**转为文人园林**　狮子林在长达600多年时间里，一直作为寺庙园林而存在。1918年，著名美籍华人建筑家贝聿铭家人，耗资七八十万银两，引入西洋审美情趣，大规模改建。通过这次大修，寺院气氛大大削弱，佛殿、经阁、山门均不复见，但园中建筑引用额题、对联以及假山布置仍保留原先面貌。在削弱寺庙气氛同时，园林布置注入文人精神，自此始，这座寺庙园林转变为文人园林。可以从以下布置和文字题名看出。

原佛寺转为文人园林

原来狮子林北部有古松五棵，故又名“五松园”。五棵松树没有被保留下来，在原址东侧后有元代所植古柏数棵，苍虬如铁，成为狮子林主景之一。

松柏四季常青，在一派萧条的冬季仍郁郁葱葱，充满生机，苍老盘曲的树干在霜冻飞雪中挺立，显现坚毅的品格和强大的生命力。“岁寒，然后知松柏之后凋也。”是《论语》给予的赞誉。“抚孤松而盘亘”，表达了弃官回乡的陶渊明向往崇高的情操。松柏树龄长，有的逾千年，木质不易遭虫害和腐烂，因此，松柏象征坚毅、高尚、长寿和不朽。松树与鹤一起的画面，象征长寿与成仙。

正对古柏建宏丽楼阁，名“揖峰指柏轩”。指柏轩题名原出自禅宗公案“赵州指柏”，说从谂禅师在赵州主持观音寺时，弟子多次询问祖师达摩自西来东的目的，从谂则重复答曰：“庭前柏树子”，暗示不应执著一念，万事要任其自然。后人取朱熹诗：“前揖庐山，一峰独秀”，和高启诗：“人来问不应，笑指庭前柏”的意思，由宗教转为文人解释。

“揖峰指柏轩”内有对联一副：

看十二处奇峰依旧，遍寻云虹雪月溪山，最爱轩前千岁柏；

喜七百年名迹重新，好展朱赵倪徐图画，并赓元季八字诗。

原“五松园”植松，“揖峰指柏轩”前植柏，象征独立天地，风骨长存的崇高品格。

“问梅阁”题名原意取自禅宗故事马祖问梅，一天，禅师马祖道一派人去余姚大梅山测试弟子法常，说道：“大师近来佛法有变，以前说即心即佛，现在说非心非佛，不知你怎么想？”法常当即回道：“这老汉在迷惑人，他说他的非心非佛，我只管即心即佛。”马祖听后认为法常禅心坚定，可承衣钵，便对众人说：“大众，梅子熟了。”近代狮子林重建后沿用旧名，但

梅花图案是园主借物明志

取意另有解释，“问梅阁”取意于唐王维《杂诗》：

君自故乡来，
应知故乡事；
来日绮窗前，
寒梅着花未？

阁中，桌、椅、井藻、地花都用梅花形；窗纹为冰梅纹；八联隔扇的书画内容也均写梅花，园主借梅喻志。

“问梅阁”临近水池，园主在阁南再布置一建筑，题名“双香仙馆”，馆内有梅，馆外有荷，冬春，梅花傲霜斗雪，可以励志；夏秋，芙蓉“出污泥而不染”，可以清心。梅莲并香，象征园主纯洁的情操和借物明志的愿望。“扇亭”邻靠“双香仙馆”，内有“文天祥诗碑”，上刻文天祥狂草《梅花诗》。

“暗香疏影楼”，取宋林逋《山园小梅》诗句“疏

象征高士隐于山水间

影横斜水清浅，暗香浮动月黄昏”。推窗可见“问梅阁”处数枝梅花斜斜地指向池岸。

梅与松竹有所不同，松竹历严寒而不凋，万木萧条独我荣，梅树属落叶乔木，深秋之后便枝桠嶙峋，瘦影可怜。但梅的可贵之处是它孕蕾于隆冬寒风之中，率万木之先开花于早春二月。早春二月，万木未苏，举目远望，一派沉寂景象，于霜雪冰冻肃杀之后，梅花悄然绽蕾，无有可以为伍者，可谓茕茕孑立，形影相吊。王安石写道：“墙角数枝梅，凌寒独自开。”

梅花傲骨嶙峋，凌寒独放，不畏杀机，他人皆睡独我醒，象征执著、坚韧和机敏；冰肌玉骨，象征纯洁；孤芳自赏，本色不变，象征气节。狮子林梅花主题，用作自我勉励和自我标榜。

近代新添三迭瀑布，隐于“问梅阁”旁，有高士隐逸山水间之意。

## 五、拙政园：彷徨与逃逸

苏州著名古典园林拙政园园主王献臣是明代弘治进士，在朝中受东厂两次诬陷被降职，一次还拘禁于监狱，受杖三十，谪上杭丞。第二次被谪为广东驿丞。罢官后失意回乡，在苏州城内购下200余亩地，请著名画家文徵明设计，历时16年建成该园。文徵明在《王氏拙政园记》中说，最初的拙政园建筑不多，仅一楼、一堂和八间亭、轩。园主重在经营花坞、钓台、曲池、果圃，所以园林“明瑟旷远”，“茂树曲池，胜甲天下”。王献臣自比西晋潘岳，借《闲居赋》句意：“庶浮云之志，筑室种树，逍遥自得，池沼足以渔钓，舂税是以代耕；灌园鬻蔬，以供朝夕之膳；牧羊酤酪，俟伏腊之费。‘孝乎唯孝，友于兄弟’，此亦拙者之为

题名自嘲

政也。”给园取名“拙政园”。“拙”字指不善在官场周旋之意，与陶渊明“守拙归园田”句中的“拙”字意思相同，他自认官场斡旋之技拙劣，取园名自嘲，以消解受杖遭贬的羞愧。由于园主的坎坷经历，拙政园突显出三大主题：隐居、标榜自励、生命关怀。

**隐居**　沧浪池上有“梦隐楼”，登楼可眺望城外诸山。一天，王献臣到九鲤湖祈祷求神，夜间梦见“隐”字。拙政园前身曾为南朝高士戴颙和唐朝诗人陆龟蒙旧宅，正暗含一个“隐”字，于是建楼以示佳兆，并名“梦隐楼”。楼建成后，文徵明写诗点题：

林泉入梦意茫茫，旋起高楼拟退藏。
鲁望五湖原有宅，渊明三径未全荒。
枕中已悟功名幻，壶中谁知日月长。
回首帝京何处是，倚栏惟见暮山苍。

诗中说王献臣官场失败，别无选择，在隐居者旧宅建园，是跳入壶中另觅天地，自慰余生。这番点题道出了王献臣的无奈心情，十分恰切。

因王献臣遭遇与沧浪亭主人苏舜钦相似，命名梦隐楼前水池为“小沧浪”，以效前人之志。

“桃花沜”，在小沧浪东，有桃花夹岸，花开时烂漫若霞。此取陶渊明《桃花源记》中与世隔绝的意境，象征隐居。

“钓碧”，水边大石块，置此，象征园主人出世功名皆忘，惟与耕钓为伴。文徵明诗曰：

白石净无尘，平临野水津。
坐看丝袅袅，静爱玉粼粼。
得意江湖远，忘机鸥鹭驯。
须知演纶者，不是羡鱼人。

最后两句显然是文徵明反孟浩然诗句“坐观垂钓者，空有羡鱼情”之意而出，强调王献臣已远离势利

桃花夹岸，仿造桃花源意境，象征隐居

场，不在乎得失。

“槐树亭”，在桃花沜附近有一棵古槐树，树冠广大，伸出如屋盖，称“槐幄”。周围又植榆、竹等，王献臣在这片林木阴翳处临水建亭，以自己名号“槐雨”命名，寄寓心迹。文徵明又有诗破解：

> 亭下高槐欲浮墙，气蒸寒翠湿衣裳。
> 疏花靡靡流芳远，青荫垂垂世泽长。
> 八月文场怀往事，三公勋业付诸郎。
> 老来不作南柯梦，独自移床卧晚凉。

诗中槐树，开淡黄色小花，结长条形荚实，形似金元宝，被视作吉祥物。《抱朴子》：“此物至补脑，早服之令人发不白而长生。”槐还是公相的象征，《周礼·秋官》：“朝士掌建邦外朝之法，面三槐三分位也。”又民间谚语：“门前一棵槐，不是招宝就是进财。”[37] 王献臣号槐雨，拙政园植槐树并建槐树亭均

槐树亭象征王献臣不再入世

与上述吉祥象征义有关。文徵明则诗中巧用槐树典故，典故出自《南柯太守记》：淳于棼在槐树下做梦至槐安国，国王把女儿许他为妻，并任命他为南柯太守，享尽荣华富贵。后与敌战争失败，公主也死去，他被国王遣回。醒后见槐树下有蚁穴，是梦中槐安国。后人把虚幻梦境称为“南柯”。

文徵明诗句“老来不作南柯梦”，借此表明王献臣不再作入世之想。

隐居者总是伴有无奈、不甘心情绪。尽管几经包装，把隐居说成高士傲世，无一点落拓之意，但局内人自知装饰门面背后的尴尬，往往借助自嘲开脱自己。槐雨亭后有一建筑名“尔耳轩”，题名取自古语“未能免俗，聊复尔耳”。苏州有叠石为山的风俗，王献臣在轩内置水石盆景，点明“未能免俗”涵义，借以自嘲。显然，这里的“未能免俗”所指对象绝不是叠石为山，而是指自己打起隐居旗号，却过着城市富豪生活，表面清高，实质脱离不了世俗物欲，算是道出了象征性隐居群体的真实心态。

**标榜自励** “兰雪堂”位于拙政园东部的“归田园居”。园主王心一，明万历四十一年（1613 年）进士，天启年间为御史，因弹劾魏忠贤党客氏而遭贬谪。崇祯时仕至刑部侍郎。有《兰雪堂》八卷传世。“兰雪堂”取唐李白“独自天地间，清风洒兰雪”诗句意，寓意园主品行高洁，独立天地不随污浊。王心一归居田园后不问政事，专与雅士聚谈仙释玄理，颐养天年保全名节。顾诒禄《三月三日归田园修禊序》写道：

坐危石，荫乔柯、解衣磅礴，散发咏歌。谈仙释之玄理，征古今之逸闻。迨主客既醉，少长忘年，手掬悬溜，身卧落花。

王献臣借尔耳轩题名自嘲未能免俗

情景胜过王羲之等人的兰亭修禊之乐。兰雪堂为归田园居故址第一进建筑，以此寓意作为全园灵魂十分恰切。

荷花，苏州园林以荷花命名的景点主要集中在拙政园，有“芙蓉榭”、“远香堂”、“荷风四面亭”和“留听阁”。

荷花含有多重吉祥寓意，佛教传入中国后，荷花象征祥瑞，民间利用谐音和画面象征吉祥内容几近无所不包，《中国荷文化》一书[17]搜集如下：

一品清廉——一茎荷花的纹图，见于画稿、什器、文具等。以莲的高洁喻为官之清廉，“青莲”和“清廉”音同。

本固枝荣——莲花丛生的纹图。莲是盘根植物，并且枝、叶、花茂盛，以祝世代绵延、家道昌盛。

连生与莲子（俗称莲蓬）的纹图。莲与别的植物不同，花和果实同时生长，所谓“华实齐生”，故莲子喻“贵子”、“早生贵子”之意。

鸳鸯贵子——鸳鸯和莲花的纹图，广泛用于结婚用品，梳妆镜、脸盆、手帕、工艺品等，或织绣、或雕镂、或塑造、或绘画，是极好的祝吉用品。

鸳鸯戏荷——鸳鸯在荷池中顾盼戏游的纹图，亦

残荷象征贞洁的精神不败

题“鸳鸯喜荷”。常用于画稿、家具、什器、衣料、建筑等，尤以妇女用品为多。

连年有余——童子、莲花和鱼的纹图。寓意生活富裕美好，为新年吉祥语。亦常见于民间年画、刺绣、丝帕、画盘等。

因何得偶——荷花、莲蓬和藕组合而成的纹图。是一句祝贺新婚、姻缘的吉祥语。这种纹图见于画稿、什器、衣料以及各种装饰品。《本草纲目》云：“夫藕生卑污，而洁白自若；质柔而实坚，居下而有节。孔窍玲珑，丝轮内隐，生于嫩弱，而发为茎叶花实，又复生芽，以续生生之脉。”因而，藕寓夫妇之偶以及生子不息之意。

聪明伶俐——藕、葱、菱和荔枝的纹图。莲有并蒂，并头，一蒂两花者，为男女好合，夫妻恩爱的象征。喜联中常以此入对，如：比翼鸟永栖常青树，并蒂花久开勤俭家；红妆带绾同心结，碧沼花开并蒂莲。又，莲藕有窍相通，示通气，言“同心”。

和合二圣——蓬头笑面赤脚的两位神人，一持盛开荷花，一捧有盖圆盒的纹图。取和（荷）谐合（盒）

好之意。被人们奉为欢喜、和合之神，是掌管婚姻的喜神。和合之像多于婚礼时陈列悬挂，或常年悬于中堂，寓谐好吉利之意。瓷塑、泥塑亦有和合二圣像，置于几案橱柜，作为装饰和祝吉。

河清海晏——荷花、海棠和飞燕的纹图。寓意天下太平。

五子夺莲——五位童子、莲蓬和莲花的纹图。

连登太师——童子、莲花和狮子的纹图。常以此作为祝人官运亨通、飞黄腾达的吉祥语。

一路连科——一只鹭鸶和荷花、荷叶的纹图。鹭谐路音，莲谐连音，荷谐科音，是科举时代应试考生的祝颂之辞，即此行赴考每试必中之意。

路路清廉——一青莲花与二只白鹭的纹图。是祝颂为官清正廉明的吉祥语。

园林中用荷花题材，是借重荷花的品格来象征园主的人品。“远香堂”位于中部主景区，建筑依傍荷花水池，因以命名。“远香堂”额取北宋周敦颐《爱莲说》中“香远益清”句意，《爱莲说》写道：

水陆草木之花，可爱者甚蕃，予独爱莲之出淤泥而不染，濯清涟而不妖，中通外直，不蔓不枝，香远益清，亭亭净植，可远观而不可亵玩焉。……

历代歌咏莲花的作品俯拾皆是，唯有《爱莲说》意境最高远，道出荷花在污浊环境中保持高洁的情操，从此莲花为洁身自好的君子自比，被大家引用励志。拙政园重笔浓墨突出荷花主题，园主仰慕莲花品格之心犹如洞烛。

“与谁同坐轩”为一弧形扇亭，额取意苏轼《点绛唇·闲倚胡床》词：

闲倚胡床，

借荷花自我标榜

庾公楼外峰千朵。

与谁同坐，

明月清风我。

词中句意孤高到没有一人能与之同坐的地步。

“待霜亭”位于拙政园中部，额取唐韦应物“书后欲题三百颗，洞庭须待满林霜”诗句意。吴县洞庭山产橘，实小而皮薄，霜降后开始变红，以“待霜”名亭，借橘寓意凌寒坚贞，不怕摧折的骨气。清翁同龢为亭撰书对联云：

葛巾羽扇红尘静；紫李黄瓜村路香。

戊戌变法后，翁同龢开缺回籍，过着“葛巾羽扇”的平民生活，他远离官场后并无丝毫眷恋或失落悲哀的情绪表露，相反乐于宁静，体味“紫李黄瓜”田园生活的美妙。对联内容十分契合“待霜”寓意，安于宁静淡泊和不怕霜寒摧折的态度同是文人的风骨，能安于“淡泊宁静”和“经霜愈红者”方为真君子。

拙政园的“玲珑馆”与沧浪亭“翠玲珑”一样，题名取意于苏舜钦《沧浪怀贯之》诗句：“秋色入林红黯淡，月光穿竹翠玲珑”。庭院内竹林青翠，馆门上有

孤高傲世，仅与明月清风为伍

“玉壶冰”匾额，两边列对联：

曲水崇山，雅集逾狮林虎阜；莳花种竹，风流继文画吴诗。

入门，馆内又有对联：

林阴清和，兰音曲畅；流水今日，修竹古时。

匾额“玉壶冰”取意鲍照《低白头吟》诗：“直如朱丝绳，清如玉壶冰”句意，既概括了“玲珑馆”表达洁身自好的主题，也点明庭院竹子的象征意义。

拙政园中部植黑松几棵，旁边建一小室，《南史、

冰纹窗格隐喻洁身自好

陶弘景传》有道：“特爱松风，庭院皆植松，每闻其响，欣然为乐”，故名“听松风处”。室内有额题道：“一庭秋月啸松风”，边侧又有“得真亭”，取《荀子》中“桃李倩粲于一时，时至而后杀，至于松柏，经隆冬而不凋，蒙霜雪而不变，可谓得其真矣”之句意。亭壁有康有为手书对联：

松柏有本性；金石见盟心。

香草，指散发芬芳香气的草，《楚辞》中大量描写，如兰芷、薜荔、蕙兰、杜若、杜蘅等，后被世人喻忠良之人和君子。拙政园“香洲”额下有跋云：

“文待诏（文徵明）旧书‘香洲’二字，因以为额。昔唐徐元固诗曰：‘撷彼芳草，生洲之汀；采而为佩，爰人骚经；偕芝与兰，移植中庭；取以名室，惟德之馨。”

跋文揭示出“香洲”象征君子的意义。

“湘筠坞”在桃花沜南，槐雨亭北，那里修竹连亘，园主借竹励志。

“志清意远”在小沧浪旁，分别取义于《义训》：“临深使人志清”和“登高使人意远”。

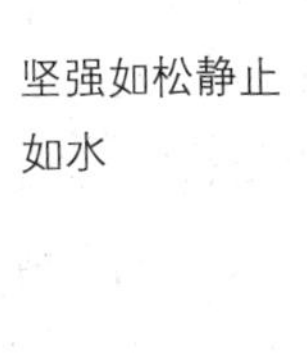

坚强如松静止如水

**生命关怀** 园中有许多植物含有不同的隐喻意义，比较集中于对生命的关怀，寄寓园主迎祥祈福的愿望。譬如梧桐，拙政园中部有一四面开敞小亭，取唐羊士谔《永宁小园即事》诗句意：“萧条梧竹月，秋物映园庐”，

香洲题名象征君子

题名“梧竹幽居”，边侧植梧桐树和竹子。梧桐被看做圣洁之树，《庄子·秋水》：

> 夫鹓鶵（传说中与鸾凤同类的鸟）发于南海而飞于北海，非梧桐不止，非练实不食，非醴泉不饮。

民间把梧桐看做凤凰栖息之树，“家有梧桐树，何愁凤不至”。白居易也有“栖凤安于梧”诗句，相信家种梧桐，引凤来栖，可以给家带来吉祥。以梧桐布景命名的还有怡园“碧梧栖凤”，其象征涵意与上相同。

梧竹象征高洁

山茶，拙政园西部有以山茶名题额的建筑叫“十八曼陀罗馆”，《群芳谱》：“山茶一名曼陀罗树，以叶类茶，又可作饮，故得茶名”。山茶花象征春天，唐温庭筠《海榴》诗：“海

榴开似火，先解报春风。”曾巩《山茶花》诗：“山茶花开春未归，春归正值花盛时。”所以十八曼陀罗馆对联都与春天分不开，对联之一：

迎春地暖花争坼；茂苑莺声雨后新。

对联之二：

小径四时花，随分逍遥，真闲却，香车风马；

一池千古月，称情欢笑，好商量，酒政茶经。

民间绘画把绶鸟（“绶”谐音“寿”）和山茶花放在一起，喻意春光长寿。“十八曼陀罗馆”亦有此寓意。

玉兰，《花镜》：“树高大而坚……绝无柔条。隆冬结蕾，一干一花，皆着木末，必俟花落后，叶从蒂中抽出。”玉兰花，白色微碧，莹洁如玉，杜甫《饮中八仙歌》：“宗之潇洒美少年，举觞白眼望青天，皎如玉树临风前。”玉兰花纹图称作“玉树临风”，有象征吉祥之意，应用于画稿、什器、文具、建筑等。玉兰又比喻才华出众的人。玉兰与海棠画在一起，称作“玉堂富贵”。拙政园以玉兰命名文徵明画室为“玉兰堂”，象征这位吴门画派领袖为人清廉，不慕名利的品格和技压群贤的出众才华。

紫薇和紫藤，两者都开紫色花，“紫”色有祥瑞富贵之意。“紫气东来”传说老子出函谷关，关令伊喜见有紫气从东而来，知道将有圣人过关。果然，老子骑着青牛前来，喜便请他写下《道德经》。后杜甫《秋兴》诗：“西望瑶池降王母，东来紫气满函关。”《长生殿·舞盘》：“紫气东来，瑶池西望，翩翩青鸟庭前降。”唐制规定紫色袍服为王公专用，亲王及三品官服用紫色。紫藤寿命很长，能活几百年，又象征长寿。拙政园原入口处有文徵明手植古紫藤，盘曲蔽天，仲春，两处花开满架，若祥云驻留。“紫薇”在许多园林

禅味氤氲的雪香云蔚亭

都有种植。

对生命关怀必然思考生命意义。拙政园“雪香云蔚亭”，就是充满对生命意义激烈思辨的场所。

亭内有一副对联，见者无不吟哦沉思，对联写道：

蝉噪林愈静　　鸟鸣山更幽

从常理上讲，蝉噪应该使树林充满噪声，鸟鸣则会打破山的幽静，但对联反其道而行之，声响反而引起寂静，这使人想起日本著名俳句诗人芭蕉《奥州小路》中的二句：“闲寂呀，蝉声渗入岩石里。”对联和诗句都抓住了现实生活中寂处有声更觉静的体验，用以声显静的手法表达佛教的虚空美，寂静美，给亭周围渲染禅气氛，引起观者的禅思。从佛教思考出发，禅宗提出“无相为体”，世间一切事物都是无常和虚幻不实的，因缘而生，为无，为空。龙树在《大智度论》中说：“观一切法从因缘生，从因缘生即无自性毕竟空。毕竟空者是名般若波罗蜜。”般若波罗蜜就是虚空的境界。所以，可以理解对联中的“林”和“山”

雪香云蔚亭对岸红尘滚滚的凡俗世界，就如匆匆行人和一池残荷只能短暂存留

都不是长久存在的实体，最终也是虚空一片，更何况“蝉”或“鸟”！蝉不过一夏，鸟不过暂歇枝头片时，当暮秋寒露时，蝉便告终，鸟鸣唱几句即倏忽飞逝，短暂的声响不足以改变永恒的寂静，声响之后是长久的寂静，所以对联中“愈”和“更”字表示递进关系。对联似乎启示世人：既然世界是“空”“寂”，人在凡尘中的一切行为都不过一夏蝉鸣几声鸟啾罢了，不如尽早离弃对尘世浮华的眷恋，去寻找“自性”，世间只有“自性”才是真实存在，不要再为那流变不定、最终归于寂静、空空如也的“色”而自寻烦恼。雪香云蔚亭居池岛最高处，伫立亭侧，向下俯看，可见远香堂、倚玉轩、香洲诸华美建筑，雕梁画栋，飞阁流丹，又兼嘉树玉竹，绿池禽鸟，朱廊石桥萦绕穿插，美尽人间之所有。环视亭左右，仅古树几棵，白梅数枝，扎根黑土，无声无息，与下面华美景象对比，暗示下面那一派美景便是凡尘间一缕烟云，如蝉叫如鸟鸣，雪香云蔚亭一片便是天界一角。怪不得笃信佛教的梁简文帝从南朝诗人王籍《入若耶溪》诗中读到“蝉噪林愈静，鸟鸣山更幽”两句时叹道：“吟咏不能忘之”。

外表朴素的大门就像含蓄的文人

## 六、留园：无奈与皈依

苏州留园现在归入清代园林。但要真正了解它，必须考察建园初始。记载说，留园前身为明朝太仆寺少卿徐泰时罢官归田后所建，时在万历二十一年（1593 年）。当时建东西两园，东园“宏丽轩举，前楼后厅，皆可醉客。”[18] 徐泰时去世后，其子徐溶将西园舍作佛寺，即今戒幢律寺，苏州人俗称“西园”。这段简史，提供两个重要信息：其一，园主徐泰时是罢官还乡；其二，其子徐溶将西园舍作佛寺。这两点决定了今天留园的主题。罢官还乡必然郁闷不乐，如前文分析，当事人通常打起隐居旗号，平衡内心，装饰门面。从时间上看，留园在拙政园建园后 85 年动工建造，为同时代作品，加上徐泰时与王献臣同为官场失意之人，因此，留园主题几乎与拙政园一模一样，只不过各自侧重点和表达方式不同罢了。今天看到的留园虽说多为清代风格，但留园的主题却是从

内中锦绣文章皆可醉客

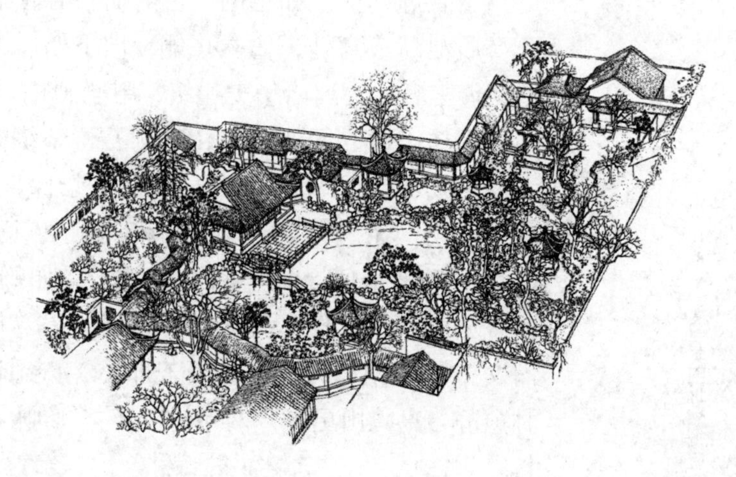

象征隐居庐山五老峰

明代传承而来，由徐泰时建园初所定。与拙政园最大的不同点是留园园主更笃信宗教，在生命关怀问题上，更多的依赖佛教，企图借助佛教这条途径，解决关于生命意义命题的思想矛盾。

**出世**　留园“五峰仙馆”为苏州园林最大的楠木厅堂，庭院内堆一数峰耸立的假山，象征庐山五老峰，庭院以石板铺地，象征山的余脉。“五峰仙馆”名借李白《望五老峰》诗的意思：“庐山东南五老峰，青天秀出金芙蓉；九江秀色可揽结，吾将此地巢云松”，暗喻园主隐遁山林，不为官宦的心态。

堂内作对联以自励：

历宦海四朝身，且住为佳，休辜负清风明月；

借他乡一廛地，因寄所托，任安排奇石名花。

厅内楹联又写道：

读《书》取正、读《易》取变，读《骚》取幽，读《庄》取达，读《汉文》取坚，最有味卷中岁月；与菊同野，与梅同疏，与莲同洁，与兰同芳，与海棠同韵，定自称花里神仙。

留园“又一村”主题效仿陶渊明隐居意境，因留

桃花源意境“缘溪行”

桃树林象征桃花源和隐居

陶渊明《归去来兮辞》意境“登东皋以舒啸”

园园主笃信佛教，“又一村”的隐居寓意就较为单一地表达为“出世”。进“又一村”是“小桃坞”，植桃林一片，旁有小溪流过，尽头壁题“缘溪行”三字，取意《桃花源记》：

缘溪行，忘路之远近。忽逢桃花林，夹岸数百步，中无杂树，芳草鲜美，落英缤纷。

小溪边有土石小山一座，上有“舒啸亭”和“至乐亭”。“舒啸亭”取陶渊明《归去来兮辞》中“登东皋以舒啸”句意。“至乐亭”取《阴符经》“至乐性余，至静性廉”之意，两题名寓意可为“又一村”的主题：谓园主在这块意味深长的隐居地有至极至乐的感觉，表达园主过隐居生活的平和心境。

**附比慰藉**　留园中部“涵碧山房”右侧有一去处题名“恰航”，取自杜甫诗“野航恰受两三人”的句意。“恰航”三面环设吴王靠，前方山池相映，波光潋

知己二三同舟出游，标榜孤高

滟，宛如舟行水中，“恰航”的含义是此等高雅处只能是知己二三同坐，“古来圣贤皆寂寞”，能与我为友的不过二三人罢了，标榜园主的孤高。

对面“远翠阁”楼下是“自在处”，题名取意陆游“高高下下天成景，密密疏疏自在花”诗句意。楼前有蔷薇花台，冬去春到，蔷薇花依墙狂蔓，花朵疏密排列，自由自在开放，此处借花喻意，反映文人不受拘束，自由狂放的本性。

水池东部“濠濮亭”，题名出自《庄子·秋水》：

> 庄子钓于濮水，楚王使大夫二人往先焉，曰：“愿以境内累矣！”庄子持竿不顾，曰：“吾闻楚有神龟，死已三千岁矣，王以巾笥而藏之庙堂之上。此龟者，宁其死为留骨而贵乎？宁其生而曳尾于涂中！”

典故讲楚王派使臣请庄子做官，庄子不愿居庙堂之高，却愿自由自在的过平常生活。《庄子·秋水》中庄子与惠子在濠上的对话是庄子对这种境界最好的诠释：

> 庄子与惠子游于濠梁之上。庄子曰：“出游从

以濠濮亭题名附比庄子

容，是鱼之乐也。”惠子曰：“子非鱼，安知鱼之乐？”庄子曰：“子非我，安知我之不知鱼之乐？”

庄子认为，做什么事情应由自己判断。比如做官问题，有人认为不做官没出息，但在庄子看来，你不是我，就不知道我不做官过自由生活的乐趣。留园用此典故，暗喻园主自比庄子，为自己远离官场（不管何种原因）粉饰。

“曲溪楼”紧靠“濠濮亭”，题名语出“流觞曲水”典故，南朝梁宗懔《荆楚岁时记》：“三月三日，

池鱼象征庄子与惠子关于鱼乐的著名辩论

“曲溪楼”题名附比兰亭文人雅集

士民并出江渚池沼间，为流杯曲水之饮。”古人每逢三月上旬的巳日（魏以后始固定为三月三日），到水边嬉游，以消除不祥。当天，集会于曲水之旁，在上流放置酒杯，任其顺流而下，直到停止流动，在谁面前，谁则取而饮之，叫做“流觞”。王羲之于东晋永和九年（353年）暮春三月，与文人谢安、孙绰、许询等四十一人宴席兰亭，饮酒赋诗，并作《兰亭集序》，写道：

> 此地有崇山峻岭，茂林修竹，又有清流激湍，映带左右，引以为流觞曲水。列坐其次，虽无丝竹管弦之盛，一觞一咏，亦足以畅叙幽情。

流觞曲水，河边畅饮，自魏晋始，成为文人风流雅韵一大时尚。园主借此典故题名，表达他对流觞曲水文人雅事的向往，寄托自己不随流俗的情怀。

**问佛问道**　留园主人徐泰时罢官还乡，胸中的郁积难以排解，于是求助宗教，寻觅解脱之门。东园（今天留园）园内有大量的宗教遗存，既有佛教，也有道教。

建筑集聚的东部是园主生活起居所在，其中“伫云庵”、“参禅处”、“亦不二亭”构成园主佛事活动的场所，反映园主宗教信仰与日常生活不可分离的关系。那里植有竹林一片，精心养护，氤氲着佛教气氛，游客驻足竹林，微风乍起，顿觉心灵澄澈，感受异于别处。留园的竹子象征园主对佛教的信仰。“伫云庵”为一长方形小院，有泉有峰，清爽宁静，参禅处在冠云楼偏东，内有对联：

儒者一出一入有大节；老者不见不闻为上乘。

下联表明参禅时必须保持心境清静，不为尘虑所扰，《宝积经》说：“诸佛如来，正真正觉所行之道，彼乘名为大乘，名为上乘。”无尘凡杂念，依靠内心的、本我的正真正觉，才是佛家的至高境界，对联的佛家思想与苏州私家园林主人标榜出世隐逸，远离官场名利的主题十分相契，说明佛教所以为许多文人接受，原因就在于佛教既可以作为隐退的理论依据，又可作为内心制衡的工具，很符合中国文人的口味。

东部体现道教神仙思想则有“鹤所”，鹤象征长寿，吉祥，常为仙人坐骑，老聃即驭鹤登仙，以鹤命名包含园主羽化而登仙的向往。

“林泉耆硕之馆”也有道教味道，对联：

瑶检金泥封以神岳，赤文绿字披之宝符。

赤文绿字指道教经籍《河图》、《洛书》，其文字符号分别为红、绿颜色。

道教神仙思想延伸到中部，留园中部以涵碧山房为中心，作山水园景布置。池中设一小岛，名“小蓬莱”，是园主求仙思想的表露。

如果说“卧云室”是狮子林最富禅味的地方，那么留园最富禅味的地方是“闻木樨香轩”。“闻木樨香轩”处中部西首，为中部最高点，轩似古代马车，四面开敞，轩周围群植桂花，每逢秋季，坐高爽轩中，

养鹤象征奉道求仙

木樨花香熏人沉醉。

“公案”是佛教名词，禅宗认为前辈祖师的言行范例，可以用来判断是非迷误。他们把精彩和有警策意义的事例搜集起来，称为“公案”，当作典范供后人学习。公案的特点是以物暗示，以物引言，用机警的三言两语点破禅机，引发对方突然开悟。

禅宗最重视人的“本真”，认为许多人的迷失源自外部世界的干扰，所以强调回归自性，本来想到什么就是什么，本来看到什么就是什么。佛教坚信，不管世界多么纷繁复杂，说到底，世界的出发点和终极

禅味十足的“闻木樨香轩”，桂花香味曾使黄庭坚突然开悟

点终归于简简单单的“无”。人越简单就越接近世界本质。许多著名公案就是引导对象摆脱后天“习得”的影响，走向简单的世界，接受“虚空”、“空无”、“无意义”等等所有关于“无”的观念。当你真正认同了一个“无”字，一切欲念便毫无意义，一旦放弃欲念，因欲念而起的内心矛盾冲突、失落沮丧、悲伤痛苦都会像束缚在身上的绳索一样瞬间消失。这时，你从万般烦恼的此岸走到了无牵无挂的彼岸。作为佛教，也完成了帮助人摆脱精神痛苦的任务。这里不妨引二例公案，体味一下禅宗的主旨。

一弟子问景岑禅师：“如何是平常心？”禅师回答说：“要眠就眠，要坐即坐。”又说：“热即取凉，寒即取火。”[19]

这则公案诠释“直心是道”的道理。

另一则公案：弟子问从谂禅师：“如何是佛？”禅师说：“殿里底。”弟子不解，又问：“学人乍入丛林，乞师指示。”禅师问道：“吃粥了也未？”回答吃了。禅师说：“洗钵盂去。”这弟子听了忽然开悟。[20]这则公案启发不要舍近求远寻觅佛法，吃粥洗钵寻常事就包含佛法的基本道理。

留园“闻木樨香轩”所取的公案是：

黄庭坚到晦堂处求教入门捷径，晦堂问：“只如仲尼道：‘二三子以我为隐乎？吾无隐乎尔者。’太史居常，如何理论？”黄庭坚想要回答，晦堂说：“不是！不是！”黄庭坚迷闷不已。一日随晦堂山行正值桂花盛开，晦堂问：“闻木樨花香么？”黄庭坚说：“闻。”晦堂说：“吾无隐乎尔。”黄庭坚一下子开悟。[21]

这则公案反映了一个原则：“直心是道”。禅并非变幻莫测的云霞，要得禅理，平凡直接就是悟道。闻木樨香轩所处最高处与西部埠相连，中隔云墙；轩南

随地势高低起伏的爬山廊暗示“随缘任运”

北回廊尽依山势，高低起伏跌宕骤然，为苏州园林走廊起落幅度之最，正因为如此，人行走之时，深得自然之趣；桂树与古木相间，泥石根茎尽行裸露，无草皮覆盖，若处山野；更绝的是轩西所依墙面，嵌有两王书法碑刻，那醉酒中的本我流出的墨迹，行云流水，气韵翻腾，无阻无碍，书法的真意与轩周围的自然布局提示了“直心是道”的意思，似乎使人一下子悟到随缘任运，不执著，不偏执的禅理。闻木樨香轩散发出隐约但弥久的禅的气氛，让人感觉似接禅机，徘徊不去。

生命关怀主题还有其他布置表达。留园中部走廊边有一株明代古柏，作为走廊点缀，后花坛古柏边生出一株女贞，与古柏缠绕连理，小院遂得名“古木交

行云流水般的书法启发“直心是道”

柯”，又有砖刻“长留天地间”点题，成为留园十八景之一。“古木交柯”象征爱情与生命的不朽。

银杏，树龄长达二三千年，又称公孙树，象征长寿、刚毅正直、坚忍不拔、不骄不谄、不畏强暴的精神。留园中部山上植有银杏数棵。

留园与拙政园一样，多植紫藤和紫薇。中部紫藤由“小蓬莱”延伸横亘曲桥之上，春天，紫色花串铺花满架，蜿蜒于水池之上，花色清新，盎然生机给人以生命的感动。

## 七、耦园：文化沙盘

“师法自然”是苏州古典园林造园的最高境界。拙政园初建，依据原来地形，“稍加浚治，环以林木”。留园中部，土阜之上建“闻木樨香轩”，上下回廊依势而建，起落跌宕，坡度陡峭不设踏步，以至年迈者难以单独步行。古代大户官僚住宅，必坐北朝南，苏州私家园林，所建园门并非一律朝南，而是因地制宜，随势定向。今天大家熟知的名园中如沧浪亭门朝北；艺圃门朝北；怡园门朝东。更有许多年久失修，隐于小巷之中的昔日私家园林，其门朝向也是依街巷方向而定，东南西北皆有，与一般民宅并无二致。然而，耦园布局一反苏州古典园林建园法则，刻意讲究方向、位置。作为园林要素的建筑、山石、水池、树木等均体现出精心的安排，蕴含着易学原理，这在苏州古典园林建筑史上是一个极罕见的例子。

**易学造园**　耦园主人沈秉成号听蕉，自名老鹤，自称先世为一鹤。平生喜读佛道之书，又好扶乩之术。他的先祖沈炳震专攻古学，与乾嘉时期书法四大家过从甚密，其中刘墉有亲笔对联一副相赠，联曰：

闲中觅伴书为上，身外无求睡最安。

沈秉成在耦园落成后，将先祖保存的这副对联置于城曲草堂东面小书斋内，印证了沈秉成是一个喜探究易学的人，也说明耦园布局中蕴含的易学原理决非偶然为之（传统文化的不自觉流露或巧合），而是园主人有意为之的结果。易学法则用于私家园林建造，为我们提供了一份极其珍贵的园林文化遗产。

**象征世界** 下面对照耦园平面图，分析易学在耦园布局中的运用。[22]

耦园全园分东花园和西花园两部分。面积东花园大西花园小，是根据阳大阴小的原理而定，也符合东阳西阴之制。园门居东西两园之中而面向南，据《周易》，南为离卦，对应一日正午和一年的夏季，此时太阳日照充足，为一日和一年之中阳气最旺的时刻。布衣小民贫贱卑微，难与盛阳平衡，不避反为其伤，所以阴阳民宅不敢正南而立。阳宅门偏设在东南处，东南方是巽位，虽有招财进宝寓意，但也含有避冲这层意思。官衙和道观寺庙是正统建筑，可正南而立。贵族巨贾借官运财气，阴阳宅也可正南而立。耦园主人上祖世代官宦，门庭显赫，自己官至安徽巡抚，官财两旺，园门正南而立，可借天地盛阳相济助旺。又有“离也者，明也，圣人南面而听天下，向明而治。”[23]耦园正南立门，象征光明，也表明园主人比附圣人。

居东西两园中间有一条中轴线，门厅之后是轿厅，再后是大厅和楼厅。这条中轴线略微偏西，形成西花园小

松下读易图

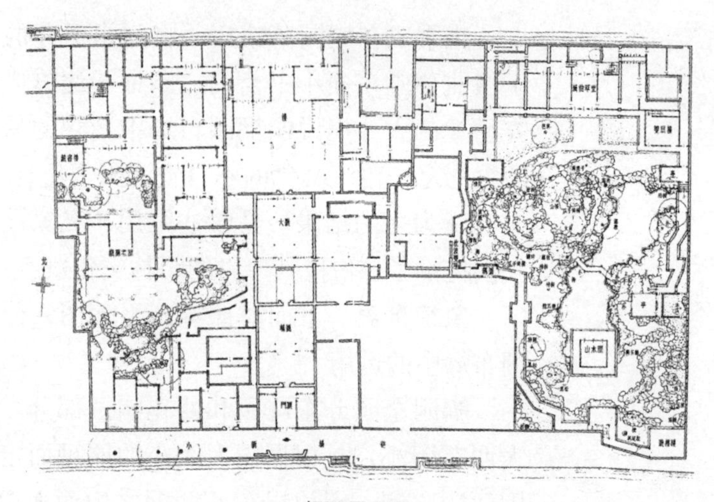

耦园平面图

东花园大的格局。大厅居中央名“载酒堂”，面阔五间，是耦园主厅，为主人宴请宾客之所。“择中”现象在历代都城建筑中一再体现，与“洛书”和“九宫图”有关。《汉书·五行志》写道：“伏曦氏继天而王，受河图，则而画之，八卦是也。”这是把“河图”、“洛书”与《周易》八卦联系的开始。“河图”、“洛书”以图式解释八卦起源和《周易》原理。“洛书”由45个黑白点组成，白点表示奇数，黑点表示偶数。写成数字即为“太一下行九宫图”。

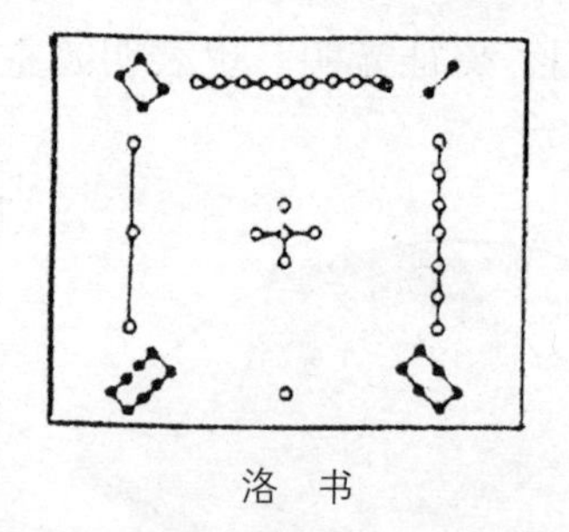

洛　书

| 巽<br>四 | 离<br>九 | 坤<br>二 |
| --- | --- | --- |
| 震<br>三 | 中<br>五 | 兑<br>七 |
| 艮<br>八 | 坎<br>一 | 乾<br>六 |

太一下行九宫图

九宫图居中的数为“五”，它与任意两边的两个数字相加，其和必定是“十五”，因而，“中五”具有

位于耦园“中五”位置的载酒堂，象征主建筑地位

本体论意义。古人又把“三”看做天数，“二”看做地数，“五”就是天地数相加之和，为此，“中五”象征未分天地时的本初太极。“载酒堂”建筑规模面阔五间，蕴涵“中五”数之意。苏州古典园林受空间限制，一般不规划中轴线，代之以非几何布局，以避空间逼仄之短。耦园在苏州古典园林中面积不算大，但有明显中轴线布置，这是因为《易纬·乾凿度》：“易一阴一阳，合而为十五之谓道”，“十五”代表“道”，“道”为根本，中轴线象征“道”。大厅“载酒堂”位于耦园中央象征“五”，体现主建筑地位。如果没有中轴线就没有全园的易学构架，对照“太一下行九宫图”，可以确定耦园布局是以它为蓝本的。

从阴阳学角度看，阴阳不是截然分开的两部分，而是阴中有阳，阳中有阴，阴阳交互。耦园的主题是夫妇双双归隐，因而东花园布置象征男女生活和谐美满。严永华是沈秉成第三任夫人，数字“三”对应方向是东，所以，东花园到处有园主第三任夫人的影子。

“受月池”，题名中的“月”为阴，“阴”的异体字写成“水月”意即水中之月为阴。池岸由石块堆砌，

“受月池”暗喻男主人接受和依恋女主人

石为阳，故池为阳。池中水与水中月为阴，“受月池”暗寓男主人接受和依恋女主人。

“望月亭”位于东墙根，东为阳，“阳”望属阴的“月”，同样有男主人依恋女主人寓意。

“双照楼”，题名中“照”是“明”的意思，“双”是指“日”和“月”，“日”为阳，“月”为阴，日月双照，阴阳并存为“明”字，暗喻园主夫妇双双比肩共存。

“鲽砚庐”，题名因沈秉成得一石块，剖开制成两块砚台，与夫人各掌一砚。“鲽”字《辞海》解释：“比目鱼的一类。体侧扁，不对称，两眼都在右侧。”沈氏将一石制成不对称的两块砚台，以“鲽砚”命名，有夫妇阴阳和合之寓意。

“山水间”为一水阁，所处地平线较低，向北仰望石峰嵯峨高峻，正合“高山流水”意境，“山”“水”

“双照楼”暗喻夫妇比肩共存

暗喻阴阳男女，“山水间”的布置和题名表达园主夫妇既是性情相投，又是学问知己。

东花园还种植梧桐树，梧桐树为阴性植物，对应西方，所以梧桐树安排在西墙边。据说儿子为母亲送葬时，要用梧桐木做的手杖，如果为父亲送葬，则要换成竹杖。原因是梧桐节疤在树干内，象征女性；竹节在外，象征男性。民俗认为，梧桐树招引凤凰栖息，鹓鹐是传说中与鸾凤同类的鸟。沈氏在东园西墙边种植梧桐，可以认为他把夫人比喻为凤凰，招引来东花园栖息，与他共度时光。

东花园主要建筑有规律地按照《易》学规定的方位布置。

“筠廊”，“筠”是竹子的别称，竹为阳，象征春天，故筠廊紧贴东墙布置。

“樨廊”，廊侧种植木樨花，木樨花即桂花，桂花为秋季之花，对应方位为“西”，故“樨廊”布置在东园最西边。

“城曲草堂”，位于全园东北角，东北为“艮”，“万物之所成，终而所成始也，故曰成言乎艮”。又《易》：“艮，止也，时止则止，时行则行，动静不失其时，其道光明”。沈氏认为自己已经功成名就，毅然退离官场，归隐耦园，为人生奋斗道路画上句号，所谓“生而所成”，“时止则止”，实现生活转换。从此他过着轻舒恬淡的平静生活，有对联写道：

卧石听涛，满衫松色；

开门看雨，一片蕉声。

“艮”还对应“化”和“心（思）”，沈氏在“艮”位建草堂，有功成隐退化解凡俗心思的寓意。

“城曲草堂”相对东花园而言，处正北方向，北为藏，对应五常的“智”，《白虎通·情性》解释道：“智者，知也，独见前闻，不惑于事，见微者也。”[24]为此，沈氏又在城曲草堂内辟“补读旧书楼”，收藏书籍甚丰。他在清闲的时候，补读旧书，借以生发新见解，长智解惑，颇有追求“觉今是而昨非”境界的意味。

整体上看西花园与东花园形成阴阳关系的布置有：面积上，西为阴，故面积小于东花园；西花园原有水假山（水为阴），与东花园旱假山形成对应；西花园有一口井（小为阴），与东花园水池对应；西花园以阴柔曲线的纤巧太湖石堆叠假山，与东花园以阳刚直线条的敦厚黄石堆叠的假山对应。从个体建筑及其布置看，与易学有关系的为以下几项：

“藏书楼”，位于偏北西墙根，西对应“收”，北对应“藏”，藏书楼安排在“收”“藏”的位置，符合易学。一般寺观藏经楼都安排在北面，北对应水，寓意以水压火，避免火灾发生。耦园安排“藏书楼”也有此意。

这里更有另一层意思，西为兑卦，象征秋季，秋

西花园藏书楼位于西北角，易学中西北方向有收藏涵意

季正是果实累累，令人喜悦的收获季节。兑还有语言表达和人生归宿的意思。沈秉成生于1822年，购下耦园时（1874年），他才52岁，这个年龄对应季节，相当于仲秋时节，也是人生最有收获的成熟阶段，退出官场著书立说，成为沈氏晚年的选择。

立功已圆满完成，立言传世自然成了沈氏当时的最高精神追求和人生最后归宿。沈氏身后给世人留下了《蚕桑辑要》、《鲽砚庐金石款识》诸种著述，确实做到了“立言”。所以他在西花园西部安排“藏书楼”和“织帘老屋”，表示自己准备著书立说，把一生经历和学习体会当作果实收获，传给后人。

沈氏从封疆大吏的高位上退下来，虽然疾病染身是一个原因，但主观上想淡出官场起了不小作用。他是个性情中人，好道学佛理，疏淡名利，与政客类官僚完全不同。购园两年后耦园落成，他以欣喜心情写成一诗，曰：

不隐山林隐朝市，草堂开傍阖闾城。
支窗独树春光锁，环砌微波晚涨生。
疏傅辞官非避世，阆仙学佛敢忘情。
卜邻恰喜平泉近，问字车常载酒迎。

夫人严永华和诗曰：

小歇才辞黄歇浦，得官不到锦官城。
旧家亭馆花先发，清梦池塘草自生。
绕膝双丁添乐事，齐眉一室结吟情。
永春广下春长在，应见蕉阴老鹤迎。

时沈氏为苏淞太道，擢升河南按察使与四川按察使，他均以病辞未赴。升迁机会不要，却转入市廛小巷隐居，这是人生中一次重大的选择，他得到了夫人由衷的支持，因此他无悔这样的转变，认为这次决断是适宜的。“西”方和“西北”方又相对于五常的

“织帘老屋”题名象征夫妇归隐

“义”,《白虎通·情性》说:“义者,宜也,断决得中也。”沈氏把余生安排给著书立说,认为是适宜的决断,所以把“藏书楼”和“织帘老屋”布置在西北面和西面,涵有“义”的隐义在内。至于“织帘老屋”的题名,可以这样理解:“麻”对应“西”,织帘的纬线材料是“麻”,如此命名,既隐涵易理,又表示夫妇归隐之意。

以上分析可见,耦园以易学原理构架全园,蕴含的意义体现出中国传统文化深厚的底蕴。耦园是表达了夫妇双双归隐的主题,不过,如果简单的把耦园看做是沈氏夫妇归隐后,整天卿卿我我无所作为,欢度余生爱情生活的住所,恐怕有点浮浅了。耦园布局中蕴含了中国古代文化信息,反映了那个时代人的观念,这对今天而言,也许是迷信内容,但是,我们解读它的时候,仍然要把这些文化现象看做中国传统文化的一部分。

**注释**

[1]《后汉书·仲长统传》。

[2]《宋高僧传》。

[3]（元）陆友仁：《吴中旧事》。

[4][美] W. 爱伯哈德：《中国文化象征词典》，湖南文艺出版社1990年版，序第1—2页、导论第4页。

[5]《早服云母散》。

[6]《长物志·论画》。

[7]《酬酒与裴迪》。

[8]《叹白发》。

[9] 文徵明：《王氏拙政园记》，苏州市地方志编纂委员会办公室编印：《拙政园志稿》，1986年版，第73页。

[10] 高濂：《遵生八笺·论琴》，转引自何满子、夏威淳《明清闲情小品》，东方出版中心1997年版，第102页。

[11] 周维权：《中国古典园林史》，清华大学出版社1990年版，第8页。

[12]《长洲县志》。

[13]《高僧传·慧远传》，任晓红：《禅与中国园林》，商务印书馆国际有限公司1994年版，第68页。

[14]《祖堂集·乐道歌》，任晓红：《禅与中国园林》，商务印书馆国际有限公司1994年版，第75页。

[15]（日）铃木大拙：《禅与文化》。

[16]（宋）王明清：《挥麈后录》卷二，转引自邓牛顿主编，孙小力编著：《咫尺山林：园林艺术文粹》，东方出版中心1999年版，第64—65页。

[17] 李志炎、林正秋：《中国荷文化》，浙江人民出版社1995年版，第93—95页。

[18] 苏州园林管理局编著：《苏州园林》，同济大学出版社1991年版，第77页。

[19]《五灯会元》卷四《长沙景岑禅师》。

[20]《五灯会元》卷四《赵州从谂禅师》。

[21] 普济：《五灯会元》，中华书局1984年版，第1139页。

[22] 刘敦桢：《苏州古典园林》，中国建筑工业出版社1979年版，第428—429页。

[23]《说卦传·第五章》。

[24] 金良年：《中国神秘文化百科知识》，上海文化出版社1994年版，第206页。

# 第十二章 民国时期传统建筑园林的嬗变

鸦片战争后，清政府被迫开埠，西方文化随着洋务运动逐渐进入中国。到民国，西方文化进入已从如丝如缕演变成如潮如涌，凡文化形式无不浸润着西方色彩。建筑风格毫无例外地发生变化，在形制和装饰上逐渐形成中西融合的独特风格，反映强烈的时代特征——社会文化的开放与交融。晚清至民国风格形成后，似乎停顿了下来，并没有作连续性的演进，因此，这种风格如断崖兀立，成为一个历史阶段的遗存，其特殊性没有被一般性所淹没，具有独创的价值。

概而言之，晚清和民国的建筑装饰有以下几个方面发生变化：（1）材料；（2）色调；（3）内容，包括纹样、家具陈设和植物布置；（4）视觉效果。它们之间是一个前后相续的连锁反应，由新型材料如玻璃、水泥的采用，引起建筑色调变化；由借鉴西方建筑文化引起对晚清传统建筑装饰的改变；由材料、色调、

中国传统建筑的形制和西方建筑的色彩、草坪布置结合

完全不同于中国传统建筑的穹顶，几何图案和绚丽色彩交织

纹样、家具陈设和植物布置的改变，引起视觉效果的不同，最终改变了建筑给人的整体感受。

## 一、新型材料使装饰色调轻松明快

中国传统建筑以砖、木、石为主要材料，窗户用纸糊或明瓦挡风采光，室内光线昏暗，加之深棕色家具，整体建筑的色调凝重，给人压抑的感觉。晚清开始，西方工业国家用于建筑的材料如水泥和玻璃传入我国。特别是基督教堂的彩色玻璃，以绚丽的光彩和图案营造轻松氛围，具有引发快乐和幻想情绪的功能，彩色玻璃绚丽的色彩和中国古建筑华贵的装饰交相辉映，相得益彰，充分满足了主人显示尊贵的心理，再者较糊纸和明瓦具有明显的优越

拙政园“留听阁”彩色烧花玻璃的光斑，反映晚清海派人士的内心开始迈出灰色的专权文化樊篱

狮子林“小方亭”，几何线条和彩色玻璃与古典园林结合，成为近代园林的重要特征

性——明亮、经久耐用，因而大受欢迎。

狮子林园主贝润生从海外归来，1917 年以 9900 两白银购下后作较大改建和装饰，原先作为寺院的功能几乎消失，脱胎为具有海派风格的近代园林。彩色玻璃装饰了“暗香疏影楼”、“问梅阁”、“小方厅”和“打盹亭”几处建筑，标志着明清时代建筑风格的终结和新时代的到来。

处在苏州城外 30 多里东山镇上的豪宅“雕花楼”，主人金锡之早年去上海，后经营发迹，任上海纱业公会会长，积下百万资产，他也用彩色玻璃装饰建筑，反映主人在上海经营时所开的眼界，把十里洋场的西洋风格搬回到闭塞的古镇。

白色和浅灰色水泥因其美观方便，又能有效免受火灾破坏而受欢迎，水泥栏杆开始代替木作栏杆，白色代替栗壳色。如建于 1933 年的天香小筑，整楼采用玻璃瓦顶、彩色玻璃、花砖、洞门、花地砖、地罩装修，尤为突出的是楼内的白色水泥栏杆，给人温暖和轻松快乐的感觉，一派南国情调。

铁栏杆较罕见地出现在拙政园西部，由于园林屡易园主，几经改建，特别是光绪三年（1877 年），吴县富商张履谦出价银 6500 两购得后，大加修葺，易名“补园”。改建中用彩色玻璃装饰“卅六鸳鸯馆”，专为听戏之用。馆西桥面以高至人胸的浅灰色铁栏杆围护，与古典园林要求低矮石栏杆大相径庭，深深打上了西

拙政园西部的浅灰色铁栏杆带来几许清新

洋风格的印记。东山雕花楼也采用浅灰色铁栏杆，二者同出一辙，为同一时代产物。浅灰色铁栏杆虽与传统建筑不甚协调，但“补园”的浅灰色铁质桥栏为听戏的“卅六鸳鸯馆”增添了娱乐气氛，东山雕花楼用浅灰色铁栏杆代替传统深棕色木栏杆，则一扫深宅大院的沉闷，带来几许轻松。

拙政园“玉兰堂”的企口地板与古典家具相得益彰，倍显华贵

## 二、室内装饰更具人情味和尊贵

室内装饰的变化主要集中在家具陈设方面，传统坐具通常是太师椅、官帽椅、一统背式椅，尺寸和形制迫使坐者摆出“正襟危坐”姿势，以符合传统礼数，较少舒适感。西洋沙发的舒适感令人难以抵拒，所以在近代建筑布置中出现。留声机、自鸣钟也被引入，落地窗帘豪华雅致，理所当然替代竹帘。西洋

的豪华装饰与传统室内装饰如罩、槅、屏风等结合，交相辉映，显示出浓郁的人情味和矜持的高贵。

### 三、室外装饰愉悦可亲

传统建筑的窗格图案是重要的装修形式之一，图案往往有涵义，表现中国文化的含蓄。彩色玻璃代替窗格图案，产生了独特视觉效果，也带来了西方的文化韵味。

狮子林、拙政园西部“补园”部分，窗多用几何形彩色玻璃装修，明快的色调体现令人心理舒展的优点，与古典园林内敛甚至压抑的建园基调形成对照，凸显出的东西方文化差异，引发人去省察其深厚的历史文化背景。

栏杆的变化当以天香园为例，建筑的柱间用白色水泥栏杆划分空间，与洋楼呼应，体现西洋建筑爽朗的个性。

墙面，古典园林都用石灰粉墙，少部分也用浅灰色水磨砖贴墙。天香园的内墙面施以水泥菱形图案，

狮子林“小方亭”以建筑记录了欧风美雨对中国社会影响的历史

狮子林“暗香疏影楼”窗格透出的绚丽光彩传播着西方天人关系的宗教理念

天香园的白色水泥栏杆与西洋建筑协调，给人温暖和轻松快乐的感觉

与白色水泥栏杆相一致。

古典建筑十分重视脊饰内容的涵义，多为驱邪迎祥，特别是压制火灾的主题，以巫术形式——以物克制的手段表现，但西洋建筑没有脊饰，苏州天香园以玻璃瓦为顶，完全取消脊饰。

古典建筑也在瓦当上制有驱邪迎祥的纹样，包括文字。由于西洋建筑以铁皮静落管（苏州方言）接引屋檐雨水，用洋瓦的建筑不再采用瓦当。

铺地是中国传统建筑装修中重要内容之一，借以表达驱邪迎祥的愿望。西洋建筑侧重客厅铺地，几何图案没有特别寓意，所以晚清民国建筑庭院中的传统铺地内容依旧，成为中西建筑风格合璧的特色之一。

## 四、植物象征由西方式的理性代替东方式的感性

园林中的植物除起装饰作用外，总是自觉不自觉地表达某种文化涵义。中西园林中的植物布置区别实质上是两种宇宙观的体现。中国园林崇尚摹仿自然，来自道家顺应生存的哲学思想。中国文化认为人无力

改造自然，人只能通过顺从自然才能获得最大的自由和存在，所以中国园林力图符合宇宙原则，处处摹仿自然，与自然保持和谐一致。又受山水画理影响，植物呈散点自由式布置，不作人工图案。在苏州有颇长生活经历的叶圣陶说：“苏州园林栽种和修剪树木也着眼在画意。高树和低树俯仰生姿。落叶树与常绿树相间，花时不同的多种花树相间，……没有修剪的像宝塔那样的松柏，没有阅兵式似的道旁树；因为依据中国画的审美观点这是不足取的。”[1] 连黑格尔也注意到这点，他说中国“花园并不是一种真正的建筑，不是运用自由的自然事物而建造成的作品，而是一种绘画，让自然事物保持自然形状，力图摹仿自由的大自然。它把凡是自然风景中能令人心旷神怡的东西集中在一起，形成一个整体，例如岩石和它生糙自然的体积，山谷，树木，草坪，蜿蜒的小溪，堤岸上气氛活跃的大河流，平静的湖边长着花木，一泻直下的瀑布之类。中国的园林艺术早就这样把整片自然风景包括湖、岛、河、假山、远景等等都纳到园子里。”[2] 中国建筑中的植物高度重视植物的象征义，喜欢借植物喻意，这种喜好既受巫术中借物克制的影响，又有诗歌文学中比兴手法的影响，因而，决定中国园林是诗情画意式的。从本质上讲，中国文化偏向感性文化，多是情绪的产物，园林植物即是文人寄情抒怀的精神象征。

西方文化崇尚改造自然的精神来自理性哲学，相信通过改造自然可以挣脱加之于人的束缚，最终获得人的自由。所以西方园林处处人工造作，建园原则强调与科学技能结合，合乎科学规律。园林植物被修剪成平面或立体的几何形，安排规则、对称，符合数的关系和油画透视原理，使大自然服从于建筑，体现人

天香园中修剪整齐的法国冬青向我们传递着西方文化的理念

的力量。黑格尔写道："树木栽成有规律的行列，形成林荫大道，修剪得很整齐，围墙也是用修剪整齐的篱笆造成的，这样就把大自然改造成为一座露天的大厦。"[3] 西方园林植物布置象征理性的科学进取精神。

天香园有修剪整齐的法国冬青，代替自由散乱的中国式植物布置，是晚清民国建筑中变化很大的内容。历史文化背景决定西方文化是表面化的直白文化，中国在专制政治统治下，文化则走向了含蓄，甚至晦涩。所以受西方建筑影响，晚清民国建筑中完全取消了含蓄晦涩具有象征意义的景点布置，代之以视觉效果强烈的几何色块和线条，置身其里，如聆听古希腊先哲们对宇宙法则的雄辩演绎。

相比之下，中国园林每一植物布置都有相对独立的涵义，相互之间的逻辑联系不明显，置身其里则如遇儒、道、释教主和大师们片断式的教导或隐晦的暗示。这就是寄寓于园林装饰符号中的东西方文化差异。

从以上分析可看出，近代建筑装饰中的西方文化因素，从色调、内容、图案和线条上给我们带来了明快、轻松和愉悦，取代了中国传统建筑装饰的色调浓重沉闷、线条复杂、图案内容表达晦涩。已经清楚，这是文化类型的不同所使然。中国传统建筑文化是农业文明——封建文化的一部分，封建专制制度中等级、道统、尊卑、贵贱必然贯穿起来压制人性，反映在建筑上，就是给人沉重感；近代西方文化是工业文明——反封建的文化，因而反等级制和道统，是解放人性的文化，因而建筑给人舒展轻松的感觉。晚清民国是中国社会的转型期，迎新送旧，结束传统建筑古典主义、接受西洋建筑风格是不可抗拒的潮流，符合从封建枷锁下解放，重获自由的中国人心理。上文提及的建筑装饰忠实地记录了中国历史走向开放的心理印记，从建筑学角度看，这一特定时期的建筑风格独树一帜，堪为我们今天研究借鉴。

**注释**

[1] 叶圣陶:《苏州园林》序,《叶圣陶散文乙集》，三联书店1984年版，第1页。

[2][3] 黑格尔:《美学》第3卷上卷，商务印书馆1982年版，第104、105页。

# 主要参考文献

（明）王圻、王思义编集：《三才图会》，上海古籍出版社1988年版。

（清）《二十二子》，上海古籍出版社1986年版。

（清）阮元校刻：《十三经注疏》，中华书局1980年版。

（宋）李诫：《营造法式》，人民出版社2006年版。

（明）午荣汇编《鲁班经》，华文出版社2007年版。

（明）计成：《园冶》。

张岱年：《中国伦理思想研究》，上海人民出版社1989年版。

朱贻庭：《中国传统伦理思想史》，华东师范大学出版社1989年版。

金景芳：《周易讲座》，吉林大学出版社1987年版。

朱东润：《中国历代文学作品选》，上海古籍出版社1979年版。

赵守正：《管子注译》，广西人民出版社1982年版。

刘敦桢：《苏州古典园林》，中国建筑工业出版社1979年版。

周维权：《中国古典园林史》，清华大学出版社1990年版。

侯幼彬：《中国建筑美学》，黑龙江科学技术出版社1997年版。

张家骥：《中国造园史》，黑龙江人民出版社1986

年版。

《中国建筑史》编写组:《中国建筑史》,中国建筑工业出版社 1993 年版。

楼庆西:《中国建筑的门文化》,河南科学技术出版社 2001 年版。

韩增禄:《易学与建筑》,沈阳出版社 1999 年版。

孙宗文:《中国建筑与哲学》,江苏科学技术出版社 2000 年版。

戈父:《古代瓦当》,中国书店 1997 年版。

亢羽:《易学堪舆与建筑》,中国书店 1999 年版。

王鲁民:《中国古典建筑文化探源》,同济大学出版社 1997 年版。

李浩:《唐代园林别业考》,西北大学出版社 1996 年版。

苏州市地方志编纂委员会办公室编印:《拙政园志稿》,1986 年版。

苏州园林管理局编著:《苏州园林》,同济大学出版社 1991 年版。

曹林娣:《苏州园林匾额楹联鉴赏》,华夏出版社 1991 年版。

苏州地方志编纂委员会办公室:《老苏州》,江苏人民出版社 1999 年版。

刘炜主编:《中华文明传真》,上海辞书出版社、商务印书馆(香港)2001 年版。

郑土有:《中国仙话》,上海文艺出版社 1990 年版。

刘长久:《中国禅门公案》,知识出版社 1993 年版。

胡朴安:《中华全国风俗志》,河北人民出版社 1986 年版。

乔继堂:《中国吉祥物》，天津人民出版社 1991 年版。

居阅时、瞿明安主编:《中国象征文化》，上海人民出版社 2000 年出版。

居阅时、张玉峰著:《今日台湾风俗》，福建人民出版社 2000 年版。

郭志诚等编著:《中国术数概观》，中国书籍出版社 1991 年版。

王其亨主编:《风水理论研究》，天津大学出版社 1992 年版。

程建军、孔尚朴:《风水与建筑》，江西科学出版社 1992 年版。

丁俊清:《中国居住文化》，同济大学出版社 1997 年版。

孙小力编著:《咫尺山林》，东方出版中心 1999 年版，

何满子、夏威淳:《明清闲情小品》，东方出版中心 1997 年版。

张伯伟:《诗与禅学》，浙江人民出版社 1992 年版。

（美）托伯特·哈梅林:《建筑形式美的原则》，中国建筑工业出版社 1984 年版。

（挪）克里斯蒂安·诺伯格-舒尔茨:《西方建筑的意义》，中国建筑工业出版社 2005 年版。

（法）丹纳:《艺术哲学》，人民文学出版社 1963 年版。

（美）戴维·迈尔斯:《社会心理学》，人民邮电出版社 2006 年版。

（日）小林克弘:《建筑构成手法》，中国建筑工业出版社 2004 年版。

（美）鲁道夫·阿恩海姆:《建筑形式的视觉动力》，中国建筑工业出版社 2004 年版。

（美）卡斯腾·哈里斯:《建筑的伦理功能》，华夏出版社 2001 年版。

（英）贡布里希:《艺术与错觉》，浙江摄影出版社 1987 年版。

（英）贡布里希:《图像与眼睛》，浙江摄影出版社 1988 年版。

（英）爱德华·B. 泰勒:《人类学——人及其文化研究》广西师范大学出版社 2004 年版。

（法）列维·布留尔著，于由译:《原始思维》，商务印书馆 1981 年版。

（瑞士）卡尔·荣格著，高觉敷译:《人类及其象征》，辽宁教育出版社 1988 年版。

（英）戴维·方坦纳著，何盼盼译:《象征世界的语言》，中国青年出版社 2001 年版。

（美）W. 爱伯哈德:《中国文化象征词典》，湖南文艺出版社 1990 年版。

《现代汉语词典》，汉语大词典出版社 1997 年版。

《辞海》，上海辞书出版社 1999 年版。

任继愈主编:《宗教词典》，上海辞书出版社 1981 年版。

袁珂编著:《中国神话传说词典》，上海辞书出版社 1985 年版。

刘锡诚、王文宝:《中国象征词典》，天津教育出版社 1991 年版。

金良年:《中国神秘文化百科知识》，上海文化出版社 1994 年版，第 206 页。

杨金鼎主编:《中国文化史词典》，浙江古籍出版社 1987 年版。

李叔还:《道教大词典》,浙江古籍出版社1987年版。

尹协理:《中国神秘文化辞典》,河北人民出版社1994年版。

张慈生、邢捷编著:《中国传统吉祥寓意图解》,天津杨柳青画社1990年版。

李允鉌:《华夏意匠》,天津大学出版社2005年版。

中国科学院自然科学史研究所:《中国古代建筑技术史》,1985年版。

故宫博物院古建筑管理部:《故宫建筑内檐装修》,紫禁城出版社2007年版。

吴承洛:《中国度量衡史》,商务印书馆2009年版。

陈久金:《星象解码》,群言出版社2004年版。

顾馥保主编:《建筑形态构成》,华中科技大学出版社2008年版。

王琪主编:《建筑形态构成审美基础》,华中理工大学出版社2009年版。

# 后　记

岁月悠悠，此书写作距今已有十年，又一个十年冷板凳，带来许多新的认识和思考，借修订出版时补充了进去，奉献给读者，共同分享建筑园林文化的乐趣与奥妙。十年间，人事巨变，但从根本上看如天空星体循环运行，记得2005年我为自己命名的看云楼写过一副对联：出岫飘浮聚复散，入林化雨元无形。还不过瘾，又写道：我已安然坐云端，你又何必返红尘。三分佛家三分道家，似乎大彻大悟，正是当时只留四分在俗世这样的状态，才坐稳了冷板凳，换来些许星星点点的思想和著述，收获不可谓很大，却比变幻无形的云雨实在些，也长久些。

如今大家忙着关心能升值的物质，正是文化贬值之时，进入到了“贫困的文化”时代，直接带来了“文化的贫困”，不过，也不必过分哀伤，好在世事是循环变化的，人天生喜新厌旧，容不得凡事一成不变，很快就会重新对文化感起兴趣来。我对女性服装观察，发现裤管的变化从来没有停止过，上世纪50、60年代标准裤管，70年代喇叭裤，80年代七分裤，90年代紧身裤，至今五花八门，上衣也是长短松紧变化不断，现在更是内衣外穿，腰脐展露。这些变化在我看来都是一种循环，总有一天又会回到标准正装上来。文化像服装样式一样，接受人类的挑选，不同的是文化不仅是样式，还是本源的，就像服装与布料，样式变化，布料始终存在，文化也一样，冷热变化却始终与人类如影相随。

文化冷热循环如服装时尚变化一样仍在进行，相信有一天大家厌倦了直白、庸俗、无厘头、乖张、宣泄、嘻哈、自言自语，又会回到桌上正襟危坐地讨论起文化的深刻，追求生活的品位。

最后，感谢上海人民出版社和苏贻鸣编审对此书修订出版的大力支持，出版社审稿人员的认真负责工作，给我留下了深刻的印象，对他们的辛勤工作也深表谢意。

居阅时 2014 年春

再写于华东理工大学看云楼

**图书在版编目(CIP)数据**

中国建筑与园林文化/居阅时著.—上海:上海人民出版社,2014
ISBN 978-7-208-12436-3

Ⅰ.①中… Ⅱ.①居… Ⅲ.①古建筑-建筑艺术-中国②古典园林-园林艺术-中国 Ⅳ.①TU-092.2 ②TU986.62

中国版本图书馆CIP数据核字(2014)第147082号

责任编辑 苏贻鸣
装帧设计 胡 斌

**中国建筑与园林文化**
居阅时 著
世纪出版集团
上海人民出版社出版
(200001 上海福建中路193号 www.ewen.cc)
世纪出版集团发行中心发行
上海商务联西印刷有限公司印刷
开本635×965 1/16 印张20.25 插页4 字数217,000
2014年9月第1版 2014年9月第1次印刷
ISBN 978-7-208-12436-3/K·2260
定价 40.00元